Chinesische Stahlsorten
Chinese Steel Grades

DIN

Chinesische Stahlsorten
Chinese Steel Grades

Vergleich chinesischer Stahlsorten mit Stählen nach EN und DIN

Comparison of Chinese steel grades with steel designations according to EN and DIN

Heinz Günter Trost, Peter Marks

1. Auflage 2011

Herausgeber:
DIN Deutsches Institut für Normung e. V.

Beuth Verlag GmbH · Berlin · Wien · Zürich

Herausgeber: DIN Deutsches Institut für Normung e. V.

Berlin · Wien · Zürich
Burggrafenstraße 6
10787 Berlin

Telefon: +49 30 2601-0
Telefax: +49 30 2601-1260
Internet: www.beuth.de
E-Mail: info@beuth.de

Satz: B & B Fachübersetzergesellschaft mbH, Berlin
Druck: Mercedes-Druck, Berlin
Gedruckt auf säurefreiem, alterungsbeständigem Papier nach DIN EN ISO 9706

ISBN 978-3-410-17634-3

Vorwort

Aufgrund der zunehmenden Bedeutung des chinesischen Marktes für Europa wurde vom ANP im DIN die Erstellung einer Umstellungshilfe zwischen europäischen und DIN-Stahlbezeichnungen mit chinesischen Stahlsorten angeregt.

Als Resultat entstand dieses Pocket, welches der Autor Heinz Günter Trost auf Basis seiner langjährigen Erfahrungen auf dem Gebiet der Internationalen Werkstoffnormung in Zusammenarbeit mit seinem Koautor Peter Marks, Duisburg, erstellt hat.

Die Bearbeitung dieser 1. Auflage wurde zudem von folgenden Herren unterstützt:

Harald Demmer	Daimler AG, Stuttgart
Gottfried Geißler	IMA Materialforschung und Anwendungstechnik GmbH, Dresden

Die zitierten Normen sind über den Beuth Verlag beziehbar.

Karlsfeld, Juli 2010 Heinz Günter Trost
Duisburg, Juli 2010 Peter Marks

Foreword

In response to the increasing significance of the Chinese steel market for Europe, the German Committee of Standards Users (ANP) at DIN decided to prepare a comparison of European and DIN-steel designations with Chinese steel grades.

This pocket was compiled on the basis of the authors' long-term experience in the sector of international materials standards.

This first edition benefited greatly from input by:

Harald Demmer,	Daimler AG, Stuttgart
Gottfried Geißler,	IMA Materialforschung und Anwendungstechnik GmbH, Dresden

All cited standards are available from Beuth Verlag.

Karlsfeld, July 2010	Heinz Günter Trost
Duisburg, July 2010	Peter Marks

Einführung

Dieses Pocket ermöglicht einen raschen Vergleich chinesischer Stahlsorten mit ähnlichen Stählen nach EN und DIN. Die führenden Vergleiche bauen auf den chinesischen Werkstoffsorten auf, die gemäß Kapitel 3 nach Anwendungsbereichen bzw. Erzeugnisformen dargestellt sind.

Zum besseren Verständnis werden in den Kapiteln 1 und 2 das System und die Kodierung der chinesischen Standards sowie die Klassifikation und die Bezeichnungssystematik der chinesischen Stähle erklärt.

Die Auswahl der gängigsten chinesischen Stähle erfolgte in erster Linie auf Basis der nationalen chinesischen GB-Normen (Guojia Biaozhun). Zudem wurden einige Branchen-Normen („JB" und „YB") berücksichtigt.

Durch die Gegenüberstellung der chinesischen Stähle mit den EN-(DIN-)Werkstoffnummern in Kapitel 4 kann der Anwender in einfacher Weise sowohl einen Vergleich mit den neuen EN-Bezeichnungen als auch mit den mittlerweile zurückgezogenen, jedoch in vielen Anwendungsfällen noch benötigten DIN-Bezeichnungen durchführen. Als Umsetzungswerkzeug sind hierbei die Tabellen aus Kapitel 7 anzuwenden.

Die Substitution von chinesischen Stählen durch europäische bzw. solche nach DIN muss aufgrund der stets bestehenden Unterschiede in den Werkstoffeigenschaften sorgfältig geprüft werden und kann nur eigenverantwortlich nach genauer Prüfung der vorgesehenen Einsatzbedingungen erfolgen.

Introduction

This book enables the user to compare Chinese steel grades with their European (EN) and German (DIN) counterparts. The comparison is based on the Chinese material grades, which are presented by use and product type in chapter 3.

Chapters 1 and 2 explain the system and coding of Chinese standards, as well as the classification and designation system of Chinese steels.

The most frequently used Chinese steels have been selected on the basis of national Chinese GB-Standards (Guojia Biaozhun). In addition, some professional (sector) standards (JB and YB) have also been taken into consideration.

The presentation of Chinese steels and EN (DIN) material numbers in chapter 4 enables the user to compare Chinese steel grades with the new European designations, as well as with the no longer valid, but still frequently used DIN designations. The tables in chapter 7 provide a useful tool for this comparison.

Substitution of Chinese steels with steels according to European or DIN standards requires careful consideration because of the different material characteristics, and should only be undertaken after detailed analysis of the conditions for use, and at one's own risk.

Inhalt

Contents

1 System und Kodierung der chinesischen Normen (CN-Normen)

Die chinesischen Normen (CN-Normen) sind entsprechend ihren Anwendungsgebieten in vier hierarchische Ebenen aufgeteilt:

Nationale Normen („GB-Normen“) werden vom Chinesischen Normungsinstitut (SAC) entwickelt, wenn landesweit einheitliche technische Spezifikationen gefordert sind.

Branchen-Normen werden immer dann entwickelt, wenn keine nationale Norm besteht, aber eine für ganz China einheitliche technische Spezifikation für eine spezielle Industriebranche benötigt wird. Die Entwicklung und Verwaltung dieser Normen erfolgt durch das jeweils zuständige chinesische Ministerium. Zu Referenzzwecken führt SAC ebenfalls Aufzeichnungen über diese Normen.

Regionale Normen werden v. a. von Provinzregierungen und Stadtverwaltungen entwickelt. Sie werden erstellt, wenn einheitliche Sicherheits- und Hygienevorschriften für Industrieprodukte innerhalb einer bestimmten Region erforderlich sind und weder Nationale Normen noch Branchen-Normen existieren.

Industrie-Normen werden von den Firmen selbst entwickelt zu Normungsthemen, die nicht durch nationale, Branchen- oder regionale Normen abgedeckt sind.

Des Weiteren unterscheidet man bei den chinesischen Normen zwischen **Pflichtnormen** (mandatory), **freiwilligen Normen** (voluntary) und **technischen Leitfäden**.

Pflichtnormen haben Gesetzeskraft und legen Kriterien und Vorschriften fest für

- die nationale Sicherheit;
- den Schutz und die Sicherheit von Menschen, Tieren und Pflanzen;
- den Umweltschutz;
- den Verbraucherschutz und
- den Verbrauch nationaler Ressourcen.

Zudem sind Pflichtnormen Grundlage für viele technische Vorschriften.

Freiwillige Normen sind nicht verpflichtend.

Technische Leitfäden unterstützen die Normungsaktivitäten zu Technologien, die sich rasch verändern. Die Zuständigkeit liegt bei SAC auf nationaler Ebene.

1 System and codes of Chinese standards (CN standards)

Chinese standards (CN standards) are categorized into four hierarchical levels based on their application domains:

National standards (“GB standards”) are developed by the Standardization Administration Committee of China (SAC) when a unified technical requirement is needed across all of China.

Professional standards (sector standards) are developed when no national Standard exists, but a unified technical requirement is needed for a specific industry sector in China. Those standards are developed and administrated by the corresponding administrative ministry in China. SAC keeps records of such standards for reference.

Local standards (province standards) are developed by local governments, such as province or city governments. They are prepared when neither national standards nor professional standards are available, but unified requirements for the safety and hygiene of industrial products are needed within a local area.

Enterprise standards (private standards) are developed by a company to cover standardization requirements which are not addressed by the national, professional or local standards.

In addition, Chinese standards are divided into **mandatory standards**, **voluntary standards** and **technical guidelines**:

Mandatory standards have the force of law.

They specify criteria and regulations concerning
- national security requirements;
- protection of human health or safety;
- protection of animal or plant life or health;
- protection of environment;
- prevention of deceptive practices and protection of consumers;
- proper utilization of national resources and energy.

Furthermore, mandatory standards are the basis for many national technical regulations.

Voluntary standards are not mandatory.

Technical guidelines provide technical assistance for standardization efforts involving technology that is rapidly changing. The SAC at the national level develops such guidelines.

Die **Kodierung von chinesischen Normen** ist wie folgt:

CN-Norm		Code
Nationale Norm	verpflichtend freiwillig Leitfaden	**GB** plus max. 5 alphanum. Stellen **GB/T** plus max. 5 alphanum. Stellen **GB/Z** plus max. 5 alphanum. Stellen
Branchen-Norm	verpflichtend freiwillig	**2 Buchstaben** plus max. 5 alphanum. Stellen **2 Buchstaben/T** plus max. 5 alphanum. Stellen
Regionale Norm	verpflichtend freiwillig	**DB** plus 6 Ziffern **DB/T** plus 6 Ziffern
Industrie-Norm	freiwillig	**Q**/plus Organisations-Code

Die Abkürzungen, „GB", „DB" und „Q" stehen für nationale Norm, regionale Norm und Industrie-Norm. Der Zusatz „T" bedeutet freiwillige Norm und „Z" Technischer Leitfaden.

Für **Branchen-Normen** hält SAC derzeit Kodierungen für insgesamt 58 registrierte Sektoren vor.

Eine Auswahl dieser Branchen zeigt die folgende Tabelle:

Laufende Nummer	Code	Branche/Sektor
1	BB	Verpackung
2	CB	Schiffswesen
...		
19	JB	Maschinen
...		
53	YB	Eisenmetallurgie
...		
56	YS	Nichteisenmetallurgie

Beispielsweise ist die laufende Nummer für die chinesische Eisenmetallurgie 53 mit der Kodierung YB.

SAC führt ebenfalls Normencodes für Provinzen und Städte für die Anwendung von regionalen Normen. Beispiele sind 110 000 für Beijing, 310 000 für Shanghai und 710 000 für Taiwan.

The **coding system of CN standards** is as follows:

CN standard		Code
National standard	mandatory voluntary guideline	**GB** plus max. 5 alphanumerics **GB/T** plus max. 5 alphanumerics **GB/Z** plus max. 5 alphanumerics
Professional standard	mandatory voluntary	**Two letters** plus max. 5 alphanumerics **Two letters/T** plus max. 5 alphanumerics
Local standard	mandatory voluntary	**DB** plus six numbers **DB/T** plus six numbers
Enterprise standard	voluntary	**Q**/plus Organization Code

The abbreviations "GB", "DB" and "Q" signify national standards, local standards and enterprise standards respectively. In addition, "T" signifies voluntary standards and "Z" signifies technical guidelines.

Currently, for **professional standards**, SAC provides standard codes for 58 recognized sectors.

A selection of these recognized sectors is presented in the following table.

Sequence No.	Code	Sector
1	BB	Packaging
2	CB	Shipping
...		
19	JB	Machinery
...		
53	YB	Ferrous metallurgy
...		
56	YS	Non-ferrous metallurgy

For example, the sequence number and the code for the Chinese ferrous metallurgy industry are 53 and YB respectively.

SAC also provides standard codes for provinces and cities that are used in **local standards**. For example, Beijing is 110 000, Shanghai is 310 000 and Taiwan is 710 000.

2 Klassifikation und Bezeichnungssystem für chinesische Stähle

Die chinesische Norm **GB/T 13304-2008** teilt die Stahlsorten ein in

- unlegierte, niedriglegierte und legierte Stähle nach der chemischen Zusammensetzung (GB/T 13304 Teil 1) und
- Hauptgüteklassen definiert durch Haupteigenschafts- oder -Anwendungsmerkmale der unlegierten, niedriglegierten und legierten Stähle (GB/T 13304 Teil 2).

GB/T 221-2008 legt zur kurz gefassten Identifizierung die Regeln für die **Bezeichnung von Eisen und Stählen** mittels Kennbuchstaben und -zahlen fest. Die Kennbuchstaben und -zahlen sind so gewählt, dass sie Hinweise auf wesentliche Merkmale, z. B. auf das Hauptanwendungsgebiet, auf mechanische oder physikalische Eigenschaften oder die chemische Zusammensetzung geben. Im Folgenden wird das Bezeichnungssystem anhand von praktischen Beispielen erläutert.

Unlegierte Baustähle und niedriglegierte Baustähle

Q = unlegierte Baustähle oder hochfeste niedriglegierte Baustähle, gefolgt von

- einer Zahl, die der festgelegten Mindeststreckgrenze in MPa entspricht
- einem Buchstaben für die Stahlqualität (wenn erforderlich), nämlich A, B, C, D, E, F ...
- einem Buchstaben für die Desoxidationsart (wenn erforderlich), nämlich
  - F für unberuhigter Stahl
  - b für halbberuhigter Stahl
  - Z für beruhigter Stahl
  - TZ für vollberuhigter Stahl
- Buchstaben für die Verwendung, Eigenschaften und Herstellmethoden (wenn erforderlich)
  - R für Druckbehälter und -kessel
  - G für Kesselstähle (Rohre)
  - DR für Stähle für Niedertemperatur-Druckbehälter
  - Q für Stähle für Brücken
  - NH für wetterfeste Stähle
  - GNH für besonders wetterfeste Stähle
  - L für Automobilstahlträger
  - GJ für Hochleistungsbaustähle
  - CF für Stähle mit geringer Schweißrissanfälligkeit
  - H für Stähle mit festgelegtem Härtbarkeitsband
  - K für Stähle für den Bergbau

2 Classification and designation system for Chinese steels

The Chinese standard **GB/T 13304-2008** classifies steel grades into

- unalloyed steels, low alloy steels and alloy steels by chemical composition (GB/T 13304 part 1) and
- main quality classes, defined by main property or application characteristics for unalloyed steels, low alloy steels and alloy steels (GB/T 13304 part 2).

GB/T 221-2008 specifies **rules for designating iron and steels** by means of symbolic letters and numbers to express application and principal characteristics, e.g. mechanical, physical, chemical, so as to provide an abbreviated identification of steels. In the following the designation system is explained by practical examples.

Carbon structural steels and low alloy structural steels

Q = carbon structural steels or low alloy high strength structural (HSLA) steels, followed successively by:

- a number being the specified minimum yield strength in MPa
- a letter indicating the quality grade of steel (where necessary), i.e: A, B, C, D, E, F ...
- a letter indicating the method of deoxidation (where necessary), i.e.:
  - F for rimming steel
  - b for semikilled steel
  - Z for killed steel
  - TZ for special killed steel
- letters indicating the purpose, characteristics and process methods (where necessary), i.e.:
  - R for pressure vessels and boilers
  - G for boiler steel (pipe)
  - DR for steels for low temperature pressure vessel
  - Q for steel for bridge
  - NH for weathering resistant steel
  - GNH for high weathering resistant steel
  - L for automobile beam steel
  - GJ for high property constructional steels
  - CF for steels with low susceptibility to welding crack
  - H for steels with specified hardenability bands
  - K for steels for mining

Beispiele:

Q235AF: Unlegierter Baustahl mit einer Mindeststreckgrenze von 235 MPa, Qualität A, unberuhigter Stahl

Q345D: Hochfester niedriglegierter Baustahl mit einer Mindeststreckgrenze von 345 MPa, Qualität D, vollberuhigter Stahl

Bei Bedarf können **HSLA-Stähle** auch wie folgt gekennzeichnet werden:

- einer Zahl, die dem Hundertfachen des Mittelwertes des für den Kohlenstoffgehalt vorgeschriebenen Bereichs entspricht
- die chemischen Symbole der für den Stahl kennzeichnenden Legierungselemente
- Buchstaben für die Verwendung, Eigenschaften und Herstellmethoden (wenn erforderlich) wie unter Q-Stähle beschrieben

Beispiel:

20MnK: HSLA-Stahl für den Bergbau mit 0,15 % – 0,26 % C und 1,20 % – 1,60 % Mn

Die Kennzeichnung von Sonderbaustählen erfolgt durch Voranstellen folgender Buchstaben:

HPB für warmgewalzte glatte Betonstabstähle, gefolgt vom Eigenwert der Streckgrenze in MPa, z. B. HPB235

HRB für warmgewalzte gerippte Betonstabstähle, gefolgt vom Eigenwert der Streckgrenze in MPa, z. B. HRB335

HRBF für warmgewalzte feinkörnige und gerippte Betonstabstähle, gefolgt vom Eigenwert der Streckgrenze in MPa, z. B. HRBF335

CRB für kaltgewalzte gerippte Betonstabstähle, gefolgt von der Mindestzugfestigkeit in MPa, z. B. CRB550

PSB für Stahlstäbe mit Schraubengewinde zum Vorspannen von Beton, gefolgt von der Mindeststreckgrenze in MPa, z. B. PSB830

HP für Bleche für geschweißte Gasflaschen, gefolgt von der Mindeststreckgrenze in MPa, z. B. HP345

L für Rohrstähle, gefolgt von der Mindestgesamtfestigkeit in MPa, z. B. L415

CM für Schiffsankerketten, gefolgt von der Mindestzugfestigkeit in MPa, z. B. CM370

M für Stähle für Kohleaufbereitungsanlagen, gefolgt von der Mindestzugfestigkeit in MPa, z. B. M510

Examples:

Q235AF: Carbon structural steel with a minimum yield strength of 235 Mpa, quality grade A, rimming steel

Q345D: Low alloy high strength structural steel with a minimum yield strength of 345 MPa, quality grade D, special killed steel

Depending on requirements, **HSLA steels** may also be denoted by

- a number being 100 × the specified average percentage carbon content
- chemical symbols indicating the alloy elements that characterize the steel
- letters indicating the purpose, characteristics and process methods as described for Q-steels (where necessary)

Example:

20MnK: HSLA steel for mining with 0,15 % – 0,26 % C and 1,20 % – 1,60 % Mn

The prefix letters for special structural steels are:

HPB for hot rolled plain bars, followed by the eigenvalue of yield strength in MPa, e.g. HPB235

HRB for hot rolled ribbed bars, followed by the eigenvalue of yield strength in MPa, e.g. HRB335

HRBF for fine-grained hot rolled ribbed bars, followed by the eigenvalue of yield strength in MPa, e.g. HRBF335

CRB for cold rolled ribbed bars, followed by the minimum tensile strength in MPa, e.g. CRB550

PSB for screw-thread steel bars for the prestressing of concrete, followed by the minimum yield strength in Mpa, e.g. PSB830

HP for steel for welding gas cylinder, followed by the minimum yield strength in MPa, e.g. HP345

L for pipeline steels (old symbol S), followed by the minimum specified overall elongation strength in MPa, e.g. L415

CM for anchor chain steels for ship (old symbol M), followed by the minimum tensile strength in MPa, e.g. CM370

M for steels for coal mechanism, followed by the minimum tensile strength in MPa, e.g. M510

Die Bezeichnung für **unlegierte Qualitätsstähle für das Bauwesen** und **unlegierte Qualitäts-Federstähle** setzt sich in der nachstehend aufgeführten Reihenfolge aus folgenden Kennbuchstaben bzw. -zahlen zusammen:

- einer Zahl, die dem Hundertfachen des Mittelwertes des für den Kohlenstoffgehalt vorgeschriebenen Bereichs entspricht
- dem Symbol Mn für Stähle mit höherem Mangangehalt (wenn erforderlich)
- einem Buchstaben für die Stahlqualität (wenn erforderlich), nämlich
  - A für hochwertige Qualitätsstähle
  - E für Qualitäts-Edelstähle
- einem Buchstaben für die Desoxidationsart (wenn erforderlich), nämlich
  - F für unberuhigter Stahl
  - b für halbberuhigter Stahl
  - Z für beruhigter Stahl (kann entfallen)
- Buchstaben für die Verwendung, Eigenschaften und Herstellmethoden (wenn erforderlich) wie unter Q-Stähle beschrieben

Beispiele für unlegierte Qualitätsstähle für das Bauwesen:

08F: 0,05 % – 0,11 % C und 0,25 % – 0,50 % Mn, Qualitätsstahl, unberuhigter Stahl

50A: 0,47 % – 0,55 % C und 0,50 % – 0,80 % Mn, hochwertiger Qualitätsstahl, beruhigter Stahl

50MnE: 0,48 % – 0,56 % C und 0,70 % – 1,00 % Mn, Qualitäts-Edelstahl, beruhigter Stahl

Beispiel für unlegierten Qualitäts-Federstahl:

65Mn: 0,62 % – 0,70 % C und 0,90 % – 1,20 % Mn, Qualitätsstahl, beruhigter Stahl

Automatenstähle

Y = Automatenstähle, gefolgt von

- einer Zahl, die dem Hundertfachen des Mittelwertes des für den Kohlenstoffgehalt vorgeschriebenen Bereichs entspricht
- den chemischen Symbolen für die Legierungselemente, z. B.
  - Ca für Kalzium
  - Pb für Blei
  - Sn für Zinn
  - Mn für Mangan
  - S für Schwefel (am Ende der Bezeichnung)

The coding for **carbon constructional quality steels** and **carbon spring quality steels** shall comprise successively the following symbols:

- a number being 100 × the specified average percentage carbon content
- the symbol Mn for steels with higher manganese content (where necessary)
- a letter indicating the quality of steel, i.e.
  - A for high-grade quality steels
  - E for special-grade quality steels (where necessary)
- a letter indicating the method of deoxidation (where necessary), i.e.
  - F for rimming steel
  - b for semikilled steel
  - Z for killed steel (can be omitted)
- letters indicating the purpose, characteristics and process methods as described for Q-steels (where necessary)

Examples for carbon constructional quality steels:

08F: 0,05 % – 0,11 % C and 0,25 % – 0,50 % Mn, quality steel, rimming steel

50A: 0,47 % – 0,55 % C 0,50 % – 0,80 % Mn, high-grade quality steel, killed steel

50MnE: 0,48 % – 0,56 % C and 0,70 % – 1,00 % Mn, special grade quality steel, killed steel

Example for carbon spring quality steel:

65Mn: 0,62 % – 0,70 % C and 0,90 % – 1,20 % Mn, quality steel, killed steel

Free-cutting steels

Y = free-cutting steels, followed successively by:

- a number being 100 × the specified average percentage carbon content
- the chemical symbols of alloy elements, i.e.:
  - Ca for calcium
  - Pb for plumbum
  - Sn for stannum
  - Mn for manganese
  - S for sulphur (at the end of designation)

Beispiele für Automatenstähle:

Y45Ca: 0,42 % – 0,50 % C und 0,002 % – 0,006 % Ca

Y45MnS: 0,40 % – 0,48 % C, 1,35 % – 1,65 % Mn und 0,24 % – 0,32 % S

Legierte Baustähle und legierte Federstähle

- eine Zahl, die dem Hundertfachen des Mittelwertes des für den Kohlenstoffgehalt vorgeschriebenen Bereichs entspricht, gefolgt von
- chemischen Symbolen für die Legierungselemente einschließlich Zahlen für den Hinweis auf deren Gehalt;

  für Legierungsgehalte von
  - < 1,5 % wird nur das chemische Symbol geschrieben
  - 1,5 % ≤ 2,5 % – 2
  - 2,5 % ≤ 3,5 % – 3
  - 3,5 % ≤ 4,5 % – 4 etc.
- einem Buchstaben für die Stahlqualität, nämlich
  - A für hochwertige Qualitätsstähle
  - E für Qualitäts-Edelstähle
- Buchstaben für die Verwendung, Eigenschaften und Herstellmethoden (wenn erforderlich) wie unter Q-Stähle beschrieben

Beispiele:

25Cr2MoVA: Legierter Baustahl mit 0,22 % – 0,29 % C, 1,50 % – 1,80 % Cr, 0,25 % – 0,35 % Mo und 0,15 % – 0,30 % V; hochwertiger Qualitätsstahl

60Si2Mn: Federstahl mit 0,56 % – 0,64 % C, 1,60 % – 2,00 % Si und 0,70 % – 1,00 % Mn; Qualitätsstahl

Nicht für eine Wärmebehandlung vorgesehene Stähle für den Anlagenbau

F = Nicht für eine Wärmebehandlung vorgesehene Stähle für den Anlagenbau, gefolgt von

- einer Zahl, die dem Hundertfachen des Mittelwertes des für den Kohlenstoffgehalt vorgeschriebenen Bereichs entspricht
- chemischen Symbolen für die Legierungselemente einschließlich Zahlen für den Hinweis auf deren Gehalt;

  für Legierungsgehalte von
  - < 1,5 % wird nur das chemische Symbol geschrieben
  - 1,5 % ≤ 2,5 % – 2
  - 2,5 % ≤ 3,5 % – 3
  - 3,5 % ≤ 4,5 % – 4 etc.
- dem chemischen Symbol S für Schwefel nur für nicht für eine Wärmebehandlung vorgesehene Automatenstähle für den Anlagenbau (wenn erforderlich)

Examples for free-machining steels:

Y45Ca: 0,42 % – 0,50 % C and 0,002 % – 0,006 % Ca

Y45MnS: 0,40 % – 0,48 % C, 1,35 % – 1,65 % Mn and 0,24 % – 0,32 % S

Structural alloy steels and spring alloy steels

- a number being 100 × the specified average percentage carbon content, followed successively by
- chemical symbols indicating the alloy elements including numbers indicating the values of contents;
- for contents of alloy elements
  - < 1,5 %, only the element symbol is denoted
  - 1,5 % ≤ 2,5 % – 2
  - 2,5 % ≤ 3,5 % – 3
  - 3,5 % ≤ 4,5 % – 4 etc.
- a letter indicating the quality of steel, i.e.
  - A for high-grade quality steels,
  - E for special grade quality steels (where necessary)
- letters indicating the purpose, characteristics andprocess methods as described for Q-steels (where necessary)

Examples:

25Cr2MoVA: Structural alloy steel with 0,22 % – 0,29 % C, 1,50 % – 1,80 % Cr, 0,25 % – 0,35 % Mo and 0,15 % – 0,30 % V; high-grade quality steel

60Si2Mn: Spring quality steel with 0,56 % – 0,64 % C, 1,60 % – 2,00 % Si and 0,70 % – 1,00 % Mn; quality steel

Non-quenched and tempered steels for mechanical structure

F = Non-quenched and tempered steels for mechanical structure, followed successively by

- a number being 100 × the specified average percentage carbon content
- chemical symbols indicating the alloy elements including numbers indicating the values of contents;

  for contents of alloy element
  - < 1,5 %, only the element symbol is denoted
  - 1,5 % ≤ 2,5 % – 2
  - 2,5 % ≤ 3,5 % – 3
  - 3,5 % ≤ 4,5 % – 4 etc.
- element symbol S for sulphur only for the free-cutting non-quenched and tempered steels for mechanical structure (where necessary)

Beispiel:

F35V: Nicht für eine Wärmebehandlung vorgesehener Stahl für den Anlagenbau mit 0,32 % – 0,39 % C, 0,06 % – 0,13 % V und 0,035 % – 0,075 % S

Achsenstähle für Lokomotiven und Eisenbahnwaggons

LZ = Achsenstähle für Eisenbahnwaggons und

JZ = Achsenstähle für Lokomotiven, gefolgt von

einer Zahl, die dem Hundertfachen des Mittelwertes des für den Kohlenstoffgehalt vorgeschriebenen Bereichs entspricht.

Beispiele:

LZ45 und JZ45, beide mit 0,40 % – 0,48 % C

Werkzeugstähle

Werkzeugstähle sind unterteilt in unlegierte Werkzeugstähle, legierte Werkzeugstähle und Schnellarbeitsstähle.

Unlegierte Werkzeugstähle

T = unlegierte Werkzeugstähle, gefolgt von

- einer Zahl, die dem Hundertfachen des Mittelwertes des für den Kohlenstoffgehalt vorgeschriebenen Bereichs entspricht
- dem chemischen Symbol Mn für Stähle mit höherem Mangangehalt (wenn erforderlich)
- einem Buchstaben zur Kennzeichnung der Stahlqualität (wenn erforderlich)
  - A für hochwertige Qualitätsstähle
  - keine Kennzeichnung für Qualitätsstähle

Beispiel:

T8MnA: Unlegierter Werkzeugstahl mit 0,80 % – 0,90 % C und 0,40 % – 0,50 % Mn; hochwertiger Qualitätsstahl

Legierte Werkzeugstähle:

- für Kohlenstoffgehalte < 1,00 %: Eine Zahl, die dem Hundertfachen des Mittelwertes des für den Kohlenstoffgehalt vorgeschriebenen Bereichs entspricht
- für Kohlenstoffgehalte ≥ 1,00 %: Keine Angabe für den Kohlenstoffgehalt erforderlich
- chemische Symbole für die Legierungselemente einschließlich Zahlen für den Hinweis auf deren Gehalt;

  für Legierungsgehalte von
  - < 1,5 % wird nur das chemische Symbol geschrieben
  - 1,5 % ≤ 2,5 % – 2
  - 2,5 % ≤ 3,5 % – 3
  - 3,5 % ≤ 4,5 % – 4 etc.

Example:

F35V: Non-quenched and tempered steel for mechanical structure with 0,32 % – 0,39 % C, 0,06 % – 0,13 % V and 0,035 % – 0,075 % S.

Axle steels for railway locomotive and wagons

LZ = axle steels for railway wagons or

JZ = axle steels for railway locomotive,

followed by a number being 100 × the specified average percentage carbon content

Examples:

LZ45 and JZ45, both with 0,40 % – 0,48 % C

Tool steels

Tool steels are divided into carbon tool steels, alloy tool steels and high speed tool steels.

Carbon tool steels

T = carbon tool steel, followed successively by

- a number being 100 × the specified average percentage carbon content
- the symbol Mn for steels with higher manganese content (where necessary)
- a letter for the quality of steel (where necessary), i.e.
  - A for high-grade quality steels
  - for quality steels no letter is necessary

Example:

T8MnA: Carbon tool steel with 0,80 % – 0,90 % C and 0,40 % – 0,50 % Mn; high-grade quality steel

Alloy tool steels:

- if carbon content < 1,00 %: a number being 100 × the specified average percentage carbon content
- if carbon content ≥ 1,00 %: carbon content is not denoted
- chemical symbols indicating the alloy elements including numbers indicating the values of contents;

  for contents of alloy elements
  - < 1,5 %, only the element symbol is denoted
  - 1,5 % ≤ 2,5 % – 2
  - 2,5 % ≤ 3,5 % – 3
  - 3,5 % ≤ 4,5 % – 4 etc.

- der Zahl 0 vor Angabe des Chromgehalts bei Chromgehalten von ≤ 1,00 %

Beispiele für legierte Werkzeugstähle:

9SiCr: 0,85 % – 0,95 % C, 1,20 % – 1,60 % Si und 0,95 % – 1,25 % Cr.

Cr06: 1,30 % – 1,45 % C und 0,50 % – 0,70 % Cr

Schnellarbeitsstähle

- der Buchstabe C kann für die Kennzeichnung von hochkohlenstoffhaltigen Schnellarbeitsstählen verwendet werden, gefolgt von
- chemischen Symbolen für die Legierungselemente einschließlich Zahlen für den Hinweis auf deren Gehalt;

  für Legierungsgehalte von
  - < 1,5 % wird nur das chemische Symbol geschrieben
  - 1,5 % ≤ 2,5 % – 2
  - 2,5 % ≤ 3,5 % – 3
  - 3,5 % ≤ 4,5 % – 4 etc.
- einem Buchstaben zur Kennzeichnung der Stahlqualität
  - A für hochwertige Qualitätsstähle
  - E für Qualitäts-Edelstähle
- Buchstaben für die Verwendung, Eigenschaften und Herstellmethoden (wenn erforderlich) wie unter Q-Stähle beschrieben

Beispiele für Schnellarbeitsstähle:

W6Mo5Cr4V2: 0,80 % – 0,90 % C, 5,50 % – 6,75 % W, 4,50 % – 5,50 % Mo, 3,80 % – 4,40 % Cr, 1,75 % – 2,20 % V.

CW6Mo5Cr4V2: 0,86 % – 0,94 % C, 5,90 % – 6,70 % W, 4,70 % – 5,20 % Mo, 3,80 % – 4,40 % Cr, 1,75 % – 2,10 % V.

Wälzlagerstähle

Wälzlagerstähle sind unterteilt in hochkohlenstoffhaltige Chrom-Wälzlagerstähle, Wälzlagerstähle zur Einsatzhärtung, nichtrostende hochkohlenstoffhaltige Chrom-Wälzlagerstähle und Hochtemperatur-Wälzlagerstähle.

Hochkohlenstoffhaltige Chrom-Wälzlagerstähle

G = hochkohlenstoffhaltige Chrom-Wälzlagerstähle, gefolgt von

- dem chemischen Symbol Cr für Chrom und einer Zahl, die dem Zehnfachen des Mittelwertes des für den Chromgehalt vorgeschriebenen Bereichs entspricht
- chemischen Symbolen für die Legierungselemente einschließlich Zahlen für den Hinweis auf deren Gehalt;

- number 0 in front of chromium content, if chromium content is ≤ 1,00 %

Examples for alloy tool steels:
9SiCr: 0,85 % – 0,95 % C, 1,20 % – 1,60 % Si and 0,95 % – 1,25 % Cr.
Cr06: 1,30 % – 1,45 % C and 0,50 % – 0,70 % Cr

High speed tool steels

- letter C may be to denoted for the high carbon high speed tool steels, followed successively by
- chemical symbols indicating the alloy elements including numbers indicating the values of contents;

  for contents of alloy element
  - < 1,5 %, only the element symbol is denoted
  - 1,5 % ≤ 2,5 % – 2
  - 2,5 % ≤ 3,5 % – 3
  - 3,5 % ≤ 4,5 % – 4 etc.
- a letter indicating the quality of steel, i.e.
  - A for high-grade quality steels
  - E for special grade quality steels (where necessary)
- letters indicating the purpose, characteristics and process methods as described for Q-steels (where necessary)

Examples for high speed tool steels:
W6Mo5Cr4V2: 0,80 % – 0,90 % C, 5,50 % – 6,75 % W,
4,50 % – 5,50 % Mo, 3,80 % – 4,40 % Cr, 1,75 % – 2,20 % V.
CW6Mo5Cr4V2: 0,86 % – 0,94 % C, 5,90 % – 6,70 % W, 4,70 % – 5,20 % Mo, 3,80 % – 4,40 % Cr, 1,75 % – 2,10 % V.

Bearing steels

Bearing steels are divided into high carbon chromium bearing steels, carburizing steels of bearings, high carbon chromium stainless bearing steels and high temperature bearing steels.

High carbon chromium bearing steels

G = high carbon chromium beering steels, followed successively by

- element symbol Cr for chromium and a number being 10 × the specified average percentage chromium content
- chemical symbols indicating the alloy elements including numbers indicating the values of contents;

für Legierungsgehalte von

– < 1,5 % wird nur das chemische Symbol geschrieben
– 1,5 % ≤ 2,5 % – 2
– 2,5 % ≤ 3,5 % – 3
– 3,5 % ≤ 4,5 % – 4 etc.

Beispiel:

GCr15SiMn: Hochkohlenstoffhaltiger Chrom-Wälzlagerstahl mit 1,40 % – 1,65 % Cr, 0,45 % – 0,75 % Si und 0,95 % – 1,25 % Mn

Wälzlagerstähle zur Einsatzhärtung

G = Wälzlagerstähle zur Einsatzhärtung, gefolgt von

- einer Zahl, die dem Hundertfachen des Mittelwertes des für den Kohlenstoffgehalt vorgeschriebenen Bereichs entspricht
- chemischen Symbolen für die Legierungselemente einschließlich Zahlen für den Hinweis auf deren Gehalt;

  für Legierungsgehalte von

  – < 1,5 % wird nur das chemische Symbol geschrieben
  – 1,5 % ≤ 2,5 % – 2
  – 2,5 % ≤ 3,5 % – 3
  – 3,5 % ≤ 4,5 % – 4 etc.
- dem Kennbuchstaben A am Ende der Bezeichnung für hochwertige Qualitätseinsatzstähle für Wälzlager

Beispiel:

G20CrNiMoA: Hochwertiger Qualitätseinsatzstahl für Wälzlager mit 0,17 % – 0,23 % C, 0,35 % – 0,65 % Cr, 0,40 % – 0,70 % Ni und 0,15 % – 0,30 % Mo.

Nichtrostende hochkohlenstoffhaltige Chrom-Wälzlagerstähle und Hochtemperatur-Wälzlagerstähle

G = Nichtrostende hochkohlenstoffhaltige Chrom-Wälzlagerstähle oder Hochtemperaturwälzlagerstähle, gefolgt von

- einer Bezeichnung, wie sie bei nichtrostenden und hitzebeständigen Stählen verwendet wird.

Beispiele:

G95Cr18: Nichtrostender hochkohlenstoffhaltiger Chrom-Wälzlagerstahl mit 0,90 % – 1,00 % C und 17,0 % – 19,0 % Cr.

G80Cr4Mo4V: Hochtemperatur-Wälzlagerstahl mit 0,75 % – 0,85 % C, 3,75 % – 4,25 % Cr und 4,00 % – 4,50 % Mo.

for contents of alloy element

- < 1,5 %, only the element symbol is denoted
- 1,5 % ≤ 2,5 % – 2
- 2,5 % ≤ 3,5 % – 3
- 3,5 % ≤ 4,5 % – 4 etc.

Example:

GCr15SiMn: High carbon chromium bearing steel with 1,40 % – 1,65 % Cr, 0,45 % – 0,75 % Si and 0,95 % – 1,25 % Mn

Carburizing steels of bearings

G = carburizing steels of bearings, followed successively by

- a number being 100 × the specified average percentage carbon content
- chemical symbols indicating the alloy elements including numbers indicating the values of contents;

  for contents of alloy element

  - < 1,5 %, only the element symbol is denoted
  - 1,5 % ≤ 2,5 % – 2
  - 2,5 % ≤ 3,5 % – 3
  - 3,5 % ≤ 4,5 % – 4 etc.
- letter A at the end of designation for high-grade quality carburizing steels of bearings

Example:

G20CrNiMoA: High-grade quality carburizing steel of bearings with 0,17 % – 0,23 % C, 0,35 % – 0,65 % Cr, 0,40 % – 0,70 % Ni and 0,15 % – 0,30 % Mo.

High carbon chromium stainless bearing steels and high temperature bearing steels

G = High carbon chromium stainless bearing steels or

high temperature bearing steels, followed by

- a notation for the further parts of designations, which are the same as for stainless steels and heat resisting steels.

Examples:

G95Cr18: High carbon chromium stainless bearing steel with 0,90 % – 1,00 % C and 17,0 % – 19,0 % Cr.

G80Cr4Mo4V: High temperature bearing steel with 0,75 % – 0,85 % C, 3,75 % – 4,25 % Cr and 4,00 % – 4,50 % Mo.

Schienenstähle und Kaltstauchstähle

U = Schienenstähle und

ML = Kaltstauchstähle (Kaltfließpressstähle), gefolgt von

- einer Zahl, die dem Hundertfachen des Mittelwertes des für den Kohlenstoffgehalt vorgeschriebenen Bereichs entspricht
- chemischen Symbolen für die Legierungselemente einschließlich Zahlen für den Hinweis auf deren Gehalt;
  für Legierungsgehalte von
  - $< 1{,}5\,\%$ wird nur das chemische Symbol geschrieben
  - $1{,}5\,\% \leq 2{,}5\,\%$ – 2
  - $2{,}5\,\% \leq 3{,}5\,\%$ – 3
  - $3{,}5\,\% \leq 4{,}5\,\%$ – 4 etc.
- einem Buchstaben zur Kennzeichnung der Stahlqualität (wenn erforderlich), nämlich
  - A für hochwertige Qualitätsstähle
  - E für Qualitäts-Edelstähle

Beispiele:
U70MnSi: Schienenstahl mit 0,66 % – 0,74 % C, 0,85 % – 1,15 % Si und 0,85 % – 1,15 % Mn.
ML30CrMo: Kaltstauchstahl mit 0,26 % – 0,34 % C, 0,80 % – 1,10 % Cr und 0,15 % – 0,25 % Mn.

Nichtrostende und hitzebeständige Stähle

Die erste Stelle der Bezeichnung dient zur Angabe des Kohlenstoffgehalts wie folgt:

- Bei Angabe des maximalen Kohlenstoffgehalts:
  - für $0{,}030\,\% <$ C max. $\leq 0{,}10\,\%$, eine zweistellige Zahl, die dem 75-Fachen des maximalen Kohlenstoffgehalts entspricht
  - für C max. $\leq 0{,}030\,\%$, eine dreistellige Zahl, die dem 750-Fachen des maximalen Kohlenstoffgehalts entspricht
  - für C max. $> 0{,}10\,\%$, eine zweistellige Zahl, die dem 80-Fachen des maximalen Kohlenstoffgehalts entspricht
- Bei angegebenem Bereich des Kohlenstoffgehalts durch eine Zahl, die dem Hundertfachen des Mittelwertes des für den Kohlenstoffgehalt vorgeschriebenen Bereichs entspricht.

Die weiteren Stellen der Bezeichnung bestehen aus

- chemischen Symbolen für die Legierungselemente einschließlich Zahlen für den Hinweis auf deren Gehalt;
  für Legierungsgehalte von
  - $< 1{,}5\,\%$ wird nur das chemische Symbol geschrieben
  - $1{,}5\,\% \leq 2{,}5\,\%$ – 2

Rail steels and cold heading steels

U = rail steels and

ML = cold heading steels (cold forging steels), followed successively by:

- a number being 100 × the specified average percentage carbon content
- chemical symbols indicating the alloy elements including numbers indicating the values of contents;

  for contents of alloy element

  - < 1,5 %, only the element symbol is denoted
  - 1,5 % ≤ 2,5 % – 2
  - 2,5 % ≤ 3,5 % – 3
  - 3,5 % ≤ 4,5 % – 4 etc.
- a letter indicating the quality of steel, i.e.
  - A for high-grade quality steels
  - E for special grade quality steels (where necessary)

Examples:

U70MnSi: Rail steel with 0,66 % – 0,74 % C, 0,85 % – 1,15 % Si and 0,85 % – 1,15 % Mn.

ML30CrMo: Cold heading steel with 0,26 % – 0,34 % C, 0,80 % – 1,10 % Cr and 0,15 % – 0,25 % Mn.

Stainless steels and heat resisting steels

First position of designation indicates the carbon content as follows:

- If the upper limit of carbon content is specified:
  - for 0,030 % < C max ≤ 0,10 %, a number of two digits being 3/4 of the upper limit of carbon content in 10 permillage
  - for C max > 0,10 %, a number of two digits being 4/5 of the upper limit of carbon content in 10 permillage
  - if C max ≤ 0,030 %, a number of three digits, being the upper limit of carbon content in 100 permillage
- If the upper and lower limits of carbon content are specified, by a number being 100 × the specified average percentage carbon content.
- chemical symbols indicating the alloy elements including numbers indicating the values of contents;

  for contents of alloy elements

  - < 1,5 %, only the element symbol is denoted
  - 1,5 % ≤ 2,5 % – 2

  - 2,5 % ≤ 3,5 % – 3
  - 3,5 % ≤ 4,5 % – 4 etc.
- chemischen Symbolen für Legierungselemente, die gezielt in sehr geringen Mengen zulegiert wurden, wie z. B. Niob, Titan, Zirkonium oder Stickstoff.

Beispiele:

06Cr19Ni10: Nichtrostender Stahl mit ≤ 0,08 % C, 18,00 % – 19,00 % Cr und 8,00 % – 11,00 % Ni.

022Cr19Ni13Mo4N: Nichtrostender Stahl mit ≤ 0,030 % C, 18,00 % – 20,00 % Cr, 11,00 % – 15,00 % Ni, 3,00 % – 4,00 % Mo und 0,10 % – 0,22 % N.

20Cr25Ni20: Hitzebeständiger Stahl mit ≤ 0,25 % C, 24,00 % – 26,00 % Cr und 19,00 % – 22,00 % Ni.

Stähle für Schweißdrähte

Schweißdrähte bestehen aus unlegierten, legierten oder nichtrostenden Stählen.

Die Bezeichnung beginnt mit dem Kennbuchstaben H.

Der weitere Bezeichnungsteil entspricht dem der jeweiligen o.g. Stahlgruppe.

Beispiele für Stähle für Schweißdrähte:

H08A: Hochwertiger unlegierter Qualitätsstahl mit
≤ 0,10 % C.

H08CrMoA: Hochwertiger legierter Qualitätsstahl mit
≤ 0,10 % C, 0,80 % – 1,10 % Cr und 0,40 % – 0,60 % Mo.

Kaltgewalzte Elektrobleche und -bänder

Kaltgewalzte Elektrobleche und -bänder sind unterteilt in kornorientierte und nichtkornorientierte Bleche und Bänder.

Die Bezeichnung setzt sich in der nachstehend aufgeführten Reihenfolge aus folgenden Kennbuchstaben bzw. -zahlen zusammen:

- einer Zahl, die dem Hundertfachen der Nenndicke in mm entspricht
- Kennbuchstaben für die Art des Elektroblechs oder -bandes, nämlich
  - Q für allgemein kornorientiert
  - QG für kornorientiert
  - W für nichtkornorientiert
- einer Zahl, die dem Hundertfachen des für die Nenndicke angegebenen höchstzulässigen Magnetisierungsverlustes in W/kg bei einer Frequenz von 50 Hz und einer magnetischen Induktion von
  - 1,5 Tesla für nichtkornorientiertes bzw.
  - 1,7 Tesla für kornorientiertes Blech und Band entspricht.

  - 2,5 % ≤ 3,5 % – 3
  - 3,5 % ≤ 4,5 % – 4 etc.
- letters for alloy elements niobium, titanium, zirconium and nitrogen etc., which are added intentionally, even if their contents are very low

Examples:

06Cr19Ni10: Stainless steel with ≤ 0,08 % C, 18,00 % – 19,00 % Cr and 8,00 % – 11,00 % Ni.

022Cr19Ni13Mo4N: Stainless steel with ≤ 0,030 % C, 18,00 % – 20,00 % Cr, 11,00 % – 15,00 % Ni, 3,00 % – 4,00 % Mo and 0,10 % – 0,22 % N.

20Cr25Ni20: Heat resisting steel with ≤ 0,25 % C, 24,00 % – 26,00 % Cr and 19,00 % – 22,00 % Ni.

Welding steels

Welding steels include welding carbon steels, welding alloy steels and welding stainless steels.

After the symbol H for welding steel, the second part consists of the notation for the designations of various welding steels like carbon constructional quality steels, alloy constructional steels and stainless steels.

Examples for welding steels:

H08A: High-grade carbon structural quality steel with ≤ 0,10 % C.

H08CrMoA: High-grade alloy structural quality steel with ≤ 0,10 % C, 0,80 % – 1,10 % Cr and 0,40 % – 0,60 % Mo.

Cold rolled electrotechnical steels

Cold rolled electrotechnical steels are divided into oriented electrical steels and non-oriented electrical steels.

The coding shall comprise successively the following symbols:

- a number being 100 × the nominal thickness of the product in mm
- letter(s) indicating the type of electrical steel, i.e.
  - Q for general oriented electrical steels
  - QG for oriented electrical steels with high magnetic permeability or
  - W for non-oriented electrical steels
- a number being 100 × the specified maximum specific loss in W/kg, corresponding to the nominal product thickness, for a magnetic induction of:
  - 1,5 Tesla for non-oriented steels
  - 1,7 Tesla for oriented steels

Beispiele:

30Q130: Allgemein kornorientiertes Elektroblech/-band mit einer Nenndicke von 30,00 mm und einem höchstzulässigen Magnetisierungsverlust von 1,30 W/kg bei einer magnetischen Induktion von 1,7 Tesla und einer Frequenz von 50 Hz.

50W400: Nichtkornorientiertes Elektroblech/-band mit einer Nenndicke von 50,00 mm und einem höchstzulässigen Magnetisierungsverlust von 4,00 W/kg bei einer magnetischen Induktion von 1,5 Tesla und einer Frequenz von 50 Hz.

Examples:

30Q130: General oriented electrical steel with nominal thickness of 30,00 mm and a maximum specified loss of 1,30 W/kg for a magnetic induction of 1,7 Tesla at 50 Hz.

50W400: Non-oriented electrical steel with nominal thickness of 50,0 mm and a maximum specified loss of 4,00 W/kg for a magnetic induction of 1,5 Tesla at 50 Hz.

3 Übersicht der CN-Normen nach Erzeugnissen
Overview of CN standards according to steel products

3.1 Baustähle
Structural and constructional steels

GB/T 699 Qualitätskohlenstoffstähle
Quality carbon structural steels

GB/T 700 Unlegierte Baustähle
Carbon structural steels

GB/T 714 Stähle für den Brückenbau
Structural steels for bridges

GB/T 1591 Hochfeste niedriglegierte Baustähle
High strength low alloy structural steels

GB/T 3077 Legierte Baustähle
Alloy structural steels

GB/T 4171 Wetterfeste Baustähle
Atmospheric corrosion resisting structural steels

GB/T 4172 Wetterfeste Baustähle für Schweißkonstruktionen
Atmospheric corrosion resisting steels for welded structures

GB/T 5216 Baustähle mit festgelegtem Härtbarkeitsband
Structural steels with specified hardenability bands

GB/T 6478 Stähle zum Kaltstauchen und Kaltstrangpressen
Steels for cold heading and cold extruding

GB/T 13796 Kaltgezogene Stähle für Industrieketten
Cold drawn steels for industrial chains

3.2 Rohrstähle
Steels for tubes and pipes

3.2.1 Nahtlose Rohre
Seamless steel tubes and pipes

GB/T 3089 Dünnwandige nahtlose Rohre
Thin walled seamless tubes

GB/T 3090 Nichtrostende nahtlose Stahlrohre kleiner Durchmesser
Stainless steel small diameter seamless steel tubes

GB/T 3094 Kaltgezogene nahtlose Profilrohre
Cold-drawn seamless special shape steel tubes

GB/T 3639 Kaltgezogene oder kaltgewalzte Präzisionsstahlrohre
Cold-drawn or cold rolled precision seamless steel tubes

GB 5310 Nahtlose Rohre für Druckbehälter
Seamless steel tubes for pressure boilers

GB/T 5312 Nahtlose Rohre für den Schiffbau
Carbon steel seamless steel tubes for shipbuilding

GB 6479 Nahtlose Rohre für die chemische Industrie für hohe Druckbeanspruchung
Seamless steel tubes for high-pressure use in chemical fertilizer equipment

GB/T 8162 Nahtlose Rohre für Konstruktionen
Seamless steel tubes for structural purposes

GB/T 8163 Nahtlose Rohre für den Transport von Flüssigkeiten
Seamless steel pipes for liquid service

GB 9948 Nahtlose Rohre für Erdölanlagen
Seamless steel tubes for petroleum cracking

GB 13296 Nahtlose Kessel- und Wärmetauscherrohre
Seamless tubes for boilers and heat exchangers

GB/T 14975 Nahtlose Rohre aus nichtrostendem Stahl für Bauzwecke
Stainless steel seamless tubes for structures

GB/T 14976 Nahtlose Rohre aus nichtrostendem Stahl für den Transport von Flüssigkeiten
Stainless steel seamless pipes for fluid transport

GB/T 17396 Nahtlose warmgewalzte Rohre für hydraulische Pfeiler
Seamless hot rolled steel tubes for hydraulic piles

GB 18248 Nahtlose Rohre für Gaszylinder
Seamless steel tubes for gas cylinder

GB/T 21833 Rostfreie nahtlose Rohre (Duplex)
Stainless seamless tubes and pipes (duplex)

YB/T 5052 Bohrrohre
Drill tubes

3.2.2 Geschweißte Rohre
Welded steel tubes and pipes

GB/T 3091 Geschweißte Niederdruck-Stahlrohre für Flüssigkeiten
Welded steel pipes for low pressure liquid delivery

GB/T 12770 Geschweißte nichtrostende Rohre für den Maschinenbau
Welded stainless steel tubes for machine structures

GB/T 12771 Geschweißte Rohre aus nichtrostenden Stählen für den Transport von Flüssigkeiten
Welded stainless steel pipes for liquid delivery

GB/T 18705 Geschweißte Rohre aus nichtrostendem Stahl für Dekorationszwecke
Welded stainless steel pipes for decorative purposes

GB/T 21832 Rostfreie geschweißte Rohre (Duplex)
Stainless welded tubes and pipes (duplex)

YB 4102 Geschweißte Rohre für Normal- und Niederdruckkessel
Welded steel tubes for low and medium pressure boilers

YB/T 5209 Elektrogeschweißte Rohre für Kardanwellen
Electric-welded tubes for cardan shafts

3.3 Bleche, Bänder und Flacherzeugnisse Sheets, strips and flat products

GB/T 710 Warmgewalzte Bleche und Bänder aus Qualitätskohlenstoffstahl
Hot rolled quality carbon structural steel sheets and strips

GB/T 712 Schiffsbleche
Shipbuilding plates

GB/T 713 Stahlbleche für Kessel und Druckbehälter
Steel plates for boilers and pressure vessels

GB/T 3275 Warmgewalzte Bleche aus Kohlenstoffstählen
Hot rolled quality carbon steel plates

GB/T 3280 Kaltgewalzte nichtrostende Bleche und Bänder
Cold rolled stainless steel plates, sheets and strips

GB/T 3522 Kaltgewalzte Bänder aus unlegierten Stählen
Cold rolled carbon steel strips

GB/T 3524 Warmgewalzte Bänder aus Kohlenstoffstahl und niedriglegiertem Stahl
Hot rolled carbon and low alloy structural steel strips

GB/T 3531 Bleche für Druckbehälter zur Verwendung bei tiefen Temperaturen
Plates for pressure vessels for low temperature service

GB/T 4237 Warmgewalzte Bleche und Bänder aus nichtrostendem Stahl
Hot rolled stainless steel sheets and plates

GB/T 4238	Warmgewalzte Bleche und Bänder aus hitzebeständigem Stahl Hot rolled heat resisting steel sheets and plates
GB/T 4239	Kaltgewalzte nichtrostende und hitzebeständige Bleche und Bänder Cold rolled stainless steel and heat resisting sheets and strips
GB 6654	Grobbleche für Druckbehälter Plates for pressure vessels
GB/T 8164	Bänder für geschweißte Rohre Strips for welding steel pipes
GB/T 8749	Warmgewalzte Bänder aus Qualitätskohlenstoffstahl Hot rolled quality carbon structural steel strips
GB/T 9945	Flachstähle für den Schiffbau Flat steels for shipbuilding
GB/T 11251	Warmgewalzte legierte Grobbleche Hot rolled alloy steel plates
GB/T 13237	Kaltgewalzte Bleche und Bänder aus Qualitätskohlenstoffstahl Cold rolled quality carbon steel sheets and strips
GB/T 13795	Kaltgewalzte Bänder für Industrieketten Cold rolled steel strips for industrial chains
GB/T 15675	Kontinuierlich verzinkte kaltgewalzte Bleche und Bänder Continuously electrolytic zinc-coated cold rolled steel sheets and strips
GB/T 16270	Wärmebehandelte bzw. kontrolliert gewalzte Bleche und Banderzeugnisse aus hochfestem Baustahl High-strength structural steel plates and strips products supplied in the heat-treated or controlled rolled condition
GB/T 18982	Korrosionsbeständige Bleche und Bänder für Behälter Corrosion resistant steel plates and strips for containers
GB/T 21074	Kaltgewalzte rostfreie Bänder für nadelförmige Rohre Cold rolled precision stainless strips for acicular pipes
YB/T 085	Kaltgewalzte nichtrostende Bänder für Magnetköpfe Cold rolled stainless steel strips for magnetic heads
YB/T 107	Warmgewalzte Bleche für Kunststoffformen Hot rolled steel plates for plastic moulds

YB/T 5059 Kaltgewalzte Bänder aus kohlenstoffarmem Stahl
Cold rolled low carbon steel strips

YB/T 5132 Bleche aus legierten Baustählen
Alloy steel sheets

YB/T 5353 Legierte warmgewalzte korrosionsbeständige Bleche und Bänder
Hot rolled corrosion resisting alloy sheets and plates

YB/T 5354 Legierte kaltgewalzte korrosionsbeständige Bleche
Cold rolled corrosion resisting alloy sheets

YB/T 5355 Legierte kaltgewalzte korrosionsbeständige Bänder
Cold rolled corrosion resisting alloy strips

3.4 Stäbe und Profile
Bars and sections

GB/T 1220 Nichtrostende Stäbe
Stainless steel bars

GB/T 1221 Hitzebeständige Stäbe
Heat-resistant steel bars

GB/T 3078 Kaltgezogene Stäbe aus Qualitätsstahl
Quality structural steel cold drawn bars

YB/T 3301 Geschweißte H-Profile
Welded H-section steels

3.5 Automatenstähle
Free-cutting steels

GB/T 8731 Automatenstähle
Free-cutting steels

3.6 Schmiedestücke
Steel forgings

GB/T 17107 Mechanische Eigenschaften von Baustählen für Schmiedestücke
Structural steel grades and mechanical properties of forgings

3.7 Drähte
Wires

GB/T 3079 Legierte Stahldrähte
Alloy structural steel wires

GB/T 4232 Nichtrostende Drähte zum Kaltstauchen
Stainless steel wires for cold heading

GB/T 4240 Nichtrostende Stahldrähte
Stainless steel wires

GB/T 5953 Unlegierte Drähte zum Kaltstauchen
Carbon steel wires for cold heading

GB/T 5954 Legierte Drähte zum Kaltstauchen
Alloy steel wires for cold heading

YB/T 096 Drähte aus Kohlenstoff-Chromstahl
High carbon chromium steel wires

YB/T 170.2 Walzdraht aus unlegiertem Stahl zum Ziehen und/oder Kaltwalzen
Unalloyed steel rods for conversion to wire

YB/T 5101 Klavierdraht
Piano wire

3.8 Korrosions- und hitzebeständige Stähle Corrosion and heat resisting steels

GB/T 8732 Stahl für Dampfturbinenflügel
Steel for blades of steam turbines

GB/T 12773 Ventilstähle für Verbrennungsmotoren
Valve steels for internal combustion engines

GB/T 15007 Rostbeständige Legierungen
Corrosion resisting alloys

GB/T 20878 Nichtrostende und hitzebeständige Stähle
Stainless and heat resisting steels

3.9 Stahlguss Steel castings

GB/T 2100 Nichtrostender Stahlguss für allgemeine Verwendung
Corrosion-resistant steel castings for general applications

GB/T 5676 Unlegierte Gussstähle
Carbon cast steels

GB/T 5680 Austenitische Gussstähle mit hohem Mangangehalt
Austenitic manganese steel castings

GB/T 6967 Mittel- und hochfester nichtrostender Stahlguss
Medium and high strength stainless steel castings for structures

GB/T 7659 Unlegierter Stahlguss für Schweißkonstruktionen
Carbon steel castings suitable for welded structures

GB/T 8492 Hitzebeständiger Stahlguss und Legierungen für allgemeine Verwendung
Heat-resistant steel and alloy castings for general applications

GB/T 11352 Unlegierter Stahlguss für allgemeine Verwendung
Carbon steel castings for general engineering purposes

GB/T 14408 Niedriglegierter Stahlguss für allgemeine Verwendung und Stahlbau
Low alloy steel castings for general engineering and structural purposes

GB/T 16253 Stahlguss für Druckbehälter
Steel castings for pressure purposes

JB/T 5100 Unlegierter Stahlguss
Carbon steel castings

JB/T 6402 Gussstücke aus niedriglegiertem Stahl
Low alloy steel castings

JB/T 6403 Hitzebeständiger Stahl für schwere Gussstücke
Heat resisting steel heavy castings

JB/T 6404 Schwere Gussstücke aus austenitischem Manganstahl
Austenitic manganese steel heavy castings

JB/T 6405 Nichtrostender Stahl für schwere Gussstücke
Stainless steel heavy castings

YB/T 036.4 Stahlguss mit hohem Mangangehalt
High manganese steel castings

3.10 Werkzeugstähle Tool steels

GB/T 1298 Unlegierte Werkzeugstähle
Carbon tool steels

GB/T 1299 Legierte Werkzeugstähle
Alloy tool steels

GB/T 1301 Hohlbohrstähle
Hollow drill steels for rock drilling

GB/T 3080 Schnellarbeitsstahl-Drähte
High speed tool steel wires

GB/T 9943 Schnellarbeitsstähle
High speed tool steels

YB/T 084 Warmgewalzte Bänder aus Schnellarbeitsstahl für Bügelsägeblätter
Hot rolled high speed steel for machine hacksaw blades

YB/T 094 Brammen für Kunstoffformen
Slab steel for plastic moulds

YB/T 095 Legierter Werkzeugstahldraht
Alloy tool steel wires

3.11 Federstähle
Spring steels

GB/T 1222	Federstähle Spring steels
GB/T 4231	Kaltgewalztes Band aus nichtrostendem Stahl für Federn Cold rolled stainless steel strips for springs
GB/T 4358	Unlegierte Federstähle für besondere Verwendung Carbon spring steel wires for special uses
GB/T 4360	Federstahldraht Spring steel wire
GB/T 5218	Legierter Federstahldraht Alloy steel wires for springs
GB/T 19530	Warmgewalzter Draht in Stäben für vergütbare Federn Hot rolled wire rod for quenched and tempered springs
YB/T 110	Kaltgewalztes nichtrostendes Band für Federn in Farbbildröhren Cold rolled stainless steel strip for springs in color kinescopes
YB/T 5058	Kaltgewalzte Federstahl- und Werkzeugstahlbänder Cold rolled spring and tool steel strips
YB/T 5063	Stahlband für Federn Steel strip for springs
YB/T 5103	In Öl angelassener Stahldraht für Federn Oil tempered carbon steel wires for springs
YB/T 5136	Ventilfederdraht Valve spring wire

3.12 Wälzlagerstähle
Bearing steels

GB/T 3086	Kohlenstoffreicher Chrom-Wälzlagerstahl High carbon chromium bearing steels
GB/T 3203	Wälzlagerstähle zur Einsatzhärtung Bearing steels for case hardening
GB/T 18254	Wälzlagerstähle Ball and roller bearing steels

3.13 Betonstähle
Reinforcing steels

GB/T 1499	Warmgewalzter Rippenbetonstahl Hot rolled ribbed steel for concrete reinforcement

GB/T 5223 Draht für das Vorspannen von Beton
Steel wires for prestressing of concrete

GB/T 13013 Warmgewalzter Betonstahl
Hot rolled plain steel bars for concrete reinforcement

GB/T 13014 Rippenbetonstahl
Ribbed steel bars for concrete reinforcement

GB 13788 Kaltgewalzte gerippte Stäbe für die Bewehrung von Beton
Cold rolled ribbed steel bars for concrete reinforcement

4 CN-Werkstoffbezeichnungen

Auflistung nach CN-Normen

CN steel names

Listed by CN standards in alphanumerical order

CN-Norm z: zurückgezogen CN standard z: withdrawn	Stahlsorte (CN) Steel grade (CN)	Werk-stoff-Nr. Material no.	Titel siehe Kap. 3 Title see chapter 3
GB/T 699-1999	08	1.0339	*Baustähle* *Structural and constructional steels*
	08F	1.0336	
	10	1.0301	
	10	1.1120	
	10	1.1121	
	10F	1.0339	
	15	1.0401	
	15	1.1140	
	15	1.1141	
	15F	1.0244	
	15Mn	1.0467	
	20	1.0402	
	20	1.1151	
	20Mn	1.0469	
	25	1.0406	
	25	1.1158	
	30	1.0528	
	30	1.1178	
	30Mn	1.1146	
	35	1.0501	
	35	1.1180	
	35	1.1181	
	35Mn	1.0561	
	40	1.0511	
	40	1.1186	
	40Mn	1.1157	
	45	1.0060	
	45	1.0503	
	45	1.1191	
	45	1.1201	
	50	1.0540	
	50	1.1206	
	50Mn	1.0524	
	55	1.0535	
	55	1.1203	
	60	1.0601	
	60	1.1221	
	60Mn	1.0642	
	60Mn	1.0908	

4 CN-Werkstoffbezeichnungen

Auflistung nach CN-Normen

CN steel names

Listed by CN standards in alphanumerical order

CN-Norm z: zurückgezogen CN standard z: withdrawn	Stahlsorte (CN) Steel grade (CN)	Werk-stoff-Nr. Material no.	Titel siehe Kap. 3 Title see chapter 3
GB/T 699-1999	65	1.1230	*Baustähle* *Structural and constructional steels*
	65	1.1231	
	65Mn	1.1233	
	65Mn	1.1260	
	70	1.0603	
	70	1.1234	
	75	1.1248	
	80	1.0622	
	80	1.1255	
	85	1.1269	
	85	1.1272	
GB/T 700-2006	Q195	1.0035	*Baustähle* *Structural and constructional steels*
	Q215A	1.0028	
	Q215A	1.0034	
	Q215B	1.0028	
	Q215B	1.0034	
	Q235A	1.0028	
	Q235A	1.0036	
	Q235A	1.0037	
	Q235A	1.0038	
	Q235A	1.0116	
	Q235B	1.0028	
	Q235B	1.0036	
	Q235B	1.0038	
	Q235B	1.0116	
	Q235C	1.0114	
	Q235D	1.0117	
	Q275A	1.0050	
	Q275B	1.0044	
	Q275B	1.0050	
	Q275B	1.0144	
	Q275C	1.0143	
	Q275D	1.0144	
	Q275D	1.0145	
z GB/T 700-1988	Q255A	1.0044	
	Q255B	1.1152	
	Q275	1.0050	

4 CN-Werkstoffbezeichnungen

Auflistung nach CN-Normen

CN steel names

Listed by CN standards in alphanumerical order

CN-Norm z: zurückgezogen CN standard z: withdrawn	Stahlsorte (CN) Steel grade (CN)	Werk-stoff-Nr. Material no.	Titel siehe Kap. 3 Title see chapter 3
z GB/T 701-1997	Q195	1.0035	*Baustähle* *Structural and constructional steels*
	Q195-b	1.0035	
	Q195-C	1.0010	
	Q195-F	1.0035	
	Q195-Z	1.0035	
	Q215A	1.0028	
	Q215A	1.0034	
	Q215A-F	1.0028	
	Q215A-Z	1.0034	
	Q215B	1.0028	
	Q215B	1.0034	
	Q215B-F	1.0028	
	Q215B-Z	1.0034	
	Q215C-b	1.0439	
	Q235A	1.0028	
	Q235A	1.0036	
	Q235A	1.0037	
	Q235A	1.0116	
	Q235A-b	1.0038	
	Q235A-F	1.0028	
	Q235A-F	1.0036	
	Q235A-Z	1.0116	
	Q235B	1.0028	
	Q235B	1.0036	
	Q235B	1.0116	
	Q235B-b	1.0038	
	Q235B-F	1.0028	
	Q235B-F	1.0036	
	Q235B-Z	1.0116	
	Q235C	1.0113	
z GB/T 710-1991	08	1.0339	*Bleche, Bänder und Flacherzeugnisse* *Sheets, strips and flat products*
	08Al	1.1008	
	08F	1.0336	
	10	1.0301	
	10	1.1120	
	10	1.1121	
	10F	1.0339	
	15	1.0401	
	15	1.1140	

4 CN-Werkstoffbezeichnungen

Auflistung nach CN-Normen

CN steel names

Listed by CN standards in alphanumerical order

CN-Norm z: zurückgezogen CN standard z: withdrawn	Stahlsorte (CN) Steel grade (CN)	Werk-stoff-Nr. Material no.	Titel siehe Kap. 3 Title see chapter 3
z GB/T 710-1991	15	1.1141	*Bleche, Bänder und Flacherzeugnisse* *Sheets, strips and flat products*
	15F	1.0244	
	20	1.0402	
	20	1.1151	
	25	1.0406	
	25	1.1158	
	30	1.0528	
	30	1.1178	
	35	1.0501	
	35	1.1180	
	35	1.1181	
	40	1.0511	
	40	1.1186	
	45	1.0503	
	45	1.1191	
	45	1.1201	
	50	1.0540	
	50	1.1206	
GB/T 712-2000	A	1.0440	*Bleche, Bänder und Flacherzeugnisse* *Sheets, strips and flat products*
	A32	1.0513	
	A36	1.0583	
	A40	1.0532	
	B	1.0442	
	D	1.0474	
	D32	1.0514	
	D36	1.0584	
	D40	1.0534	
	E	1.0476	
	E32	1.0515	
	E36	1.0589	
	E40	1.0560	
	F32	1.0555	
	F36	1.0578	
	F40	1.0578	
z GB/T 712-1988	AH32	1.0513	
	AH36	1.0583	

4 CN-Werkstoffbezeichnungen

Auflistung nach CN-Normen

CN steel names

Listed by CN standards in alphanumerical order

CN-Norm z: zurückgezogen CN standard z: withdrawn	Stahlsorte (CN) Steel grade (CN)	Werkstoff-Nr. Material no.	Titel siehe Kap. 3 Title see chapter 3
z GB/T 712-1988	DH32	1.0514	*Bleche, Bänder und Flacherzeugnisse Sheets, strips and flat products*
	DH36	1.0584	
	EH32	1.0515	
	EH36	1.0589	
GB/T 713-2008	12Cr2Mo1R	1.7380	*Bleche, Bänder und Flacherzeugnisse Sheets, strips and flat products*
	15CrMoR	1.7337	
	Q245R	1.0345	
	Q345R	1.0473	
z GB/T 713-1997	15CrMog	1.7337	
	16Mng	1.0570	
	19Mng	1.1133	
	20g	1.0345	
	20g	1.1152	
	22Mng	1.0425	
GB/T 714-2008	Q235q-C	1.0113	*Baustähle Structural and constructional steels*
	Q345q-C	1.0585	
	Q345q-D	1.0546	
	Q345q-E	1.0571	
	Q420q-D	1.0566	
GB/T 1220-2007	008Cr27Mo	1.4131	*Stäbe und Profile Bars and sections*
	022Cr12	1.4003	
	022Cr17Ni12Mo2	1.4404	
	022Cr17Ni12Mo2	1.4435	
	022Cr17Ni12Mo2N	1.4406	
	022Cr17Ni12Mo2N	1.4429	
	022Cr19Ni10	1.4306	
	022Cr19Ni10N	1.4311	
	022Cr19Ni13Mo3	1.4438	
	022Cr22Ni5Mo3N	1.4462	
	03Cr18Ni16Mo5	1.4438	
	03Cr25Ni6Mo3Cu2N	1.4507	
	05Cr17Ni4Cu4Nb	1.4541	
	05Cr17Ni4Cu4Nb	1.4548	
	06Cr13	1.4000	
	06Cr13Al	1.4002	
	06Cr17Ni12Mo2	1.4401	
	06Cr17Ni12Mo2	1.4436	
	06Cr17Ni12Mo2Ti	1.4571	
	06Cr17Ni12Mo2Ti	1.4579	

4 CN-Werkstoffbezeichnungen

Auflistung nach CN-Normen

CN steel names

Listed by CN standards in alphanumerical order

CN-Norm z: zurückgezogen CN standard z: withdrawn	Stahlsorte (CN) Steel grade (CN)	Werk- stoff-Nr. Material no.	Titel siehe Kap. 3 Title see chapter 3
GB/T 1220-2007	06Cr18Ni11Nb	1.4550	*Stäbe und Profile* *Bars and sections*
	06Cr18Ni11Ti	1.4541	
	06Cr18Ni13Si4	1.4361	
	06Cr18Ni9Cu3	1.4567	
	06Cr19Ni10	1.4301	
	06Cr19Ni10N	1.4315	
	06Cr19Ni13Mo3	1.4449	
	06Cr23Ni13	1.4833	
	06Cr25Ni20	1.4335	
	06Cr25Ni20	1.4845	
	07Cr15Ni7Mo2Al	1.4532	
	07Cr15Ni7Mo2Al	1.4574	
	07Cr17Ni7Al	1.4564	
	07Cr17Ni7Al	1.4568	
	10Cr17	1.4016	
	10Cr17Mo	1.4113	
	10Cr18Ni12	1.4303	
	12Cr12	1.4006	
	12Cr13	1.4024	
	12Cr17Mn6Ni5N	1.4372	
	12Cr17Ni7	1.4310	
	12Cr18Mn9Ni5N	1.4371	
	12Cr18Ni9	1.6900	
	14Cr17Ni2	1.4057	
	17Cr16Ni2	1.4057	
	20Cr13	1.4021	
	30Cr13	1.4028	
	40Cr13	1.4031	
	68Cr17	1.4109	
	90Cr18MoV	1.4112	
	108Cr17	1.4125	
	Y10Cr17	1.4104	
	Y12Cr13	1.4005	
	Y12Cr18Ni9	1.4305	
	Y30Cr13	1.4028	
	Y30Cr13	1.4029	
z GB/T 1220-1992	00Cr12	1.4003	
	00Cr17Ni13Mo2N	1.4406	
	00Cr17Ni13Mo2N	1.4429	

4 CN-Werkstoffbezeichnungen

Auflistung nach CN-Normen

CN steel names

Listed by CN standards in alphanumerical order

CN-Norm z: zurückgezogen CN standard z: withdrawn	Stahlsorte (CN) Steel grade (CN)	Werk-stoff-Nr. Material no.	Titel siehe Kap. 3 Title see chapter 3
z GB/T 1220-1992	00Cr17Ni14Mo2	1.4404	*Stäbe und Profile*
	00Cr17Ni14Mo2	1.4435	*Bars and sections*
	00Cr18Ni10N	1.4311	
	00Cr19Ni10	1.4306	
	00Cr19Ni13Mo3	1.4438	
	00Cr27Mo	1.4131	
	0Cr13	1.4000	
	0Cr13Al	1.4002	
	0Cr15Ni7Mo2Al	1.4532	
	0Cr15Ni7Mo2Al	1.4574	
	0Cr17Ni12Mo2	1.4401	
	0Cr17Ni12Mo2	1.4436	
	0Cr17Ni4Cu4Nb	1.4541	
	0Cr17Ni4Cu4Nb	1.4542	
	0Cr17Ni4Cu4Nb	1.4548	
	0Cr17Ni7Al	1.4564	
	0Cr17Ni7Al	1.4568	
	0Cr18Ni9	1.4301	
	0Cr18Ni9Cu3	1.4567	
	0Cr18Ni10Ti	1.4541	
	0Cr18Ni11Nb	1.4550	
	0Cr18Ni12Mo2Ti	1.4571	
	0Cr18Ni12Mo2Ti	1.4579	
	0Cr18Ni13Si4	1.4361	
	0Cr18Ni16Mo5	1.4438	
	0Cr19Ni13Mo3	1.4449	
	0Cr19Ni9N	1.4315	
	0Cr19Ni9N	1.6907	
	0Cr23Ni13	1.4833	
	0Cr25Ni20	1.4845	
	0Cr26Ni5Mo2	1.4460	
	1Cr12	1.4006	
	1Cr13	1.4006	
	1Cr13	1.4024	
	1Cr17	1.4016	
	1Cr17Mn6Ni5N	1.4372	
	1Cr17Mo	1.4113	
	1Cr17Ni2	1.4057	
	1Cr17Ni7	1.4310	

4 CN-Werkstoffbezeichnungen

Auflistung nach CN-Normen

CN steel names

Listed by CN standards in alphanumerical order

CN-Norm z: zurückgezogen CN standard z: withdrawn	Stahlsorte (CN) Steel grade (CN)	Werk- stoff-Nr. Material no.	Titel siehe Kap. 3 Title see chapter 3
z GB/T 1220-1992	1Cr18Mn8Ni5N	1.4371	*Stäbe und Profile*
	1Cr18Mn8Ni5N	1.4373	*Bars and sections*
	1Cr18Ni12	1.4303	
	1Cr18Ni12Mo2Ti	1.4571	
	1Cr18Ni12Mo2Ti	1.4573	
	1Cr18Ni9	1.4300	
	1Cr18Ni9	1.6900	
	1Cr18Ni9Ti	1.4878	
	2Cr13	1.4021	
	3Cr13	1.4028	
	4Cr13	1.4031	
	7Cr17	1.4109	
	9Cr18Mo	1.4125	
	9Cr18MoV	1.4112	
	11Cr17	1.4125	
	Y1Cr13	1.4005	
	Y1Cr17	1.4104	
	Y1Cr18Ni9	1.4305	
	Y3Cr13	1.4029	
GB/T 1221-2007	022Cr12	1.4003	*Stäbe und Profile*
	05Cr17Ni4Cu4Nb	1.4541	*Bars and sections*
	05Cr17Ni4Cu4Nb	1.4542	
	05Cr17Ni4Cu4Nb	1.4548	
	06Cr13Al	1.4002	
	06Cr15Ni25Ti2MoAlVB	1.4943	
	06Cr15Ni25Ti2MoAlVB	1.4944	
	06Cr15Ni25Ti2MoAlVB	1.4980	
	06Cr17Ni12Mo2	1.4401	
	06Cr17Ni12Mo2	1.4436	
	06Cr18Ni11Nb	1.4550	
	06Cr18Ni11Ti	1.4541	
	06Cr18Ni13Si4	1.4361	
	06Cr19Ni10	1.4301	
	06Cr19Ni13Mo3	1.4449	
	06Cr23Ni13	1.4833	
	06Cr25Ni20	1.4335	
	06Cr25Ni20	1.4845	
	07Cr17Ni7Al	1.4564	
	07Cr17Ni7Al	1.4568	

4 CN-Werkstoffbezeichnungen

Auflistung nach CN-Normen

CN steel names

Listed by CN standards in alphanumerical order

CN-Norm z: zurückgezogen CN standard z: withdrawn	Stahlsorte (CN) Steel grade (CN)	Werk-stoff-Nr. Material no.	Titel siehe Kap. 3 Title see chapter 3
GB/T 1221-2007	10Cr17	1.4016	*Stäbe und Profile*
	12Cr5Mo	1.7362	*Bars and sections*
	12Cr13	1.4024	
	12Cr16Ni35	1.4864	
	14Cr17Ni2	1.4057	
	16Cr20Ni14Si2	1.4828	
	16Cr25N	1.4749	
	16Cr25Ni20Si2	1.4841	
	17Cr16Ni2	1.4057	
	18Cr11NiMoNbVN	1.4913	
	18Cr12MoVNbN	1.4913	
	20Cr13	1.4021	
	20Cr25Ni20	1.4843	
	22Cr12NiWMoV	1.4935	
	40Cr10Si2Mo	1.4731	
	42Cr9Si2	1.4718	
	45Cr9Si3	1.4718	
	53Cr21Mn9Ni4N	1.4871	
	80Cr20Si2Ni	1.4747	
z GB/T 1221-1992	00Cr12	1.4003	
	0Cr13Al	1.4002	
	0Cr15Ni25Ti2MoAlVB	1.4943	
	0Cr15Ni25Ti2MoAlVB	1.4944	
	0Cr15Ni25Ti2MoAlVB	1.4980	
	0Cr17Ni12Mo2	1.4401	
	0Cr17Ni12Mo2	1.4436	
	0Cr17Ni12Mo2	1.4466	
	0Cr17Ni4Cu4Nb	1.4541	
	0Cr17Ni4Cu4Nb	1.4542	
	0Cr17Ni4Cu4Nb	1.4548	
	0Cr17Ni7Al	1.4564	
	0Cr17Ni7Al	1.4568	
	0Cr18Ni10Ti	1.4541	
	0Cr18Ni11Nb	1.4550	
	0Cr18Ni13Si4	1.4361	
	0Cr18Ni9	1.4301	
	0Cr19Ni13Mo3	1.4449	
	0Cr23Ni13	1.4833	
	0Cr25Ni20	1.4845	

4 CN-Werkstoffbezeichnungen

Auflistung nach CN-Normen

CN steel names

Listed by CN standards in alphanumerical order

CN-Norm z: zurückgezogen CN standard z: withdrawn	Stahlsorte (CN) Steel grade (CN)	Werk- stoff-Nr. Material no.	Titel siehe Kap. 3 Title see chapter 3
z GB/T 1221-1992	1Cr5Mo	1.7362	*Stäbe und Profile* *Bars and sections*
	1Cr13	1.4006	
	1Cr13	1.4024	
	1Cr16Ni35	1.4864	
	1Cr17	1.4016	
	1Cr17Ni2	1.4057	
	1Cr18Ni9Ti	1.4878	
	1Cr20Ni14Si2	1.4828	
	1Cr25Ni20Si2	1.4841	
	2Cr12MoVNbN	1.4913	
	2Cr12NiMoWV	1.4935	
	2Cr13	1.4021	
	2Cr25N	1.4749	
	2Cr25Ni20	1.4843	
	4Cr9Si2	1.4718	
	4Cr10Si2Mo	1.4731	
	5Cr21Mn9Ni4N	1.4871	
	8Cr20Si2Ni	1.4747	
GB/T 1222-2007	30W4Cr2VA	1.2567	*Federstähle* *Spring steels*
	50CrVA	1.8159	
	55CrMnA	1.7176	
	55SiCrA	1.7104	
	60CrMnA	1.7176	
	60CrMnBA	1.7137	
	60CrMnBA	1.7138	
	60Si2CrA	1.0961	
	60Si2CrA	1.7104	
	60Si2CrA	1.7108	
	60Si2Mn	1.0909	
	60Si2Mn	1.5027	
	60Si2MnA	1.5027	
	65	1.1230	
	65	1.1231	
	65Mn	1.1233	
	65Mn	1.1260	
	70	1.0603	
	70	1.1234	
	85	1.1269	
	85	1.1272	

4 CN-Werkstoffbezeichnungen

Auflistung nach CN-Normen

CN steel names

Listed by CN standards in alphanumerical order

CN-Norm z: zurückgezogen CN standard z: withdrawn	Stahlsorte (CN) Steel grade (CN)	Werk-stoff-Nr. Material no.	Titel siehe Kap. 3 Title see chapter 3
z GB/T 1222-1984	55Si2Mn	1.0904	*Federstähle* *Spring steels*
	55Si2Mn	1.5026	
	60CrMnMoA	1.7241	
GB/T 1298-2008	T7	1.1620	*Werkzeugstähle* *Tool steels*
	T7A	1.1520	
	T8	1.1625	
	T8A	1.1525	
	T8Mn	1.1830	
	T10	1.1645	
	T10A	1.1545	
	T12	1.1555	
	T12	1.1563	
	T13	1.1563	
	T13A	1.1563	
GB/T 1299-2000	3Cr2Mo	1.2302	*Werkzeugstähle* *Tool steels*
	3Cr2W8V	1.2581	
	4Cr3Mo3SiV	1.2365	
	4Cr5MoSiV	1.2343	
	4Cr5MoSiV1	1.2344	
	5CrMnMo	1.2309	
	5CrNiMo	1.2713	
	5CrW2Si	1.2542	
	6CrW2Si	1.2550	
	8MnSi	1.1750	
	9Cr2	1.2056	
	9CrWMn	1.2510	
	9Mn2V	1.2842	
	9SiCr	1.2108	
	Cr06	1.2008	
	Cr2	1.2067	
	Cr5Mo1V	1.2363	
	Cr12	1.2080	
	Cr12Mo1V1	1.2379	
	Cr12MoV	1.2581	
	Cr12MoV	1.2601	
	CrWMn	1.2419	
	W	1.2414	

4 CN-Werkstoffbezeichnungen

Auflistung nach CN-Normen

CN steel names

Listed by CN standards in alphanumerical order

CN-Norm z: zurückgezogen CN standard z: withdrawn	Stahlsorte (CN) Steel grade (CN)	Werk-stoff-Nr. Material no.	Titel siehe Kap. 3 Title see chapter 3
GB/T 1301-2008	ZK23CrNi3Mo	1.2768	*Werkzeugstähle*
	ZK95CrMo	1.2303	*Tool steels*
z GB/T 1301-1994	ZKT8	1.1625	
z GB/T 1499-1998	HRB 335	1.0060	*Betonstähle*
	HRB 400	1.0428	*Reinforcing steels*
	HRB 500	1.0438	
GB/T 1591-2008	Q345C	1.0585	*Baustähle*
	Q345D	1.0532	*Structural and constructional steels*
	Q390B	1.8930	
	Q390C	1.8900	
	Q390D	1.8910	
	Q420C	1.8902	
	Q420D	1.8902	
	Q420D	1.8912	
	Q420E	1.8912	
	Q420E	1.8913	
	Q460C	1.8905	
	Q460D	1.8901	
	Q460D	1.8935	
	Q460E	1.8903	
	Q460E	1.8918	
	Q460E	1.8935	
	Q500C	1.8907	
	Q500D	1.8907	
	Q500D	1.8917	
	Q500E	1.8909	
	Q550E	1.8926	
	Q620E	1.8927	
	Q690E	1.8928	
z GB/T 1591-1994	Q295B	1.0590	
GB/T 2100-2002	ZG03Cr18Ni10	1.4306	*Stahlguss*
	ZG03Cr18Ni10N	1.4309	*Steel castings*
	ZG03Cr19Ni11Mo2N	1.4409	
	ZG03Cr26Ni5Cu3Mo3N	1.4513	
	ZG03Cr26Ni5Cu3Mo3N	1.4517	
	ZG03Cr26Ni5Mo3N	1.4468	
	ZG06Cr12Ni4	1.4317	
	ZG06Cr16Ni5Mo	1.4405	
	ZG07Cr19Ni11Mo2	1.4408	

4 CN-Werkstoffbezeichnungen

Auflistung nach CN-Normen

CN steel names

Listed by CN standards in alphanumerical order

CN-Norm z: zurückgezogen CN standard z: withdrawn	Stahlsorte (CN) Steel grade (CN)	Werk-stoff-Nr. Material no.	Titel siehe Kap. 3 Title see chapter 3
GB/T 2100-2002	ZG07Cr19Ni9	1.4308	*Stahlguss* *Steel castings*
	ZG08Cr19Ni11Mo2Nb	1.4581	
	ZG10Cr12NiMo	1.4008	
	ZG20Cr13	1.4027	
z GB/T 2100-1980	ZG00Cr18Ni10	1.4306	
	ZG0Cr18Ni9	1.4308	
	ZG0Cr18Ni9Ti	1.4552	
	ZG1Cr18Ni9	1.4312	
GB/T 3077-1999	12CrNi 2	1.5713	*Baustähle* *Structural and constructional steels*
	12Cr2Ni4	1.5860	
	12CrMo	1.7335	
	12CrNi 3	1.5732	
	15Cr	1.7016	
	15CrMn	1.7131	
	15CrMo	1.7337	
	20CrNiMo	1.6523	
	20CrNiMo	1.6526	
	20CrNiMo	1.6543	
	20MnV	1.5217	
	20Cr	1.7027	
	20CrMn	1.7131	
	20CrMn	1.7147	
	20CrMnMo	1.7264	
	20CrMo	1.7242	
	20CrNiMo	1.6522	
	20Mn2	1.1160	
	20Mn2	1.1169	
	20Mn2B	1.5530	
	20MnV	1.5217	
	25Cr2MoVA	1.7733	
	30Cr	1.7030	
	30CrMnTi	1.8401	
	30CrMo	1.7216	
	30CrMo	1.7218	
	30CrNi3	1.5737	
	30Mn2	1.1165	
	30Mn2	1.1170	
	35Cr	1.7033	
	35Cr	1.7034	

4 CN-Werkstoffbezeichnungen

Auflistung nach CN-Normen

CN steel names

Listed by CN standards in alphanumerical order

CN-Norm z: zurückgezogen CN standard z: withdrawn	Stahlsorte (CN) Steel grade (CN)	Werk-stoff-Nr. Material no.	Titel siehe Kap. 3 Title see chapter 3
GB/T 3077-1999	35CrMo	1.2330	*Baustähle* *Structural and constructional steels*
	35CrMo	1.7220	
	35Mn2	1.1167	
	35Mn2	1.5069	
	35SiMn	1.5122	
	38CrMoAl	1.8509	
	40B	1.5527	
	40Cr	1.7035	
	40Cr	1.7045	
	40CrNi	1.5711	
	40CrNiMoA	1.6562	
	40CrNiMoA	1.6565	
	40Mn2	1.1127	
	40Mn2	1.5223	
	40MnB	1.5532	
	42CrMo	1.7223	
	42CrMo	1.7225	
	45B	1.5513	
	45Cr	1.7035	
	45Cr	1.7045	
	45Mn2	1.0912	
	50CrVA	1.8158	
	50CrVA	1.8159	
	50Mn2	1.0913	
	50Mn2	1.1226	
z GB/T 3077-1988	20CrV	1.7511	
GB/T 3078-2008	10	1.0301	*Stäbe und Profile* *Bars and sections*
	10	1.1120	
	10	1.1121	
	10F	1.0339	
	12CrNi2A	1.5713	
	12Cr2Ni4A	1.5752	
	12CrNi3A	1.5732	
	15	1.0401	
	15	1.1140	
	15	1.1141	
	15CrA	1.7016	
	15CrMo	1.7337	
	15Mn	1.0467	

4 CN-Werkstoffbezeichnungen

Auflistung nach CN-Normen

CN steel names

Listed by CN standards in alphanumerical order

CN-Norm z: zurückgezogen CN standard z: withdrawn	Stahlsorte (CN) Steel grade (CN)	Werkstoff-Nr. Material no.	Titel siehe Kap. 3 Title see chapter 3
GB/T 3078-2008	20	1.1151	*Stäbe und Profile*
	20 MnV	1.5217	*Bars and sections*
	20Cr	1.7027	
	20CrMnMo	1.7264	
	20CrMo	1.7242	
	20CrV	1.7511	
	20Mn	1.0469	
	20Mn2	1.1160	
	20Mn2	1.1169	
	25	1.0406	
	25	1.1158	
	30	1.0528	
	30	1.1178	
	30Cr	1.7030	
	30CrMo	1.7216	
	30CrMo	1.7218	
	30CrNi3A	1.5737	
	30Mn	1.1146	
	35	1.0501	
	35	1.1180	
	35	1.1181	
	35Cr	1.7033	
	35Cr	1.7034	
	35CrMo	1.2330	
	35CrMo	1.7220	
	35Mn	1.0561	
	35Mn2	1.1167	
	35Mn2	1.5069	
	35SiMn	1.5122	
	38CrMoAlA	1.8509	
	40	1.0511	
	40	1.1186	
	40B	1.5527	
	40Cr	1.7035	
	40Cr	1.7045	
	40CrNi	1.5711	
	40CrNiMoA	1.6511	
	40CrNiMoA	1.6562	
	40CrNiMoA	1.6565	

4 CN-Werkstoffbezeichnungen

Auflistung nach CN-Normen

CN steel names

Listed by CN standards in alphanumerical order

CN-Norm z: zurückgezogen CN standard z: withdrawn	Stahlsorte (CN) Steel grade (CN)	Werk-stoff-Nr. Material no.	Titel siehe Kap. 3 Title see chapter 3
GB/T 3078-2008	40Mn	1.1157	*Stäbe und Profile* *Bars and sections*
	40Mn2	1.1127	
	40Mn2	1.5223	
	40MnB	1.5532	
	42CrMo	1.7223	
	42CrMo	1.7225	
	45	1.0503	
	45	1.1191	
	45	1.1201	
	45B	1.5513	
	45Cr	1.7035	
	45Cr	1.7045	
	45Mn2	1.0912	
	50	1.0540	
	50	1.1206	
	50Mn	1.0524	
	50Mn2	1.0913	
	50Mn2	1.1226	
	50Mn2	1.0913	
	55	1.0535	
	55	1.1203	
	60	1.0601	
	60	1.1221	
	60Mn	1.0642	
	60Mn	1.0908	
	65	1.1230	
	65	1.1231	
	65Mn	1.1233	
	65Mn	1.1260	
z GB/T 3078-1994	15F	1.0244	
	38CrMoAl	1.8509	
GB/T 3079-1993	12Cr2Ni4A	1.5752	*Drähte* *Wires*
	12CrNi 3A	1.5732	
	15CrA	1.7016	
	30CrMnMoTiA	1.8401	
	30CrMnMoTiE	1.8401	
	30CrNi2MoVA	1.6739	
	30CrNi2MoVE	1.6739	
	30CrNi3A	1.5737	

4 CN-Werkstoffbezeichnungen

Auflistung nach CN-Normen

CN steel names

Listed by CN standards in alphanumerical order

CN-Norm z: zurückgezogen CN standard z: withdrawn	Stahlsorte (CN) Steel grade (CN)	Werk-stoff-Nr. Material no.	Titel siehe Kap. 3 Title see chapter 3
GB/T 3079-1993	38CrA	1.7043	*Drähte* *Wires*
	38CrE	1.7043	
	38CrMoAlA	1.8509	
	40CrA	1.7035	
	40CrA	1.7045	
	40CrNiMoA	1.6562	
	40CrNiMoA	1.6565	
	50CrVA	1.8158	
	50CrVA	1.8159	
GB/T 3080-2000	W6Mo5Cr4V2	1.3339	*Werkzeugstähle* *Tool steels*
	W6Mo5Cr4V2	1.3343	
	W18Cr4V	1.3355	
	W18Cr4V	1.3558	
GB/T 3086-2008	G65Cr14Mo	1.2319	*Wälzlagerstähle* *Bearing steels*
	G102Cr18Mo	1.3544	
GB/T 3089-2008	022Cr17Ni12Mo2	1.4404	*Nahtlose Rohre* *Seamless tubes*
	022Cr17Ni12Mo2	1.4435	
	022Cr19Ni10	1.4306	
	06Cr17Ni12Mo2Ti	1.4571	
	06Cr17Ni12Mo2Ti	1.4579	
	06Cr18Ni11Ti	1.4541	
	06Cr19Ni10	1.4301	
GB/T 3090-2000	00Cr17Ni14Mo2	1.4404	*Nahtlose Rohre* *Seamless tubes*
	00Cr17Ni14Mo2	1.4435	
	00Cr19Ni10	1.4306	
	0Cr17Ni12Mo2	1.4401	
	0Cr17Ni12Mo2	1.4436	
	0Cr18Ni10Ti	1.4541	
	0Cr18Ni9	1.4301	
	1Cr18Ni9Ti	1.4878	
GB/T 3091-2008	Q195	1.0035	*Geschweißte Rohre* *Welded tubes*
	Q215A	1.0028	
	Q215A	1.0034	
	Q215B	1.0028	
	Q215B	1.0034	
	Q235A	1.0036	
	Q235A	1.0037	
	Q235A	1.0038	
	Q235B	1.0028	

4 CN-Werkstoffbezeichnungen

Auflistung nach CN-Normen

CN steel names

Listed by CN standards in alphanumerical order

CN-Norm z: zurückgezogen CN standard z: withdrawn	Stahlsorte (CN) Steel grade (CN)	Werk-stoff-Nr. Material no.	Titel siehe Kap. 3 Title see chapter 3
GB/T 3091-2008	Q235B	1.0036	*Geschweißte Rohre* *Welded tubes*
	Q235B	1.0038	
	Q295B	1.0590	
GB/T 3094-2000	10	1.0301	*Nahtlose Rohre* *Seamless tubes*
	10	1.1120	
	10	1.1121	
	20	1.1151	
	35	1.1180	
	35	1.1181	
	45	1.1191	
	45	1.1201	
	Q215B	1.0028	
	Q215B	1.0034	
	Q235B	1.0028	
	Q235B	1.0036	
	Q235B	1.0038	
	Q295B	1.0590	
GB/T 3203-1982	G20CrMo	1.7321	*Wälzlagerstähle* *Bearing steels*
	G20Cr2Ni4	1.3533	
	G20CrNi2Mo	1.3576	
	G20CrNiMo	1.6522	
	G20CrNiMo	1.6523	
	G20CrNiMo	1.6526	
	G20CrNiMo	1.6543	
	GCr6	1.3501	
	GCr9	1.3503	
	GCr9SiMn	1.3518	
	GCr9SiMn	1.3520	
	GCr15	1.3505	
	GCr15SiMn	1.3520	
GB/T 3275-1991	08	1.0339	*Bleche, Bänder und Flacherzeugnisse* *Sheets, strips and flat products*
	08Al	1.1008	
	08F	1.0336	
	10	1.0301	
	10	1.1120	
	10	1.1121	
	10F	1.0339	
	15	1.0401	
	15	1.1140	

4 CN-Werkstoffbezeichnungen

Auflistung nach CN-Normen

CN steel names

Listed by CN standards in alphanumerical order

CN-Norm z: zurückgezogen CN standard z: withdrawn	Stahlsorte (CN) Steel grade (CN)	Werk-stoff-Nr. Material no.	Titel siehe Kap. 3 Title see chapter 3
GB/T 3275-1991	15	1.1141	*Bleche, Bänder und Flacherzeugnisse* *Sheets, strips and flat products*
	15Al	1.1148	
	15F	1.0244	
	20	1.0402	
	20	1.1151	
	25	1.0406	
	25	1.1158	
	30	1.0528	
	30	1.1178	
	35	1.0501	
	35	1.1180	
	35	1.1181	
	40	1.0511	
	40	1.1186	
	45	1.0503	
	45	1.1191	
	45	1.1201	
	50	1.0540	
	50	1.1206	
GB/T 3280-2007	008Cr27Mo	1.4131	*Bleche, Bänder und Flacherzeugnisse* *Sheets, strips and flat products*
	015Cr21Ni26Mo5Cu2	1.4539	
	015Cr24Ni22Mo8Mn3CuN	1.4652	
	019Cr18MoTi	1.4513	
	019Cr19Mo2NbTi	1.4521	
	019Cr19Mo2NbTi	1.4522	
	022Cr11NbTi	1.4512	
	022Cr12	1.4003	
	022Cr12Ni	1.4003	
	022Cr12Ni9Cu2NbTi	1.4543	
	022Cr17Ni7	1.4318	
	022Cr17Ni7N	1.4318	
	022Cr17Ni12Mo2	1.4404	
	022Cr17Ni12Mo2	1.4435	
	022Cr17Ni12Mo2N	1.4406	
	022Cr17Ni12Mo2N	1.4429	
	022Cr17Ti	1.4520	
	022Cr18NbTi	1.4509	
	022Cr19Ni10	1.4306	
	022Cr19Ni10N	1.4311	

4 CN-Werkstoffbezeichnungen

Auflistung nach CN-Normen

CN steel names

Listed by CN standards in alphanumerical order

CN-Norm z: zurückgezogen CN standard z: withdrawn	Stahlsorte (CN) Steel grade (CN)	Werk-stoff-Nr. Material no.	Titel siehe Kap. 3 Title see chapter 3
GB/T 3280-2007	022Cr19Ni13Mo3	1.4438	*Bleche, Bänder und Flacherzeugnisse* *Sheets, strips and flat products*
	022Cr19Ni13Mo4N	1.4434	
	022Cr19Ni16Mo5N	1.4439	
	022Cr22Ni5Mo3N	1.4462	
	022Cr23Ni4MoCuN	1.4362	
	022Cr24Ni17Mo5Mn6NbN	1.4565	
	022Cr25Ni7Mo4WCuN	1.4501	
	022Cr25Ni22Mo2N	1.4466	
	03Cr25Ni6Mo3Cu2N	1.4507	
	04Cr13Ni5Mo	1.4320	
	04Cr13Ni8Mo2Al	1.4534	
	05Cr19Ni10Si2CeN	1.4891	
	06Cr13	1.4000	
	06Cr13Al	1.4002	
	06Cr17Ni7AlTi	1.4564	
	06Cr17Ni7AlTi	1.4568	
	06Cr17Ni12Mo2	1.4401	
	06Cr17Ni12Mo2	1.4436	
	06Cr17Ni12Mo2Ti	1.4571	
	06Cr17Ni12Mo2Ti	1.4579	
	06Cr18Ni11Nb	1.4550	
	06Cr18Ni11Ti	1.4541	
	06Cr19Ni10	1.4301	
	06Cr19Ni10N	1.4315	
	06Cr19Ni13Mo3	1.4449	
	06Cr23Ni13	1.4833	
	06Cr25Ni20	1.4335	
	06Cr25Ni20	1.4845	
	07Cr15Ni7Mo2Al	1.4532	
	07Cr17Ni7Al	1.4564	
	07Cr17Ni7Al	1.4568	
	07Cr19Ni10	1.4948	
	09Cr17Ni5Mo3N	1.4492	
	10Cr17	1.4016	
	10Cr17Mo	1.4113	
	10Cr18Ni12	1.4303	
	12Cr12	1.4006	
	12Cr13	1.4024	
	12Cr17Ni7	1.4310	

4 CN-Werkstoffbezeichnungen

Auflistung nach CN-Normen

CN steel names

Listed by CN standards in alphanumerical order

CN-Norm z: zurückgezogen CN standard z: withdrawn	Stahlsorte (CN) Steel grade (CN)	Werk-stoff-Nr. Material no.	Titel siehe Kap. 3 Title see chapter 3
GB/T 3280-2007	12Cr18Ni9	1.6900	*Bleche, Bänder und Flacherzeugnisse* *Sheets, strips and flat products*
	17Cr16Ni2	1.4057	
	20Cr13	1.4021	
	30Cr13	1.4028	
	40Cr13	1.4031	
	68Cr17	1.4109	
z GB/T 3280-1992	00Cr12	1.4003	
	00Cr17	1.4510	
	00Cr17Ni13Mo2N	1.4406	
	00Cr17Ni13Mo2N	1.4429	
	00Cr17Ni14Mo2	1.4404	
	00Cr17Ni14Mo2	1.4435	
	00Cr18Ni10N	1.4311	
	00Cr19Ni10	1.4306	
	00Cr19Ni13Mo3	1.4438	
	00Cr27Mo	1.4131	
	0Cr13	1.4000	
	0Cr13Al	1.4002	
	0Cr17Ni12Mo2	1.4401	
	0Cr17Ni12Mo2	1.4436	
	0Cr17Ni7Al	1.4564	
	0Cr17Ni7Al	1.4565	
	0Cr17Ni7Al	1.4568	
	0Cr18Ni10Ti	1.4541	
	0Cr18Ni11Nb	1.4550	
	0Cr18Ni12Mo2Cu2	1.4571	
	0Cr18Ni12Mo2Ti	1.4571	
	0Cr18Ni13Si4	1.4361	
	0Cr18Ni16Mo5	1.4438	
	0Cr18Ni9	1.4301	
	0Cr19Ni13Mo3	1.4449	
	0Cr19Ni9N	1.4315	
	0Cr19Ni9N	1.6907	
	0Cr23Ni13	1.4833	
	0Cr25Ni20	1.4845	
	0Cr26Ni5Mo2	1.4460	
	1Cr18Ni9	1.4300	
	1Cr12	1.4006	
	1Cr13	1.4024	

4 CN-Werkstoffbezeichnungen

Auflistung nach CN-Normen

CN steel names

Listed by CN standards in alphanumerical order

CN-Norm z: zurückgezogen CN standard z: withdrawn	Stahlsorte (CN) Steel grade (CN)	Werk- stoff-Nr. Material no.	Titel siehe Kap. 3 Title see chapter 3
z GB/T 3280-1992	1Cr17	1.4016	*Bleche, Bänder und Flacherzeugnisse* *Sheets, strips and flat products*
	1Cr17Mn6Ni5N	1.4372	
	1Cr17Mo	1.4113	
	1Cr17Ni2	1.4057	
	1Cr17Ni7	1.4310	
	1Cr18Mn8Ni5N	1.4371	
	1Cr18Mn8Ni5N	1.4373	
	1Cr18Ni12	1.4303	
	1Cr18Ni12Mo2Ti	1.4571	
	1Cr18Ni12Mo2Ti	1.4573	
	1Cr18Ni9	1.6900	
	1Cr18Ni9Ti	1.4878	
	2Cr13	1.4021	
	3Cr13	1.4028	
	4Cr13	1.4031	
	7Cr17	1.4109	
GB/T 3522-1983	15	1.0401	*Bleche, Bänder und Flacherzeugnisse* *Sheets, strips and flat products*
	15	1.1140	
	15	1.1141	
	20	1.0402	
	20	1.1151	
	25	1.0406	
	25	1.1158	
	30	1.0528	
	30	1.1178	
	35	1.0501	
	35	1.1180	
	35	1.1181	
	40	1.0511	
	40	1.1186	
	45	1.1191	
	45	1.1201	
	50	1.0540	
	50	1.1206	
	55	1.0535	
	55	1.1203	
	60	1.0601	
	60	1.1221	

4 CN-Werkstoffbezeichnungen

Auflistung nach CN-Normen

CN steel names

Listed by CN standards in alphanumerical order

CN-Norm z: zurückgezogen CN standard z: withdrawn	Stahlsorte (CN) Steel grade (CN)	Werk-stoff-Nr. Material no.	Titel siehe Kap. 3 Title see chapter 3
GB/T 3522-1983	65	1.1230	*Bleche, Bänder und Flacherzeugnisse* *Sheets, strips and flat products*
	65	1.1231	
	70	1.0603	
	70	1.1234	
GB/T 3524-2005	Q195	1.0035	*Bleche, Bänder und Flacherzeugnisse* *Sheets, strips and flat products*
	Q215A	1.0028	
	Q215A	1.0034	
	Q215B	1.0028	
	Q215B	1.0034	
	Q235A	1.0036	
	Q235A	1.0037	
	Q235A	1.0038	
	Q235B	1.0028	
	Q235B	1.0036	
	Q235B	1.0038	
	Q255A	1.0044	
	Q275	1.0050	
	Q295B	1.0590	
	Q345C	1.0585	
	Q345D	1.0532	
z GB 3531-1996	09Mn2VDR	1.6212	*Bleche, Bänder und Flacherzeugnisse* *Sheets, strips and flat products*
	15MnNiDR	1.6217	
	16MnDR	1.0570	
z GB/T 3639-2000	10	1.0301	*Nahtlose Rohre* *Seamless tubes*
	10	1.1120	
	10	1.1121	
	20	1.1151	
	35	1.1180	
	35	1.1181	
	45	1.1191	
	45	1.1201	
GB/T 4171-2008	Q235NH	1.8958	*Baustähle* *Structural and constructional steels*
	Q235NH	1.8961	
	Q355GNH	1.8945	
	Q355GNH	1.8946	
	Q355NH	1.8959	
	Q355NH	1.8965	
	Q355NH	1.8967	

4 CN-Werkstoffbezeichnungen

Auflistung nach CN-Normen

CN steel names

Listed by CN standards in alphanumerical order

CN-Norm z: zurückgezogen CN standard z: withdrawn	Stahlsorte (CN) Steel grade (CN)	Werk- stoff-Nr. Material no.	Titel siehe Kap. 3 Title see chapter 3
z GB/T 4171-2000	Q345GNHL	1.8962	*Baustähle* *Structural and constructional steels*
z GB/T 4172-1984	15MnCuCr	1.8963	*Baustähle* *Structural and constructional steels*
	Q355NH	1.8963	
z GB/T 4231-1993	0Cr17Ni7Al	1.4564	*Federstähle* *Spring steels*
	0Cr17Ni7Al	1.4568	
	1Cr17Ni7	1.4057	
	1Cr17Ni7	1.4310	
	3Cr13	1.4028	
z GB/T 4232-1993	ML0Cr18Ni9	1.4301	*Drähte* *Wires*
	ML0Cr18Ni9Cu3	1.4567	
	ML1Cr13	1.4024	
	ML1Cr17	1.4016	
	ML1Cr17Ni2	1.4057	
	ML1Cr18Ni12	1.4303	
	ML1Cr18Ni9Ti	1.4878	
z GB/T 4232-1991	1Cr13	1.4024	
GB/T 4237-2007	008Cr27Mo	1.4131	*Bleche, Bänder und Flacherzeugnisse* *Sheets, strips and flat products*
	015Cr24Ni22Mo8Mn3CuN	1.4652	
	015CrCr21Ni26Mo5Cu2	1.4539	
	019Cr18MoTi	1.4513	
	019Cr19Mo2NbTi	1.4521	
	019Cr19Mo2NbTi	1.4522	
	022Cr11NbTi	1.4512	
	022Cr12	1.4003	
	022Cr12Ni	1.4003	
	022Cr12Ni9Cu2NbTi	1.4543	
	022Cr17Ni12Mo2	1.4404	
	022Cr17Ni12Mo2	1.4435	
	022Cr17Ni12Mo2N	1.4406	
	022Cr17Ni12Mo2N	1.4429	
	022Cr17Ni7	1.4318	
	022Cr17Ni7N	1.4318	
	022Cr17Ti	1.4520	
	022Cr18NbTi	1.4509	
	022Cr19Ni10	1.4306	

4 CN-Werkstoffbezeichnungen

Auflistung nach CN-Normen

CN steel names

Listed by CN standards in alphanumerical order

CN-Norm z: zurückgezogen CN standard z: withdrawn	Stahlsorte (CN) Steel grade (CN)	Werk-stoff-Nr. Material no.	Titel siehe Kap. 3 Title see chapter 3
GB/T 4237-2007	022Cr19Ni10N	1.4311	*Bleche, Bänder und Flacherzeugnisse* *Sheets, strips and flat products*
	022Cr19Ni13Mo3	1.4438	
	022Cr19Ni13Mo4N	1.4434	
	022Cr19Ni16Mo5N	1.4439	
	022Cr22Ni5Mo3N	1.4462	
	022Cr23Ni4MoCuN	1.4362	
	022Cr24Ni17Mo5Mn6NbN	1.4565	
	022Cr25Ni22Mo2N	1.4466	
	022Cr25Ni7Mo4WCuN	1.4501	
	03Cr25Ni6Mo3Cu2N	1.4507	
	04Cr13Ni5Mo	1.4320	
	04Cr13Ni8Mo2Al	1.4534	
	05Cr19Ni10Si2CeN	1.4891	
	06Cr13	1.4000	
	06Cr13Al	1.4002	
	06Cr17Ni12Mo2	1.4401	
	06Cr17Ni12Mo2	1.4436	
	06Cr17Ni12Mo2Ti	1.4571	
	06Cr17Ni12Mo2Ti	1.4579	
	06Cr17Ni7AlTi	1.4564	
	06Cr17Ni7AlTi	1.4568	
	06Cr18Ni11Nb	1.4550	
	06Cr18Ni11Ti	1.4541	
	06Cr19Ni10	1.4301	
	06Cr19Ni10N	1.4315	
	06Cr19Ni13Mo3	1.4449	
	06Cr23Ni13	1.4833	
	06Cr25Ni20	1.4335	
	06Cr25Ni20	1.4845	
	07Cr15Ni7Mo2Al	1.4532	
	07Cr17Ni7Al	1.4564	
	07Cr17Ni7Al	1.4568	
	07Cr19Ni10	1.4948	
	09Cr17Ni5Mo3N	1.4492	
	10Cr17	1.4016	
	10Cr17Mo	1.4113	
	10Cr18Ni12	1.4303	
	12Cr12	1.4006	
	12Cr13	1.4024	

4 CN-Werkstoffbezeichnungen

Auflistung nach CN-Normen

CN steel names

Listed by CN standards in alphanumerical order

CN-Norm z: zurückgezogen CN standard z: withdrawn	Stahlsorte (CN) Steel grade (CN)	Werk-stoff-Nr. Material no.	Titel siehe Kap. 3 Title see chapter 3
GB/T 4237-2007	12Cr17Ni7	1.4310	*Bleche, Bänder und Flacherzeugnisse Sheets, strips and flat products*
	12Cr18Ni9	1.6900	
	17Cr16Ni2	1.4057	
	20Cr13	1.4021	
	30Cr13	1.4028	
	40Cr13	1.4031	
	68Cr17	1.4109	
z GB/T 4237-1992	00Cr12	1.4003	
	00Cr17Ni13Mo2N	1.4406	
	00Cr17Ni13Mo2N	1.4429	
	00Cr17Ni14Mo2	1.4404	
	00Cr17Ni14Mo2	1.4435	
	00Cr18Ni10N	1.4311	
	00Cr19Ni10	1.4306	
	00Cr19Ni13Mo3	1.4438	
	00Cr27Mo	1.4131	
	0Cr13	1.4000	
	0Cr13Al	1.4002	
	0Cr17Ni12Mo2	1.4401	
	0Cr17Ni12Mo2	1.4436	
	0Cr17Ni7Al	1.4564	
	0Cr17Ni7Al	1.4568	
	0Cr18Ni10Ti	1.4541	
	0Cr18Ni11Nb	1.4550	
	0Cr18Ni12Mo2Ti	1.4571	
	0Cr18Ni13Si4	1.4361	
	0Cr18Ni16Mo5	1.4438	
	0Cr18Ni9	1.4301	
	0Cr19Ni13Mo3	1.4449	
	0Cr19Ni9N	1.4315	
	0Cr19Ni9N	1.6907	
	0Cr23Ni13	1.4833	
	0Cr25Ni20	1.4845	
	0Cr26Ni5Mo2	1.4460	
	1Cr12	1.4006	
	1Cr13	1.4024	
	1Cr17	1.4016	
	1Cr17Mn6Ni5N	1.4372	
	1Cr17Mo	1.4113	

4 CN-Werkstoffbezeichnungen

Auflistung nach CN-Normen

CN steel names

Listed by CN standards in alphanumerical order

CN-Norm z: zurückgezogen CN standard z: withdrawn	Stahlsorte (CN) Steel grade (CN)	Werk-stoff-Nr. Material no.	Titel siehe Kap. 3 Title see chapter 3
z GB/T 4237-1992	1Cr18Mn8Ni5N	1.4371	*Bleche, Bänder und Flacherzeugnisse* *Sheets, strips and flat products*
	1Cr18Mn8Ni5N	1.4373	
	1Cr18Ni12	1.4303	
	1Cr18Ni12Mo2Ti	1.4571	
	1Cr18Ni12Mo2Ti	1.4573	
	1Cr18Ni9	1.4300	
	1Cr18Ni9	1.6900	
	1Cr18Ni9Ti	1.4878	
	2Cr13	1.4021	
	3Cr13	1.4028	
	4Cr13	1.4031	
	7Cr17	1.4109	
GB/T 4238-2007	022Cr11NbTi	1.4512	*Bleche, Bänder und Flacherzeugnisse* *Sheets, strips and flat products*
	022Cr12Ni9Cu2NbTi	1.4543	
	05Cr17Ni4Cu4Nb	1.4541	
	05Cr17Ni4Cu4Nb	1.4542	
	06Cr13Al	1.4002	
	06Cr15Ni25Ti2MoAlVB	1.4943	
	06Cr15Ni25Ti2MoAlVB	1.4944	
	06Cr15Ni25Ti2MoAlVB	1.4980	
	06Cr17Ni12Mo2	1.4401	
	06Cr17Ni12Mo2	1.4436	
	06Cr17Ni7AlTi	1.4564	
	06Cr17Ni7AlTi	1.4568	
	06Cr18Ni11Nb	1.4550	
	06Cr18Ni11Ti	1.4541	
	06Cr19Ni10	1.4301	
	06Cr19Ni13Mo3	1.4449	
	06Cr23Ni13	1.4833	
	06Cr25Ni20	1.4335	
	06Cr25Ni20	1.4845	
	07Cr15Ni7Mo2Al	1.4565	
	07Cr15Ni7Mo2Al	1.4568	
	07Cr17Ni7Al	1.4564	
	07Cr17Ni7Al	1.4568	
	07Cr19Ni10	1.4948	
	10Cr17	1.4016	
	12Cr12	1.4006	
	12Cr13	1.4024	

4 CN-Werkstoffbezeichnungen

Auflistung nach CN-Normen

CN steel names

Listed by CN standards in alphanumerical order

CN-Norm z: zurückgezogen CN standard z: withdrawn	Stahlsorte (CN) Steel grade (CN)	Werkstoff-Nr. Material no.	Titel siehe Kap. 3 Title see chapter 3
GB/T 4238-2007	12Cr16Ni35	1.4864	*Bleche, Bänder und Flacherzeugnisse* *Sheets, strips and flat products*
	12Cr18Ni9	1.6900	
	16Cr23Ni13	1.4828	
	16Cr25N	1.4749	
	16Cr25Ni20Si2	1.4841	
	20Cr25Ni20	1.4843	
	22Cr12NiWMoV	1.4935	
z GB/T 4238-1992	00Cr12	1.4003	
	0Cr11Ti	1.4512	
	0Cr11Ti	1.4720	
	0Cr13Al	1.4002	
	0Cr15Ni25Ti2MoAlVB	1.4943	
	0Cr15Ni25Ti2MoAlVB	1.4944	
	0Cr15Ni25Ti2MoAlVB	1.4980	
	0Cr17Ni12Mo2	1.4401	
	0Cr17Ni12Mo2	1.4436	
	0Cr17Ni7Al	1.4564	
	0Cr17Ni7Al	1.4568	
	0Cr18Ni10Ti	1.4541	
	0Cr18Ni11Nb	1.4550	
	0Cr18Ni13Si4	1.4361	
	0Cr18Ni9	1.4301	
	0Cr19Ni13Mo3	1.4449	
	0Cr23Ni13	1.4833	
	0Cr25Ni20	1.4845	
	1Cr12	1.4006	
	1Cr13	1.4024	
	1Cr16Ni35	1.4864	
	1Cr17	1.4016	
	1Cr17Ni7Al	1.4564	
	1Cr17Ni7Al	1.4568	
	1Cr18Ni9Ti	1.4878	
	1Cr19Al3	1.4742	
	1Cr20Ni14Si2	1.4828	
	1Cr25Ni20Si2	1.4841	
	2Cr25N	1.4749	
	2Cr25Ni20	1.4841	
	2Cr25Ni20	1.4843	

4 CN-Werkstoffbezeichnungen

Auflistung nach CN-Normen

CN steel names

Listed by CN standards in alphanumerical order

CN-Norm z: zurückgezogen CN standard z: withdrawn	Stahlsorte (CN) Steel grade (CN)	Werk-stoff-Nr. Material no.	Titel siehe Kap. 3 Title see chapter 3
GB/T 4239-1991	00Cr12	1.4003	*Bleche, Bänder und Flacherzeugnisse* *Sheets, strips and flat products*
	00Cr17	1.4510	
	00Cr17Ni13Mo2N	1.4406	
	00Cr17Ni13Mo2N	1.4429	
	00Cr17Ni14Mo2	1.4404	
	00Cr17Ni14Mo2	1.4435	
	00Cr18Ni10N	1.4311	
	00Cr19Ni10	1.4306	
	00Cr19Ni13Mo3	1.4438	
	00Cr27Mo	1.4131	
	0Cr13	1.4000	
	0Cr13Al	1.4002	
	0Cr17Ni12Mo2	1.4401	
	0Cr17Ni12Mo2	1.4436	
	0Cr17Ni7Al	1.4564	
	0Cr17Ni7Al	1.4568	
	0Cr18Ni10Ti	1.4541	
	0Cr18Ni11Nb	1.4550	
	0Cr18Ni13Si4	1.4361	
	0Cr18Ni16Mo5	1.4438	
	0Cr18Ni9	1.4301	
	0Cr19Ni13Mo3	1.4449	
	0Cr19Ni9N	1.4301	
	0Cr19Ni9N	1.4315	
	0Cr19Ni9N	1.6907	
	0Cr23Ni13	1.4833	
	0Cr25Ni20	1.4335	
	0Cr25Ni20	1.4845	
	0Cr26Ni5Mo2	1.4460	
	1Cr12	1.4006	
	1Cr13	1.4024	
	1Cr17	1.4016	
	1Cr17Mn6Ni5N	1.4372	
	1Cr17Mo	1.4113	
	1Cr17Ni7	1.4310	
	1Cr17Ni8	1.4310	
	1Cr18Mn8Ni5N	1.4371	
	1Cr18Mn8Ni5N	1.4373	
	1Cr18Ni12	1.4303	

4 CN-Werkstoffbezeichnungen

Auflistung nach CN-Normen

CN steel names

Listed by CN standards in alphanumerical order

CN-Norm z: zurückgezogen CN standard z: withdrawn	Stahlsorte (CN) Steel grade (CN)	Werk-stoff-Nr. Material no.	Titel siehe Kap. 3 Title see chapter 3
GB/T 4239-1991	1Cr18Ni9	1.4300	*Bleche, Bänder und Flacherzeugnisse* *Sheets, strips and flat products*
	1Cr18Ni9	1.6900	
	1Cr18Ni9Ti	1.4878	
	2Cr13	1.4021	
	3Cr13	1.4028	
	7Cr17	1.4109	
z GB/T 4240-1993	00Cr17Ni14Mo2(-Q)	1.4404	*Drähte* *Wires*
	00Cr17Ni14Mo2(-Q)	1.4435	
	00Cr17Ni14Mo2(-R)	1.4404	
	00Cr17Ni14Mo2(-R)	1.4435	
	00Cr19Ni11(-R)	1.4306	
	0Cr17Ni12Mo2(-L)	1.4401	
	0Cr17Ni12Mo2(-L)	1.4436	
	0Cr17Ni12Mo2(-Q)	1.4401	
	0Cr17Ni12Mo2(-Q)	1.4436	
	0Cr17Ni12Mo2(-R)	1.4401	
	0Cr17Ni12Mo2(-R)	1.4436	
	0Cr18Ni11Ti(-Q)	1.4541	
	0Cr18Ni11Ti(-R)	1.4541	
	0Cr18Ni11Nb(-Q)	1.4550	
	0Cr18Ni11Nb(-R)	1.4550	
	0Cr18Ni9(-L)	1.4301	
	0Cr18Ni9(-Q)	1.4301	
	0Cr18Ni9(-R)	1.4301	
	0Cr19Ni9N(-L)	1.4315	
	0Cr19Ni9N(-L)	1.6907	
	0Cr19Ni9N(-Q)	1.4315	
	0Cr19Ni9N(-Q)	1.6907	
	0Cr19Ni9N(-R)	1.4315	
	0Cr19Ni9N(-R)	1.6907	
	0Cr23Ni13(-R)	1.4833	
	0Cr25Ni20(-R)	1.4335	
	0Cr25Ni20(-R)	1.4845	
	1Cr13(-Q)	1.4024	
	1Cr17(-Q)	1.4016	
	1Cr17Ni2(-R)	1.4057	
	1Cr18Ni12(-Q)	1.4303	
	1Cr18Ni12(-R)	1.4303	
	1Cr18Ni9	1.4300	

4 CN-Werkstoffbezeichnungen

Auflistung nach CN-Normen

CN steel names

Listed by CN standards in alphanumerical order

CN-Norm z: zurückgezogen CN standard z: withdrawn	Stahlsorte (CN) Steel grade (CN)	Werk-stoff-Nr. Material no.	Titel siehe Kap. 3 Title see chapter 3
z GB/T 4240-1993	1Cr18Ni9(-L)	1.6900	*Drähte* *Wires*
	1Cr18Ni9(-Q)	1.6900	
	1Cr18Ni9(-R)	1.6900	
	1Cr18Ni9Ti(-L)	1.4878	
	1Cr18Ni9Ti(-Q)	1.4878	
	1Cr18Ni9Ti(-R)	1.4878	
	2Cr13(-Q)	1.4021	
	3Cr13(-Q)	1.4028	
	4Cr13(-R)	1.4031	
	9Cr18(-R)	1.4125	
	Y1Cr13(-Q)	1.4005	
	Y1Cr17(-Q)	1.4104	
	Y1Cr18Ni9(-Q)	1.4305	
	Y1Cr18Ni9(-R)	1.4305	
GB/T 4358-1995	65Mn	1.1233	*Federstähle* *Spring steels*
	65Mn	1.1260	
	70	1.1234	
	T8MnA	1.1830	
GB/T 4360-1984	55	1.0535	*Federstähle* *Spring steels*
	55	1.1203	
	60	1.1221	
	60Mn	1.0642	
	65	1.1231	
	65Mn	1.1233	
	65Mn	1.1260	
	70	1.1234	
	75	1.1248	
GB/T 5216-2004	15CrH	1.7016	*Baustähle* *Structural and constructional steels*
	15CrMoAH	1.7337	
	15CrMoH	1.7337	
	20Cr1AH	1.7027	
	20Cr1H	1.7027	
	20CrAH	1.7027	
	20CrH	1.7027	
	20CrMnAH	1.7131	
	20CrMnAH	1.7147	
	20CrMnH	1.7131	
	20CrMnH	1.7147	
	20CrMnMoAH	1.7264	

4 CN-Werkstoffbezeichnungen

Auflistung nach CN-Normen

CN steel names

Listed by CN standards in alphanumerical order

CN-Norm z: zurückgezogen CN standard z: withdrawn	Stahlsorte (CN) Steel grade (CN)	Werk-stoff-Nr. Material no.	Titel siehe Kap. 3 Title see chapter 3
GB/T 5216-2004	20CrMnMoH	1.7264	*Baustähle*
	20CrMoAH	1.7242	*Structural and constructional steels*
	20CrMoH	1.7242	
	20CrNiMoAH	1.6523	
	20CrNiMoAH	1.6526	
	20CrNiMoAH	1.6543	
	20CrNiMoH	1.6522	
	20CrNiMoH	1.6523	
	20CrNiMoH	1.6526	
	20CrNiMoH	1.6543	
	22CrMoAH	1.7350	
	22CrMoH	1.7350	
	40CrAH	1.7035	
	40CrAH	1.7045	
	40CrH	1.7035	
	40CrH	1.7045	
	40MnBAH	1.5532	
	40MnBH	1.5532	
	42CrMoAH	1.7225	
	42CrMoH	1.7225	
	45AH	1.1191	
	45AH	1.1201	
	45CrAH	1.7035	
	45CrAH	1.7045	
	45CrH	1.7035	
	45CrH	1.7045	
	45H	1.0503	
	45H	1.1191	
	45H	1.1201	
GB/T 5218-1999	50CrVA	1.8159	*Federstähle*
	60Si2MnA	1.5027	*Spring steels*
z GB/T 5223-1995	70	1.1234	*Betonstähle*
	75	1.1248	*Reinforcing steels*
z GB 5310-1995	1Cr18Ni9	1.4300	*Nahtlose Rohre*
	1Cr18Ni9	1.6900	*Seamless tubes*
	1Cr19Ni11Nb	1.4550	
	12Cr2MoG	1.7380	
	12Cr2MoG	1.7383	
	12CrMoG	1.7335	

4 CN-Werkstoffbezeichnungen

Auflistung nach CN-Normen

CN steel names

Listed by CN standards in alphanumerical order

CN-Norm z: zurückgezogen CN standard z: withdrawn	Stahlsorte (CN) Steel grade (CN)	Werk-stoff-Nr. Material no.	Titel siehe Kap. 3 Title see chapter 3
z GB 5310-1995	15CrMoG	1.7337	*Nahtlose Rohre* *Seamless tubes*
	15MoG	1.5415	
	20G	1.1151	
	20MnG	1.1133	
	20MoG	1.5419	
	20MoG	1.5429	
	25MnG	1.1136	
z GB/T 5312-1999	410	1.0255	*Nahtlose Rohre* *Seamless tubes*
GB/T 5676-1985	ZG200-400	1.0420	*Stahlguss* *Steel castings*
	ZG200-400	1.1141	
	ZG230-450	1.1155	
	ZG270-500	1.1181	
	ZG310-570	1.1191	
	ZG340-640	1.1203	
GB/T 5680-1998	ZGMn13-1	1.3401	*Stahlguss* *Steel castings*
	ZGMn13-1	1.3802	
	ZGMn13-2	1.3401	
	ZGMn13-2	1.3802	
	ZGMn13-3	1.3401	
	ZGMn13-3	1.3802	
	ZGMn13-4	1.3401	
	ZGMn13-4	1.3410	
	ZGMn13-4	1.3802	
	ZGMn13-5	1.3416	
z GB/T 5953-1999	ML10	1.1120	*Drähte* *Wires*
	ML10	1.1122	
	ML15	1.0401	
	ML15	1.1132	
	ML18	1.1132	
	ML20	1.1152	
	ML25	1.0406	
	ML25	1.1158	
	ML30	1.0528	
	ML30	1.1178	
	ML35	1.1172	
	ML40	1.0511	
	ML40	1.1186	
	ML45	1.1192	

4 CN-Werkstoffbezeichnungen

Auflistung nach CN-Normen

CN steel names

Listed by CN standards in alphanumerical order

CN-Norm z: zurückgezogen CN standard z: withdrawn	Stahlsorte (CN) Steel grade (CN)	Werk- stoff-Nr. Material no.	Titel siehe Kap. 3 Title see chapter 3
GB/T 5954-1999	ML20CrMoA	1.7242	*Drähte* *Wires*
	ML20MnA	1.0469	
	ML30CrMoA	1.7216	
	ML30CrMoA	1.7218	
	ML35CrMoA	1.7220	
	ML38CrA	1.7034	
	ML40CrNiMoA	1.6565	
	ML42CrMoA	1.7225	
GB/T 6478-2001	ML04Al	1.0303	*Baustähle* *Structural and constructional steels*
	ML08Al	1.0213	
	ML10Al	1.0214	
	ML15	1.1132	
	ML15Al	1.1102	
	ML15Mn	1.0467	
	ML15MnB	1.5520	
	ML18Mn	1.0467	
	ML20	1.1152	
	ML20B	1.5528	
	ML20Cr	1.7027	
	ML20MnB	1.5525	
	ML20MnB	1.5528	
	ML22Mn	1.0469	
	ML25	1.0406	
	ML25	1.1158	
	ML25Mn	1.1177	
	ML28B	1.5510	
	ML30	1.0528	
	ML30	1.1178	
	ML30CrMo	1.7216	
	ML30CrMo	1.7218	
	ML30Mn	1.1146	
	ML35	1.1172	
	ML35B	1.5511	
	ML35CrMo	1.2330	
	ML35CrMo	1.7220	
	ML35Mn	1.0561	
	ML35MnB	1.5538	
	ML37Cr	1.7034	
	ML37CrB	1.7007	

4 CN-Werkstoffbezeichnungen

Auflistung nach CN-Normen

CN steel names

Listed by CN standards in alphanumerical order

CN-Norm z: zurückgezogen CN standard z: withdrawn	Stahlsorte (CN) Steel grade (CN)	Werk-stoff-Nr. Material no.	Titel siehe Kap. 3 Title see chapter 3
GB/T 6478-2001	ML40	1.0511	*Baustähle* *Structural and constructional steels*
	ML40	1.1186	
	ML40Cr	1.7035	
	ML40Cr	1.7045	
	ML42CrMo	1.7225	
	ML45	1.1192	
z GB/T 6478-1986	ML15Cr	1.7016	
	ML40Mn	1.1157	
GB 6479-2000	1Cr5Mo	1.7362	*Nahtlose Rohre* *Seamless tubes*
	10	1.0301	
	10	1.1120	
	10	1.1121	
	12Cr2Mo	1.7380	
	12CrMo	1.7335	
	15CrMo	1.7337	
	16Mn	1.0570	
	20	1.1151	
GB 6654-1996	15CrMoB	1.7337	*Bleche, Bänder und Flacherzeugnisse* *Sheets, strips and flat products*
	15MnVNR	1.8905	
	15MnVNR	1.8915	
	16MnR	1.0570	
	16MnR	1.1106	
	18MnMoNbR	1.8905	
	18MnMoNbR	1.8915	
	20R	1.0345	
	20R	1.1151	
z GB/T 6967-1986	ZG06Cr13Ni4Mo	1.4313	*Stahlguss* *Steel castings*
	ZG06Cr13Ni4Mo	1.4414	
	ZG06Cr13Ni6Mo	1.4407	
	ZG06Cr16Ni5Mo	1.4405	
	ZG10Cr13	1.4406	
	ZG20Cr13	1.4027	
GB/T 7659-1987	ZG200-400H	1.1142	*Stahlguss* *Steel castings*
	ZG230-450H	1.0446	
	ZG275-485H	1.0552	
z GB/T 8162-1999	10	1.0301	*Nahtlose Rohre* *Seamless tubes*
	10	1.1120	
	10	1.1121	
	12Cr2Ni4	1.5860	

4 CN-Werkstoffbezeichnungen

Auflistung nach CN-Normen

CN steel names

Listed by CN standards in alphanumerical order

CN-Norm z: zurückgezogen CN standard z: withdrawn	Stahlsorte (CN) Steel grade (CN)	Werk-stoff-Nr. Material no.	Titel siehe Kap. 3 Title see chapter 3
z GB/T 8162-1999	12CrMo	1.7335	*Nahtlose Rohre* *Seamless tubes*
	12CrNi2	1.5713	
	12CrNi 3	1.5732	
	15CrMo	1.7337	
	20	1.0402	
	20	1.1151	
	20Cr	1.7027	
	20CrMn	1.7131	
	20CrMn	1.7147	
	20CrMo	1.7242	
	27SiMn	1.5217	
	30Cr	1.7030	
	30CrMnTi	1.8401	
	35	1.0501	
	35	1.1180	
	35	1.1181	
	35Cr	1.7033	
	35Cr	1.7034	
	35CrMo	1.2330	
	35CrMo	1.7220	
	38CrMoAl	1.8509	
	40Cr	1.7035	
	40Cr	1.7045	
	40CrNiMoA	1.6562	
	40CrNiMoA	1.6565	
	40Mn2	1.1127	
	40Mn2	1.5223	
	40MnB	1.5532	
	42CrMo	1.7225	
	45	1.0503	
	45	1.1191	
	45Cr	1.7035	
	45Cr	1.7045	
	45Mn2	1.0912	
	45Mn2	1.1226	
	50CrVA	1.8159	
	Q345	1.0585	
z GB/T 8162-1987	16Mn	1.0570	

4 CN-Werkstoffbezeichnungen

Auflistung nach CN-Normen

CN steel names

Listed by CN standards in alphanumerical order

CN-Norm z: zurückgezogen CN standard z: withdrawn	Stahlsorte (CN) Steel grade (CN)	Werk-stoff-Nr. Material no.	Titel siehe Kap. 3 Title see chapter 3
z GB/T 8163-1999	10	1.1120	*Nahtlose Rohre* *Seamless tubes*
	10	1.1121	
	20	1.1151	
z GB/T 8163-1987	16Mn	1.0570	
GB/T 8164-1993	08	1.0339	*Bleche, Bänder und Flacherzeugnisse* *Sheets, strips and flat products*
	10	1.0301	
	10	1.1120	
	10	1.1121	
	12Mn	1.0479	
	14MnNb	1.0506	
	15	1.0401	
	15	1.1140	
	15	1.1141	
	16Mn	1.0570	
	20	1.1151	
	Q195	1.0035	
	Q215A	1.0028	
	Q215B	1.0034	
	Q235A	1.0036	
	Q235A	1.0037	
	Q235B	1.0028	
	Q235B	1.0038	
GB/T 8492-2002	ZG10Ni31Cr20Nb1	1.4859	*Stahlguss* *Steel castings*
	ZG25Cr18Ni9Si2	1.4825	
	ZG25Cr20Ni14Si2	1.4832	
	ZG30Cr7Si2	1.4710	
	ZG40Cr13Si2	1.4729	
	ZG40Cr17Si2	1.4740	
	ZG40Cr22Ni10Si2	1.4826	
	ZG40Cr24Ni24Si2Nb	1.4855	
	ZG40Cr24Si2	1.4745	
	ZG40Cr25Ni12Si2	1.4837	
	ZG40Cr25Ni20Si2	1.4848	
	ZG40Cr27Ni4Si2	1.4823	
	ZG40Cr28Si2	1.4776	
	ZG40Ni35Cr17Si2	1.4806	
	ZG40Ni35Cr26Si2	1.4857	
	ZG40Ni35Cr26Si2Nb1	1.4852	
	ZG40Ni38Cr19Si2	1.4865	

4 CN-Werkstoffbezeichnungen

Auflistung nach CN-Normen

CN steel names

Listed by CN standards in alphanumerical order

CN-Norm z: zurückgezogen CN standard z: withdrawn	Stahlsorte (CN) Steel grade (CN)	Werk-stoff-Nr. Material no.	Titel siehe Kap. 3 Title see chapter 3
GB/T 8492-2002	ZG40Ni38Cr19Si2Nb1	1.4849	*Stahlguss* *Steel castings*
	ZG45Cr20Co20Ni20Mo3W	1.4874	
	ZGCr29Si2	1.4777	
z GB/T 8492-1987	ZG40Cr9Si2	1.4718	
GB/T 8731-2008	Y12	1.0711	*Automatenstähle* *Free-cutting steels*
	Y12	1.0721	
	Y12Pb	1.0722	
	Y15	1.0723	
	Y15Pb	1.0718	
	Y15Pb	1.0753	
	Y20	1.0724	
	Y35	1.0726	
	Y40Mn	1.0760	
	Y45	1.0727	
GB/T 8732-2004	0Cr17Ni4Cu4Nb	1.4541	*Korrosions- und hitzebeständige Stähle* *Corrosion and heat resisting steels*
	0Cr17Ni4Cu4Nb	1.4548	
	1Cr13	1.4024	
	2Cr12MoV	1.4120	
	2Cr13	1.4021	
GB/T 8749-2008	08	1.0339	*Bleche, Bänder und Flacherzeugnisse* *Sheets, strips and flat products*
	08Al	1.1008	
	10	1.1120	
	10	1.1121	
	15	1.1141	
	20	1.1151	
	25	1.1158	
	30	1.1178	
	35	1.1181	
	40	1.1186	
	45	1.1191	
GB/T 9943-2008	W2Mo8Cr4V	1.3327	*Werkzeugstähle* *Tool steels*
	W2Mo9Cr4V2	1.3348	
	W2Mo9Cr4VCo8	1.3247	
	W3Mo3Cr4V2	1.3333	
	W6Mo5Cr4V2	1.3339	
	W6Mo5Cr4V2	1.3343	
	W6Mo5Cr4V2Co5	1.3243	
	W6Mo5Cr4V3	1.3344	
	W6Mo5Cr4V3Co8	1.3244	

4 CN-Werkstoffbezeichnungen

Auflistung nach CN-Normen

CN steel names

Listed by CN standards in alphanumerical order

CN-Norm z: zurückgezogen CN standard z: withdrawn	Stahlsorte (CN) Steel grade (CN)	Werkstoff-Nr. Material no.	Titel siehe Kap. 3 Title see chapter 3
GB/T 9943-2008	W6Mo5Cr4V4	1.3351	*Werkzeugstähle* *Tool steels*
	W6Mo6Cr4V2	1.3350	
	W7Mo4Cr4V2Co5	1.3246	
	W10Mo4Cr4V3Co10	1.3207	
	W12Cr4V5Co5	1.3202	
	W18Cr4V	1.3355	
	W18Cr4V	1.3558	
z GB/T 9943-1988	W18Cr4V2Co8	1.3265	
	W18Cr4VCo5	1.3255	
GB/T 9945-2001	A	1.0440	*Bleche, Bänder und Flacherzeugnisse* *Sheets, strips and flat products*
	A32	1.0513	
	A36	1.0583	
	A40	1.0532	
	B	1.0442	
	D	1.0474	
	D32	1.0514	
	D36	1.0584	
	D40	1.0534	
	E	1.0476	
	E32	1.0515	
	E36	1.0589	
	E40	1.0560	
GB/T 9948-2008	1Cr19Ni11Nb	1.4550	*Nahtlose Rohre* *Seamless tubes*
	1Cr19Ni9	1.6900	
	1Cr5Mo	1.7362	
	20	1.1151	
	10	1.0301	
	10	1.1120	
	10	1.1121	
	12CrMo	1.7335	
	15CrMo	1.7337	
z GB/T 11251-1989	15Cr	1.7016	*Bleche, Bänder und Flacherzeugnisse* *Sheets, strips and flat products*
	20Cr	1.7027	
	30Cr	1.7030	
	35Cr	1.7033	
	35Cr	1.7034	
	40B	1.5527	

4 CN-Werkstoffbezeichnungen

Auflistung nach CN-Normen

CN steel names

Listed by CN standards in alphanumerical order

CN-Norm z: zurückgezogen CN standard z: withdrawn	Stahlsorte (CN) Steel grade (CN)	Werk-stoff-Nr. Material no.	Titel siehe Kap. 3 Title see chapter 3
z GB/T 11251-1989	40Cr	1.7035	*Bleche, Bänder und Flacherzeugnisse* *Sheets, strips and flat products*
	40Cr	1.7045	
	45B	1.5513	
	45Mn2	1.0912	
z GB/T 11352-1989	ZG200-400	1.0420	*Stahlguss* *Steel castings*
	ZG200-400	1.1142	
	ZG230-450	1.0446	
	ZG230-450	1.1155	
	ZG270-500	1.0552	
	ZG310-570	1.0558	
	ZG310-570	1.1191	
	ZG340-640	1.1203	
GB/T 12770-2002	00Cr17Ni14Mo2	1.4404	*Geschweißte Rohre* *Welded tubes*
	00Cr17Ni14Mo2	1.4435	
	00Cr19Ni10	1.4306	
	0Cr13	1.4000	
	0Cr17Ni12Mo2	1.4401	
	0Cr17Ni12Mo2	1.4436	
	0Cr18Ni10Ti	1.4541	
	0Cr18Ni11Nb	1.4550	
	0Cr18Ni9	1.4301	
	0Cr25Ni20	1.4335	
	0Cr25Ni20	1.4845	
	1Cr13	1.4024	
	1Cr17	1.4016	
	1Cr18Ni9	1.4300	
	1Cr18Ni9	1.6900	
	1Cr18Ni9Ti	1.4878	
z GB/T 12771-2000	00Cr17	1.4510	*Geschweißte Rohre* *Welded tubes*
	00Cr17Ni14Mo2	1.4404	
	00Cr17Ni14Mo2	1.4435	
	00Cr19Ni10	1.4306	
	0Cr13	1.4000	
	0Cr13Al	1.4002	
	0Cr17Ni12Mo2	1.4401	
	0Cr17Ni12Mo2	1.4436	
	0Cr18Ni10Ti	1.4541	
	0Cr18Ni11Nb	1.4550	
	0Cr18Ni9	1.4301	

4 CN-Werkstoffbezeichnungen

Auflistung nach CN-Normen

CN steel names

Listed by CN standards in alphanumerical order

CN-Norm z: zurückgezogen CN standard z: withdrawn	Stahlsorte (CN) Steel grade (CN)	Werk- stoff-Nr. Material no.	Titel siehe Kap. 3 Title see chapter 3
z GB/T 12771-2000	0Cr18Ni9	1.4948	*Geschweißte Rohre* *Welded tubes*
	0Cr25Ni20	1.4335	
	0Cr25Ni20	1.4845	
	1Cr18Ni9	1.4300	
	1Cr18Ni9	1.6900	
	1Cr18Ni9Ti	1.4878	
z GB/T 12773-1991	4Cr10Si2Mo	1.4731	*Korrosions- und hitzebeständige Stähle* *Corrosion and heat resisting steels*
	4Cr9Si2	1.4718	
	5Cr21Mn9Ni4N	1.4871	
	8Cr20Si2Ni	1.4747	
GB/T 13013-1991	Q235	1.0028	*Betonstähle* *Reinforcing steels*
	Q235	1.0036	
	Q235	1.0037	
GB/T 13014-1991	20MnSi	1.0045	*Betonstähle* *Reinforcing steels*
GB/T 13237-1991	08	1.0339	*Bleche, Bänder und Flacherzeugnisse* *Sheets, strips and flat products*
	08Al	1.1008	
	08F	1.0336	
	10	1.0301	
	10	1.1120	
	10	1.1121	
	10F	1.0339	
	15	1.0401	
	15	1.1140	
	15	1.1141	
	15F	1.0244	
	20	1.0402	
	20	1.1151	
	25	1.0406	
	25	1.1158	
	30	1.0528	
	30	1.1178	
	35	1.0501	
	35	1.1180	
	35	1.1181	
	40	1.0511	
	40	1.1186	

4 CN-Werkstoffbezeichnungen

Auflistung nach CN-Normen

CN steel names

Listed by CN standards in alphanumerical order

CN-Norm z: zurückgezogen CN standard z: withdrawn	Stahlsorte (CN) Steel grade (CN)	Werk-stoff-Nr. Material no.	Titel siehe Kap. 3 Title see chapter 3
GB/T 13237-1991	45	1.0503	*Bleche, Bänder und Flacherzeugnisse* *Sheets, strips and flat products*
	45	1.1191	
	50	1.0540	
	50	1.1206	
GB/T 13296-2007	00Cr17Ni13Mo2N	1.4406	*Nahtlose Rohre* *Seamless tubes*
	00Cr17Ni13Mo2N	1.4429	
	00Cr17Ni14Mo2	1.4404	
	00Cr17Ni14Mo2	1.4435	
	00Cr18Ni10N	1.4311	
	00Cr19Ni10	1.4306	
	00Cr19Ni10	1.4308	
	00Cr19Ni13Mo3	1.4438	
	00Cr27Mo	1.4131	
	0Cr17Ni12Mo2	1.4401	
	0Cr17Ni12Mo2	1.4436	
	0Cr18Ni9	1.4301	
	0Cr18Ni10Ti	1.4541	
	0Cr18Ni11Nb	1.4550	
	0Cr18Ni12Mo2Ti	1.4571	
	0Cr18Ni12Mo2Ti	1.4579	
	0Cr18Ni13Si4	1.4361	
	0Cr18Ni9	1.4301	
	0Cr19Ni13Mo3	1.4449	
	0Cr23Ni13	1.4833	
	0Cr25Ni20	1.4335	
	0Cr25Ni20	1.4845	
	1Cr17	1.4016	
	1Cr17Ni12Mo2	1.4401	
	1Cr17Ni12Mo2	1.4436	
	1Cr17Ni12Mo2	1.4919	
	1Cr18Ni12Mo2Ti	1.4571	
	1Cr18Ni12Mo2Ti	1.4573	
	1Cr18Ni9	1.4300	
	1Cr18Ni9	1.6900	
	1Cr18Ni9Ti	1.4878	
	1Cr19Ni11Nb	1.4550	
	1Cr18Ni11Ti	1.4541	
	1Cr19Ni9	1.4301	
	1Cr19Ni9	1.4948	

4 CN-Werkstoffbezeichnungen

Auflistung nach CN-Normen

CN steel names

Listed by CN standards in alphanumerical order

CN-Norm z: zurückgezogen CN standard z: withdrawn	Stahlsorte (CN) Steel grade (CN)	Werk-stoff-Nr. Material no.	Titel siehe Kap. 3 Title see chapter 3
GB/T 13296-2007	2Cr23Ni13	1.4828	*Nahtlose Rohre* *Seamless tubes*
	2Cr25Ni20	1.4841	
	2Cr25Ni20	1.4843	
GB/T 13788-2000	20MnSi	1.0045	*Betonstähle* *Reinforcing steels*
	24MnTi	1.0987	
	60	1.1221	
	70	1.1234	
	Q215	1.0028	
	Q215	1.0034	
	Q235	1.0028	
	Q235	1.0036	
	Q235	1.0037	
	Q235	1.0116	
GB/T 13795-1992	10	1.0301	*Bleche, Bänder und Flacherzeugnisse* *Sheets, strips and flat products*
	10	1.1120	
	10	1.1121	
	15	1.0401	
	15	1.1140	
	15	1.1141	
	20	1.0402	
	20	1.1151	
	40Mn	1.1157	
	40MnB	1.5532	
	45	1.0503	
	45	1.1191	
GB/T 13796-1992	08	1.0339	*Baustähle* *Structural and constructional steels*
	10	1.0301	
	10	1.1120	
	10	1.1121	
	15	1.0401	
	15	1.1140	
	15	1.1141	
	20CrMnMo	1.7264	
	20CrMo	1.7242	
GB/T 14408-1993	ZGD290-510	1.0552	*Stahlguss* *Steel castings*
	ZGD345-570	1.1191	
	ZGD410-620	1.0558	
GB/T 14975-2002	00Cr17Ni13Mo2N	1.4406	*Nahtlose Rohre* *Seamless tubes*
	00Cr17Ni13Mo2N	1.4429	

4 CN-Werkstoffbezeichnungen

Auflistung nach CN-Normen

CN steel names

Listed by CN standards in alphanumerical order

CN-Norm z: zurückgezogen CN standard z: withdrawn	Stahlsorte (CN) Steel grade (CN)	Werk-stoff-Nr. Material no.	Titel siehe Kap. 3 Title see chapter 3
GB/T 14975-2002	00Cr17Ni14Mo2	1.4404	*Nahtlose Rohre* *Seamless tubes*
	00Cr17Ni14Mo2	1.4435	
	00Cr18Ni10N	1.4311	
	00Cr19Ni10	1.4306	
	00Cr19Ni13Mo3	1.4438	
	0Cr13	1.4000	
	0Cr17Ni12Mo2	1.4401	
	0Cr17Ni12Mo2	1.4436	
	0Cr18Ni10Ti	1.4541	
	0Cr18Ni11Nb	1.4550	
	0Cr18Ni12Mo2Ti	1.4571	
	0Cr18Ni12Mo2Ti	1.4579	
	0Cr18Ni9	1.4301	
	0Cr19Ni13Mo3	1.4449	
	1Cr13	1.4024	
	1Cr17	1.4016	
	1Cr18Ni12Mo2Ti	1.4571	
	1Cr18Ni12Mo2Ti	1.4573	
	1Cr18Ni9	1.6900	
	1Cr18Ni9Ti	1.4878	
	2Cr13	1.4021	
GB/T 14976-2002	00Cr17Ni13Mo2N	1.4406	*Nahtlose Rohre* *Seamless tubes*
	00Cr17Ni13Mo2N	1.4429	
	00Cr17Ni14Mo2	1.4404	
	00Cr17Ni14Mo2	1.4435	
	00Cr18Ni10N	1.4311	
	00Cr19Ni10	1.4306	
	00Cr19Ni13Mo3	1.4438	
	0Cr13	1.4000	
	0Cr17Ni12Mo2	1.4401	
	0Cr17Ni12Mo2	1.4436	
	0Cr18Ni10Ti	1.4541	
	0Cr18Ni11Nb	1.4550	
	0Cr18Ni12Mo2Ti	1.4571	
	0Cr18Ni12Mo2Ti	1.4579	
	0Cr18Ni9	1.4301	
	0Cr19Ni13Mo3	1.4449	
	0Cr23Ni13	1.4833	
	0Cr25Ni20	1.4843	

4 CN-Werkstoffbezeichnungen

Auflistung nach CN-Normen

CN steel names

Listed by CN standards in alphanumerical order

CN-Norm z: zurückgezogen CN standard z: withdrawn	Stahlsorte (CN) Steel grade (CN)	Werk-stoff-Nr. Material no.	Titel siehe Kap. 3 Title see chapter 3
GB/T 14976-2002	0Cr25Ni20	1.4845	*Nahtlose Rohre* *Seamless tubes*
	0Cr26Ni5Mo2	1.4460	
	1Cr17	1.4016	
	1Cr18Ni12Mo2Ti	1.4571	
	1Cr18Ni12Mo2Ti	1.4573	
	1Cr18Ni9	1.6900	
	1Cr18Ni9Ti	1.4878	
z GB/T 15007-1994	NS111	1.4876	*Korrosions- und hitzebeständige Stähle* *Corrosion and heat resisting steels*
	NS112	1.4876	
z GB/T 15675-1995	DX1	1.0301	*Bleche, Bänder und Flacherzeugnisse* *Sheets, strips and flat products*
	DX3	1.0288	
GB/T 16253-1996	ZG07Cr19Ni11Mo3	1.4408	*Stahlguss* *Steel castings*
	ZG07Cr20Ni10	1.4308	
	ZG08Cr19Ni11Mo2Nb	1.4581	
	ZG12Cr2Mo1G	1.7379	
	ZG15Cr1MoG	1.7357	
	ZG19MoG	1.5419	
	ZG240-450B	1.0619	
	ZG240-450B	1.1138	
	ZG280-520	1.1120	
	ZG280-520	1.6220	
z GB/T 16270-1996	Q420C	1.8902	*Bleche, Bänder und Flacherzeugnisse* *Sheets, strips and flat products*
	Q420D	1.8912	
	Q420E	1.8913	
	Q460C	1.8905	
	Q460D	1.8935	
	Q460E	1.8918	
	Q500D	1.8907	
	Q500E	1.8909	
	Q550E	1.8926	
	Q620E	1.8927	
	Q690E	1.8928	
GB/T 17107-1997	25	1.0406	*Schmiedestücke* *Forgings*
	25	1.1158	
	30	1.0528	

4 CN-Werkstoffbezeichnungen

Auflistung nach CN-Normen

CN steel names

Listed by CN standards in alphanumerical order

CN-Norm z: zurückgezogen CN standard z: withdrawn	Stahlsorte (CN) Steel grade (CN)	Werkstoff-Nr. Material no.	Titel siehe Kap. 3 Title see chapter 3
GB/T 17107-1997	35	1.0501	*Schmiedestücke*
	35	1.1181	*Forgings*
	40	1.0511	
	45	1.0503	
	50	1.0540	
	55	1.0535	
z GB/T 17396-1998	20	1.0402	*Nahtlose Rohre*
	20	1.1151	*Seamless tubes*
	35	1.0501	
	35	1.1180	
	35	1.1181	
	45	1.1191	
z GB/T 18248-2000	30CrMo	1.7216	*Nahtlose Rohre*
	30CrMo	1.7218	*Seamless tubes*
	35CrMo	1.7220	
	37Mn	1.0561	
GB/T 18254-2002	GCr4	1.3501	*Wälzlagerstähle*
	GCr15	1.3505	*Bearing steels*
	GCr15SiMn	1.3520	
	GCr18Mo	1.3537	
GB/T 18705-2002	0Cr18Ni9	1.4301	*Geschweißte Rohre*
	1Cr18Ni9	1.6900	*Welded tubes*
GB/T 18982-2003	Q345GNHLJ	1.8962	*Bleche, Bänder und Flacherzeugnisse* *Sheets, strips and flat products*
GB/T 19530-2004	50CrVA	1.8159	*Federstähle*
	55SiCrA	1.7104	*Spring steels*
	60Si2CrA	1.7104	
	60Si2CrA	1.0961	
	60Si2CrVA	1.0961	
	60Si2MnA	1.5027	
	65Mn	1.1233	
	65Mn	1.1260	
GB/T 20878-2007	008Cr27Mo	1.4131	*Korrosions- und hitzebeständige Stähle*
	015Cr20Ni18Mo6CuN	1.4547	*Corrosion and heat resisting steels*
	015Cr24Ni22Mo8Mn3CuN	1.4652	
	015Cr21Ni26Mo5Cu2	1.4539	
	019Cr18MoTi	1.4513	

4 CN-Werkstoffbezeichnungen

Auflistung nach CN-Normen

CN steel names

Listed by CN standards in alphanumerical order

CN-Norm z: zurückgezogen CN standard z: withdrawn	Stahlsorte (CN) Steel grade (CN)	Werk-stoff-Nr. Material no.	Titel siehe Kap. 3 Title see chapter 3
GB/T 20878-2007	019Cr19Mo2NbTi	1.4521	*Korrosions- und hitzebeständige Stähle* *Corrosion and heat resisting steels*
	019Cr19Mo2NbTi	1.4522	
	022Cr11NbTi	1.4512	
	022Cr12	1.4003	
	022Cr12Ni	1.4003	
	022Cr12Ni9Cu2NbTi	1.4543	
	022Cr17Ni12Mo2	1.4404	
	022Cr17Ni12Mo2	1.4435	
	022Cr17Ni12Mo2N	1.4406	
	022Cr17Ni12Mo2N	1.4429	
	022Cr17Ni7	1.4318	
	022Cr17Ni7N	1.4318	
	022Cr18NbTi	1.4509	
	022Cr18Ni14Mo3	1.4425	
	022Cr18Ni15Mo3N	1.4442	
	022Cr18Ti	1.4520	
	022Cr19Ni10	1.4306	
	022Cr19Ni10N	1.4311	
	022Cr19Ni13Mo3	1.4438	
	022Cr19Ni13Mo4N	1.4434	
	022Cr19Ni16Mo5N	1.4439	
	022Cr22Ni5Mo3N	1.4462	
	022Cr23Ni4MoCuN	1.4362	
	022Cr24Ni17Mo5Mn6NbN	1.4565	
	022Cr25Ni22Mo2N	1.4466	
	022Cr25Ni7Mo3WCuN	1.4501	
	022Cr25Ni7Mo4WCuN	1.4501	
	03Cr18Ni16Mo5	1.4438	
	03Cr25Ni6Mo3Cu2N	1.4507	
	04Cr13Ni5Mo	1.4320	
	04Cr13Ni8Mo2Al	1.4534	
	05Cr17Ni4Cu4Nb	1.4541	
	05Cr17Ni4Cu4Nb	1.4542	
	05Cr19Ni10Si2CeN	1.4891	
	06Cr13	1.4000	
	06Cr13Al	1.4002	
	06Cr15Ni25Ti2MoAlVB	1.4980	
	06Cr17Ni12Mo2	1.4401	
	06Cr17Ni12Mo2	1.4436	

4 CN-Werkstoffbezeichnungen

Auflistung nach CN-Normen

CN steel names

Listed by CN standards in alphanumerical order

CN-Norm z: zurückgezogen CN standard z: withdrawn	Stahlsorte (CN) Steel grade (CN)	Werk- stoff-Nr. Material no.	Titel siehe Kap. 3 Title see chapter 3
GB/T 20878-2007	06Cr17Ni12Mo2Ti	1.4571	*Korrosions- und hitzebeständige Stähle* *Corrosion and heat resisting steels*
	06Cr17Ni12Mo2Ti	1.4579	
	06Cr17Ni7AlTi	1.4564	
	06Cr17Ni7AlTi	1.4568	
	06Cr18Ni9Cu2	1.4560	
	06Cr18Ni9Cu3	1.4567	
	06Cr18Ni11Nb	1.4550	
	06Cr18Ni11Ti	1.4541	
	06Cr18Ni12	1.4303	
	06Cr18Ni13Si4	1.4361	
	06Cr19Ni10	1.4301	
	06Cr19Ni13Mo3	1.4449	
	06Cr23Ni13	1.4833	
	07Cr15Ni7Mo2Al	1.4532	
	07Cr17Ni7Al	1.4564	
	07Cr17Ni7Al	1.4586	
	07Cr17Ni12Mo2	1.4918	
	07Cr18Ni11Nb	1.4912	
	07Cr19Ni10	1.4948	
	07Cr19Ni11Ti	1.4940	
	09Cr17Ni5Mo3N	1.4492	
	10Cr12Ni3Mo2VN	1.4939	
	10Cr17	1.4016	
	10Cr17Mo	1.4113	
	12Cr12	1.4006	
	12Cr13	1.4024	
	12Cr16Ni35	1.4864	
	12Cr17Ni7	1.4310	
	12Cr18Mn9Ni5N	1.4371	
	12Cr18Ni9	1.6900	
	12Cr5Mo	1.7362	
	14Cr17Ni2	1.4057	
	16Cr20Ni14Si2	1.4828	
	16Cr25Ni20Si2	1.4841	
	17Cr16Ni2	1.4057	
	18Cr11NiMoNbVN	1.4913	
	18Cr12MoVNbN	1.4913	
	20Cr13	1.4021	
	20Cr25Ni20	1.4843	

4 CN-Werkstoffbezeichnungen

Auflistung nach CN-Normen

CN steel names

Listed by CN standards in alphanumerical order

CN-Norm z: zurückgezogen CN standard z: withdrawn	Stahlsorte (CN) Steel grade (CN)	Werk-stoff-Nr. Material no.	Titel siehe Kap. 3 Title see chapter 3
GB/T 20878-2007	21Cr12MoV	1.4923	*Korrosions- und hitzebeständige Stähle* *Corrosion and heat resisting steels*
	22Cr12NiWMoV	1.4935	
	30Cr13	1.4028	
	40Cr10Si2Mo	1.4731	
	40Cr13	1.4031	
	42Cr9Si2	1.4718	
	45Cr9Si3	1.4718	
	53Cr21Mn9Ni4N	1.4871	
	80Cr20Si2Ni	1.4747	
	90Cr18MoV	1.4112	
	108Cr17	1.4125	
	Y10Cr17	1.4104	
	Y12Cr13	1.4005	
	Y12Cr18Ni9	1.4305	
GB/T 21074-2007	022Cr17Ni12Mo2	1.4404	*Bleche, Bänder und Flacherzeugnisse* *Sheets, strips and flat products*
	022Cr17Ni12Mo2	1.4435	
	022Cr19Ni10	1.4306	
	022Cr19Ni13Mo3	1.4438	
	06Cr17Ni12Mo2	1.4401	
	06Cr17Ni12Mo2	1.4436	
	06Cr18Ni11Nb	1.4550	
	06Cr18Ni11Ti	1.4541	
	06Cr19Ni9	1.4301	
	06Cr19Ni13Mo3	1.4449	
GB/T 21832-2008	022Cr22Ni5Mo3N	1.4462	*Geschweißte Rohre* *Welded tubes*
	022Cr23Ni4MoCuN	1.4362	
	022Cr25Ni7Mo3WCuN	1.4501	
	022Cr25Ni7Mo4WCuN	1.4501	
	03Cr25Ni6Mo3Cu2N	1.4507	
GB/T 21833-2008	022Cr22Ni5Mo3N	1.4462	*Nahtlose Rohre* *Seamless tubes*
	022Cr23Ni4MoCuN	1.4362	
	022Cr24Ni7Mo4CuN	1.4507	
	022Cr25Ni7Mo3WCuN	1.4501	
	022Cr25Ni7Mo4WCuN	1.4501	
	03Cr25Ni6Mo3Cu2N	1.4507	
	06Cr26Ni4Mo2	1.4460	
JB/T 5100-1991	RZG 230-450	1.0446	*Stahlguss* *Steel castings*
	RZG200-400	1.1142	
	RZG270-500	1.0552	

4 CN-Werkstoffbezeichnungen

Auflistung nach CN-Normen

CN steel names

Listed by CN standards in alphanumerical order

CN-Norm z: zurückgezogen CN standard z: withdrawn	Stahlsorte (CN) Steel grade (CN)	Werk-stoff-Nr. Material no.	Titel siehe Kap. 3 Title see chapter 3
JB/T 5100-1991	RZG310-570	1.0558	*Stahlguss* *Steel castings*
	RZG340-640	1.1203	
JB/T 6402-1992	ZG20CrMo	1.7354	*Stahlguss* *Steel castings*
	ZG20Mn	1.1120	
	ZG20Mn	1.6220	
	ZG30Mn	1.1165	
	ZG35Cr1Mo	1.7220	
	ZG35Cr1Mo	1.7230	
	ZG35Mn	1.5122	
	ZG40Mn	1.1168	
	ZG40Mn2	1.1168	
	ZG42Cr1Mo	1.7225	
	ZG42Cr1Mo	1.7231	
	ZG50Cr1Mo	1.7228	
	ZG65Mn	1.1233	
	ZG65Mn	1.1260	
JB/T 6403-1992	ZG08Cr18Ni12Mo2Ti	1.4437	*Stahlguss* *Steel castings*
	ZG30Cr18Mn12Si2N	1.4740	
	ZG30Cr20Ni10	1.4826	
	ZG35Cr26Ni12	1.4837	
	ZG40Cr22Ni4N	1.4823	
	ZG40Cr25Ni20	1.4848	
	ZG40Cr9Si2	1.4718	
	ZG45Ni35Cr26	1.4857	
JB/T 6404	ZGMn13-1	1.3401	*Stahlguss* *Steel castings*
	ZGMn13-1	1.3802	
	ZGMn13-2	1.3401	
	ZGMn13-2	1.3802	
	ZGMn13-3	1.3401	
	ZGMn13-3	1.3802	
	ZGMn13-4	1.3402	
	ZGMn13-4	1.3802	
JB/T 6405-1992	ZG06Cr13Ni4Mo	1.4414	*Stahlguss* *Steel castings*
	ZG08Cr19Ni9	1.4308	
	ZG12Cr18Ni9Ti	1.4312	
	ZG15Cr13	1.4006	
	ZG20Cr13	1.4027	

4 CN-Werkstoffbezeichnungen

Auflistung nach CN-Normen

CN steel names

Listed by CN standards in alphanumerical order

CN-Norm z: zurückgezogen CN standard z: withdrawn	Stahlsorte (CN) Steel grade (CN)	Werk-stoff-Nr. Material no.	Titel siehe Kap. 3 Title see chapter 3
YB/T 036.4-1992	ZGMn13-1	1.3401	*Stahlguss* *Steel castings*
	ZGMn13-2	1.3401	
	ZGMN13-3	1.3401	
YB/T 084-1996	W6Mo5Cr4V2	1.3339	*Werkzeugstähle* *Tool steels*
	W6Mo5Cr4V2	1.3343	
	W18Cr4V	1.3355	
	W18Cr4V	1.3558	
YB/T 085-1996	0Cr18Ni9	1.4301	*Bleche, Bänder und Flacherzeugnisse* *Sheets, strips and flat products*
YB/T 094-1997	SM2Cr13	1.4021	*Werkzeugstähle* *Tool steels*
	SM3Cr2Mo	1.2302	
	SM3Cr2Mo	1.2328	
	SM4Cr5MoSiV	1.2343	
	SM4Cr5MoSiV1	1.2344	
	SM4Cr13	1.4031	
	SM45	1.1191	
	SM50	1.1171	
	SM50	1.1206	
	SM55	1.1203	
	SMCr12Mo1V1	1.2379	
	SMCr12Mo1V1	1.2880	
YB/T 095-1997	3Cr2W8V	1.2581	*Werkzeugstähle* *Tool steels*
	4Cr5MoSiV	1.2343	
	9CrWMn	1.2510	
	9SiCr	1.2108	
	CrWMn	1.2419	
	Cr12MoV	1.2379	
	Cr12MoV	1.2581	
YB/T 096-1997	7Cr17	1.4109	*Drähte* *Wires*
	9Cr18	1.4125	
	9Cr18Mo	1.4125	
	CrWMn	1.2419	
YB/T 107-1997	SM3Cr2Mo	1.2302	*Bleche, Bänder und Flacherzeugnisse* *Sheets, strips and flat products*
	SM3Cr2Mo	1.2328	
	SM45	1.1191	
	SM48	1.1164	
	SM50	1.1171	

4 CN-Werkstoffbezeichnungen

Auflistung nach CN-Normen

CN steel names

Listed by CN standards in alphanumerical order

CN-Norm z: zurückgezogen CN standard z: withdrawn	Stahlsorte (CN) Steel grade (CN)	Werk-stoff-Nr. Material no.	Titel siehe Kap. 3 Title see chapter 3
YB/T 107-1997	SM 50	1.1206	*Bleche, Bänder und Flacherzeugnisse*
	SM53	1.1202	*Sheets, strips and flat products*
	SM55	1.1203	
YB/T 110-1997	0Cr19Ni9	1.4301	*Federstähle*
	1Cr17Ni7	1.4310	*Spring steels*
	1Cr18Ni9	1.6900	
YB/T 170.2-2002	C4D	1.0300	*Drähte*
	C7D	1.0313	*Wires*
	C9D	1.0304	
	C10D	1.0310	
	C12D	1.0311	
	C15D	1.0413	
	C18D	1.0416	
	C20D	1.0414	
	C26D	1.0415	
	C32D	1.0530	
	C38D	1.0516	
	C42D	1.0541	
	C48D	1.0517	
	C50D	1.0586	
	C52D	1.0588	
	C56D	1.0518	
	C58D	1.0609	
	C60D	1.0610	
	C62D	1.0611	
	C66D	1.0612	
	C68D	1.0613	
	C70D	1.0615	
	C72D	1.0617	
	C76D	1.0614	
	C78D	1.0620	
	C80D	1.0622	
	C82D	1.0626	
	C86D	1.0616	
	C88D	1.0628	
	C92D	1.0618	
YB/T 3301-2005	Q235A	1.0036	*Stäbe und Profile*
	Q235A	1.0037	*Bars and sections*
	Q235A	1.0038	

4 CN-Werkstoffbezeichnungen

Auflistung nach CN-Normen

CN steel names

Listed by CN standards in alphanumerical order

CN-Norm z: zurückgezogen CN standard z: withdrawn	Stahlsorte (CN) Steel grade (CN)	Werk-stoff-Nr. Material no.	Titel siehe Kap. 3 Title see chapter 3
YB/T 3301-2005	Q235B	1.0028	*Stäbe und Profile* *Bars and sections*
	Q235B	1.0036	
	Q235B	1.0038	
	Q235C	1.0113	
	Q295B	1.0590	
	Q345C	1.0585	
	Q345D	1.0532	
	Q420C	1.8902	
	Q420D	1.8912	
	Q420E	1.8913	
YB 4102-2000	10	1.0301	*Geschweißte Rohre* *Welded tubes*
	10	1.1120	
	20	1.0402	
	20	1.1151	
YB/T 5052-1993	40Mn2	1.1127	*Nahtlose Rohre* *Seamless tubes*
	40Mn2	1.5223	
	50Mn	1.0524	
YB/T 5058-2005	50CrVA	1.8159	*Federstähle* *Spring steels*
	60Si2Mn	1.5027	
	60Si2MnA	1.5027	
	65Mn	1.1233	
	65Mn	1.1260	
	85	1.1269	
	85	1.1272	
	Cr06	1.2008	
	T7	1.1620	
	T7A	1.1520	
	T8	1.1625	
	T8A	1.1525	
	T8Mn	1.1830	
	T8MnA	1.1830	
	T9	1.1535	
	T9A	1.1535	
	T10	1.1645	
	T10A	1.1545	
	T12	1.1555	
	T12	1.1563	
	T12A	1.1555	
	T12A	1.1563	

4 CN-Werkstoffbezeichnungen

Auflistung nach CN-Normen

CN steel names

Listed by CN standards in alphanumerical order

CN-Norm z: zurückgezogen CN standard z: withdrawn	Stahlsorte (CN) Steel grade (CN)	Werk-stoff-Nr. Material no.	Titel siehe Kap. 3 Title see chapter 3
YB/T 5058-2005	T13	1.1563	*Federstähle* *Spring steels*
	T13A	1.1563	
YB/T 5059-2005	05F	1.0314	*Bleche, Bänder und Flacherzeugnisse* *Sheets, strips and flat products*
	08	1.0339	
	08Al	1.1008	
	08F	1.0336	
	10	1.0301	
	10	1.1120	
	10	1.1121	
YB 5063-1993	60Si2MnA	1.5027	*Federstähle* *Spring steels*
	65Mn	1.1233	
	65Mn	1.1260	
	T7A	1.1520	
	T8A	1.1525	
	T9A	1.1535	
	T10A	1.1274	
	T10A	1.1545	
YB/T 5101-1993	60	1.0601	*Drähte* *Wires*
	60	1.1221	
	60Mn	1.0642	
	65	1.1230	
	65	1.1231	
	65Mn	1.1233	
	65Mn	1.1260	
	70	1.1234	
	75	1.1248	
	80	1.1255	
	80	1.1262	
YB/T 5103-1993	55	1.0535	*Federstähle* *Spring steels*
	55	1.1203	
	60	1.0601	
	60	1.1221	
	60Mn	1.0642	
	65	1.1230	
	65	1.1231	
	65Mn	1.1233	
	65Mn	1.1260	
	70	1.1234	
	75	1.1248	

4 CN-Werkstoffbezeichnungen

Auflistung nach CN-Normen

CN steel names

Listed by CN standards in alphanumerical order

CN-Norm z: zurückgezogen CN standard z: withdrawn	Stahlsorte (CN) Steel grade (CN)	Werkstoff-Nr. Material no.	Titel siehe Kap. 3 Title see chapter 3
YB/T 5132-1993	12CrMo	1.7335	*Bleche, Bänder und Flacherzeugnisse* *Sheets, strips and flat products*
	15Cr	1.7016	
	15CrMo	1.7337	
	20Cr	1.7027	
	20CrMo	1.7242	
	30Cr	1.7030	
	30CrMnTi	1.8401	
	30CrMo	1.7216	
	30CrMo	1.7218	
	35B	1.5511	
	35Cr	1.7033	
	35Cr	1.7034	
	35CrMo	1.2330	
	35CrMo	1.7220	
	38CrA	1.7034	
	40B	1.5527	
	40Cr	1.7035	
	40Cr	1.7045	
	40CrNi	1.5711	
	45B	1.5513	
	45Mn2A	1.0912	
	45Mn2A	1.1226	
YB/T 5136-1993	50CrVA	1.8159	*Federstähle* *Spring steels*
YB/T 5209-2000	20Z	1.1151	*Geschweißte Rohre* *Welded steel tubes*
z YB/T 5209-1993	25Z	1.1158	
YB/T 5353-2005	NS111	1.4876	*Bleche, Bänder und Flacherzeugnisse* *Sheets, strips and flat products*
	NS112	1.4876	
YB/T 5354-2005	NS111	1.4876	*Bleche, Bänder und Flacherzeugnisse* *Sheets, strips and flat products*
	NS112	1.4876	
YB/T 5355-2005	NS111	1.4876	*Bleche, Bänder und Flacherzeugnisse* *Sheets, strips and flat products*
	NS112	1.4876	

5 EN-Werkstoffbezeichnungen

Auflistung in alphanumerischer Reihenfolge

EN steel names

Listed in alphanumerical order

EN-Werkstoff-Kurzname (neu) EN steel name (new)	Werkstoff-Nr. Material number	CN-Norm CN standard	Stahlsorte (CN) Steel grade (CN)
B500A	1.0438	GB/T 1499	HRB 500
B500B	1.0439	GB/T 1499	HRB 500
C2C	1.0314	YB/T 5059	05F
C4C	1.0303	GB/T 6478	ML04Al
C4D	1.0300	YB/T 170.2	C4D
C7D	1.0313	YB/T 170.2	C7D
C8C	1.0213	GB/T 6478	ML08Al
C8D	1.0010	GB/T 701	Q195-C
C9D	1.0304	YB/T 170.2	C9D
C10	1.0301	GB/T 699	10
		GB/T 710	10
		GB/T 3078	10
		GB/T 3094	10
		GB/T 3275	10
		GB/T 3639	10
		GB 6479	10
		GB/T 8162	10
		GB/T 8164	10
		GB/T 9948	10
		GB/T 13237	10
		GB/T 13795	10
		GB/T 13796	10
		GB/T 15675	DX1
		YB 4102	10
		YB/T 5059	10
C10D	1.0310	YB/T 170.2	C10D
C10E	1.1121	GB/T 699	10
		GB/T 710	10
		GB/T 3078	10
		GB/T 3094	10
		GB/T 3275	10
		GB/T 3639	10
		GB 6479	10
		GB/T 8162	10
		GB/T 8163	10
		GB/T 8164	10
		GB/T 8749	10
		GB/T 9948	10
		GB/T 13237	10

5 EN-Werkstoffbezeichnungen

Auflistung in alphanumerischer Reihenfolge

EN steel names

Listed in alphanumerical order

EN-Werkstoff-Kurzname (neu) EN steel name (new)	Werk-stoff-Nr. Material number	CN-Norm CN standard	Stahlsorte (CN) Steel grade (CN)
C10E	1.1121	GB/T 13795	10
		GB/T 13796	10
		YB/T 5059	10
C10E2C	1.1122	GB/T 5953	ML10
C10WSi	1.0339	GB/T 699	08
		GB/T 699	10F
		GB/T 710	08
		GB/T 710	10F
		GB/T 3078	10F
		GB/T 3275	08
		GB/T 3275	10F
		GB/T 8164	08
		GB/T 8749	08
		GB/T 13237	08
		GB/T 13237	10F
		GB/T 13796	08
		YB/T 5059	08
C15	1.0401	GB/T 699	15
		GB/T 710	15
		GB/T 3078	15
		GB/T 3275	15
		GB/T 3522	15
		GB/T 5953	ML15
		GB/T 8164	15
		GB/T 13237	15
		GB/T 13795	15
		GB/T 13796	15
C15D	1.0413	YB/T 170.2	C15D
C15E	1.1141	GB/T 699	15
		GB/T 710	15
		GB/T 3078	15
		GB/T 3275	15
		GB/T 3522	15
		GB/T 5676	ZG200-400
		GB/T 8164	15
		GB/T 8749	15
		GB/T 13237	15
		GB/T 13795	15
		GB/T 13796	15

5 EN-Werkstoffbezeichnungen

Auflistung in alphanumerischer Reihenfolge

EN steel names

Listed in alphanumerical order

EN-Werkstoff-Kurzname (neu) EN steel name (new)	Werkstoff-Nr. Material number	CN-Norm CN standard	Stahlsorte (CN) Steel grade (CN)
C15E2C	1.1132	GB/T 5953	ML15
		GB/T 5953	ML18
		GB/T 6478	ML15
C15R	1.1140	GB/T 699	15
		GB/T 710	15
		GB/T 3078	15
		GB/T 3275	15
		GB/T 3522	15
		GB/T 8164	15
		GB/T 13237	15
		GB/T 13795	15
		GB/T 13796	15
C16E	1.1148	GB/T 3275	15Al
C18D	1.0416	YB/T 170.2	C18D
C20D	1.0414	YB/T 170.2	C20D
C20E2C	1.1152	GB/T 700	Q255B
		GB/T 713	20g
		GB/T 5953	ML20
		GB/T 6478	ML20
C22	1.0402	GB/T 699	20
		GB/T 710	20
		GB/T 3275	20
		GB/T 3522	20
		GB/T 8162	20
		GB/T 13237	20
		GB/T 13795	20
		GB/T 17396	20
		YB 4102	20
C22E	1.1151	GB/T 699	20
		GB/T 710	20
		GB/T 3078	20
		GB/T 3094	20
		GB/T 3275	20
		GB/T 3522	20
		GB/T 3639	20
		GB 5310	20G
		GB 6479	20
		GB 6654	20R
		GB/T 8162	20

5 EN-Werkstoffbezeichnungen

Auflistung in alphanumerischer Reihenfolge

EN steel names

Listed in alphanumerical order

EN-Werkstoff-Kurzname (neu) EN steel name (new)	Werk-stoff-Nr. Material number	CN-Norm CN standard	Stahlsorte (CN) Steel grade (CN)
C22E	1.1151	GB/T 8163	20
		GB/T 8164	20
		GB/T 8749	20
		GB/T 9948	20
		GB/T 13237	20
		GB/T 13795	20
		GB/T 17396	20
		YB 4102	20
		YB/T 5209	20Z
C25	1.0406	GB/T 699	25
		GB/T 710	25
		GB/T 3078	25
		GB/T 3275	25
		GB/T 3522	25
		GB/T 5953	ML25
		GB/T 6478	ML25
		GB/T 13237	25
		GB/T 17107	25
C25E	1.1158	GB/T 699	25
		GB/T 710	25
		GB/T 3078	25
		GB/T 3275	25
		GB/T 3522	25
		GB/T 5953	ML25
		GB/T 6478	ML25
		GB/T 8749	25
		GB/T 13237	25
		GB/T 17107	25
		YB/T 5209	25Z
C26D	1.0415	YB/T 170.2	C26D
C30	1.0528	GB/T 699	30
		GB/T 710	30
		GB/T 3078	30
		GB/T 3275	30
		GB/T 3522	30
		GB/T 5953	ML30
		GB/T 6478	ML30
		GB/T 13237	30
		GB/T 17107	30

5 EN-Werkstoffbezeichnungen

Auflistung in alphanumerischer Reihenfolge

EN steel names

Listed in alphanumerical order

EN-Werkstoff-Kurzname (neu) EN steel name (new)	Werk-stoff-Nr. Material number	CN-Norm CN standard	Stahlsorte (CN) Steel grade (CN)
C30E	1.1178	GB/T 699	30
		GB/T 710	30
		GB/T 3078	30
		GB/T 3275	30
		GB/T 3522	30
		GB/T 5953	ML30
		GB/T 6478	ML30
		GB/T 8749	30
		GB/T 13237	30
C32D	1.0530	YB/T 170.2	C32D
C35	1.0501	GB/T 699	35
		GB/T 710	35
		GB/T 3078	35
		GB/T 3275	35
		GB/T 3522	35
		GB/T 8162	35
		GB/T 13237	35
		GB/T 17107	35
		GB/T 17396	35
C35E	1.1181	GB/T 699	35
		GB/T 710	35
		GB/T 3078	35
		GB/T 3094	35
		GB/T 3275	35
		GB/T 3522	35
		GB/T 3639	35
		GB/T 5676	ZG270-500
		GB/T 8162	35
		GB/T 8749	35
		GB/T 13237	35
		GB/T 17107	35
		GB/T 17396	35
C35EC	1.1172	GB/T 5953	ML35
		GB/T 6478	ML35
C35R	1.1180	GB/T 699	35
		GB/T 710	35
		GB/T 3078	35
		GB/T 3094	35
		GB/T 3275	35

5 EN-Werkstoffbezeichnungen

Auflistung in alphanumerischer Reihenfolge

EN steel names

Listed in alphanumerical order

EN-Werkstoff-Kurzname (neu) EN steel name (new)	Werkstoff-Nr. Material number	CN-Norm CN standard	Stahlsorte (CN) Steel grade (CN)
C35R	1.1180	GB/T 3522	35
		GB/T 3639	35
		GB/T 8162	35
		GB/T 13237	35
		GB/T 17396	35
C38D	1.0516	YB/T 170.2	C38D
C40	1.0511	GB/T 699	40
		GB/T 710	40
		GB/T 3078	40
		GB/T 3275	40
		GB/T 3522	40
		GB/T 5953	ML40
		GB/T 6478	ML40
		GB/T 13237	40
		GB/T 17107	40
C40E	1.1186	GB/T 699	40
		GB/T 710	40
		GB/T 3078	40
		GB/T 3275	40
		GB/T 3522	40
		GB/T 5953	ML40
		GB/T 6478	ML40
		GB/T 8749	40
		GB/T 13237	40
C42D	1.0541	YB/T 170.2	C42D
C45	1.0503	GB/T 699	45
		GB/T 710	45
		GB/T 3078	45
		GB/T 3275	45
		GB/T 5216	45H
		GB/T 8162	45
		GB/T 13237	45
		GB/T 13795	45
		GB/T 17107	45
C45E	1.1191	GB/T 699	45
		GB/T 710	45
		GB/T 3078	45
		GB/T 3094	45
		GB/T 3275	45

5 EN-Werkstoffbezeichnungen

Auflistung in alphanumerischer Reihenfolge

EN steel names

Listed in alphanumerical order

EN-Werkstoff-Kurzname (neu) EN steel name (new)	Werkstoff-Nr. Material number	CN-Norm CN standard	Stahlsorte (CN) Steel grade (CN)
C45E	1.1191	GB/T 3522	45
		GB/T 3639	45
		GB/T 5216	45AH
		GB/T 5216	45H
		GB/T 5676	ZG310-570
		GB/T 8162	45
		GB/T 8749	45
		GB/T 11352	ZG310-570
		GB/T 13237	45
		GB/T 13795	45
		GB/T 14408	ZGD345-570
		GB/T 17396	45
		YB/T 094	SM45
		YB/T 107	SM45
C45EC	1.1192	GB/T 5953	ML45
		GB/T 6478	ML45
C45R	1.1201	GB/T 699	45
		GB/T 710	45
		GB/T 3078	45
		GB/T 3094	45
		GB/T 3275	45
		GB/T 3522	45
		GB/T 3639	45
		GB/T 5216	45AH
		GB/T 5216	45H
C48D	1.0517	YB/T 170.2	C48D
C48D2	1.1164	YB/T 107	SM48
C50	1.0540	GB/T 699	50
		GB/T 710	50
		GB/T 3078	50
		GB/T 3275	50
		GB/T 3522	50
		GB/T 13237	50
		GB/T 17107	50
C50D	1.0586	YB/T 170.2	C50D
C50D2	1.1171	YB/T 094	SM50
		YB/T 107	SM50
C50E	1.1206	GB/T 699	50
		GB/T 710	50

5 EN-Werkstoffbezeichnungen

Auflistung in alphanumerischer Reihenfolge

EN steel names

Listed in alphanumerical order

EN-Werkstoff-Kurzname (neu) EN steel name (new)	**Werk-stoff-Nr. Material number**	**CN-Norm CN standard**	**Stahlsorte (CN) Steel grade (CN)**
C50E	1.1206	GB/T 3078	50
		GB/T 3275	50
		GB/T 3522	50
		GB/T 13237	50
		YB/T 094	SM 50
		YB/T 107	SM 50
C52D	1.0588	YB/T 170.2	C52D
C52D2	1.1202	YB/T 107	SM53
C55	1.0535	GB/T 699	55
		GB/T 3078	55
		GB/T 3522	55
		GB/T 4360	55
		GB/T 17107	55
		YB/T 5103	55
C55E	1.1203	GB/T 699	55
		GB/T 3078	55
		GB/T 3522	55
		GB/T 4360	55
		GB/T 5676	ZG340-640
		GB/T 11352	ZG340-640
		JB/T 5100	RZG340-640
		YB/T 094	SM55
		YB/T 107	SM55
		YB/T 5103	55
C56D	1.0518	YB/T 170.2	C56D
C58D	1.0609	YB/T 170.2	C58D
C60	1.0601	GB/T 699	60
		GB/T 3078	60
		GB/T 3522	60
		YB/T 5101	60
		YB/T 5103	60
C60D	1.0610	YB/T 170.2	C60D
C60E	1.1221	GB/T 699	60
		GB/T 3078	60
		GB/T 3522	60
		GB/T 4360	60
		GB/T 13788	60
		YB/T 5101	60
		YB/T 5103	60

5 EN-Werkstoffbezeichnungen

Auflistung in alphanumerischer Reihenfolge

EN steel names

Listed in alphanumerical order

EN-Werkstoff-Kurzname (neu) EN steel name (new)	Werkstoff-Nr. Material number	CN-Norm CN standard	Stahlsorte (CN) Steel grade (CN)
C62D	1.0611	YB/T 170.2	C62D
C65S1	1.1230	GB/T 699	65
		GB/T 1222	65
		GB/T 3078	65
		GB/T 3522	65
		YB/T 5101	65
		YB/T 5103	65
C66D	1.0612	YB/T 170.2	C66D
C67S	1.1231	GB/T 699	65
		GB/T 1222	65
		GB/T 3078	65
		GB/T 3522	65
		GB/T 4360	65
		YB/T 5101	65
		YB/T 5103	65
C68D	1.0613	YB/T 170.2	C68D
C68E	1.1234	GB/T 699	70
		GB/T 1222	70
		GB/T 3522	70
		GB/T 4358	70
		GB/T 4360	70
		GB/T 5223	70
		GB/T 13788	70
		YB/T 5101	70
		YB/T 5103	70
C70D	1.0615	YB/T 170.2	C70D
C70U	1.1520	GB/T 1298	T7A
		YB/T 5058	T7A
		YB 5063	T7A
C70U	1.1620	GB/T 1298	T7
		YB/T 5058	T7
C72D	1.0617	YB/T 170.2	C72D
C75S	1.1248	GB/T 699	75
		GB/T 4360	75
		GB/T 5223	75
		YB/T 5101	75
		YB/T 5103	75
C76D	1.0614	YB/T 170.2	C76D
C78D	1.0620	YB/T 170.2	C78D

5 EN-Werkstoffbezeichnungen

Auflistung in alphanumerischer Reihenfolge

EN steel names

Listed in alphanumerical order

EN-Werkstoff-Kurzname (neu) EN steel name (new)	Werk-stoff-Nr. Material number	CN-Norm CN standard	Stahlsorte (CN) Steel grade (CN)
C80D	1.0622	GB/T 699	80
		YB/T 170.2	C80D
C80D2	1.1255	GB/T 699	80
		YB/T 5101	80
C80U	1.1525	GB/T 1298	T8A
		YB/T 5058	T8A
		YB 5063	T8A
C82D	1.0626	YB/T 170.2	C82D
C82D2	1.1262	YB/T 5101	80
C85S	1.1269	GB/T 699	85
		GB/T 1222	85
		YB/T 5058	85
C86D	1.0616	YB/T 170.2	C86D
C88D	1.0628	YB/T 170.2	C88D
C88D2	1.1272	GB/T 699	85
		GB/T 1222	85
		YB/T 5058	85
C90U	1.1535	YB/T 5058	T9
		YB/T 5058	T9A
		YB 5063	T9A
C92D	1.0618	YB/T 170.2	C92D
C100S	1.1274	YB 5063	T10A
C105U	1.1545	GB/T 1298	T10A
		YB/T 5058	T10A
		YB 5063	T10A
C120U	1.1555	GB/T 1298	T12
		YB/T 5058	T12
		YB/T 5058	T12A
C125U	1.1563	GB/T 1298	T12
		GB/T 1298	T13
		GB/T 1298	T13A
		YB/T 5058	T12
		YB/T 5058	T12A
		YB/T 5058	T13
		YB/T 5058	T13A
DC04G1	1.0336	GB/T 699	08F
		GB/T 710	08F
		GB/T 3275	08F

5 EN-Werkstoffbezeichnungen

Auflistung in alphanumerischer Reihenfolge

EN steel names

Listed in alphanumerical order

EN-Werkstoff-Kurzname (neu) EN steel name (new)	Werk-stoff-Nr. Material number	CN-Norm CN standard	Stahlsorte (CN) Steel grade (CN)
DC04G1	1.0336	GB/T 13237	08F
		YB/T 5059	08F
E195	1.0034	GB/T 700	Q215A
		GB/T 700	Q215B
		GB/T 701	Q215A
		GB/T 701	Q215A-Z
		GB/T 701	Q215B
		GB/T 701	Q215B-Z
		GB/T 3091	Q215A
		GB/T 3091	Q215B
		GB/T 3094	Q215B
		GB/T 3524	Q215A
		GB/T 3524	Q215B
		GB/T 8164	Q215B
		GB/T 13788	Q215
E295	1.0050	GB/T 700	Q275
		GB/T 700	Q275A
		GB/T 700	Q275B
		GB/T 3524	Q275
E335	1.0060	GB/T 699	45
		GB/T 1499	HRB 335
G17CrMo5-5	1.7357	GB/T 16253	ZG15Cr1MoG
G17CrMo9-10	1.7379	GB/T 16253	ZG12Cr2Mo1G
G19Mn5	1.1120	GB/T 699	10
		GB/T 710	10
		GB/T 3078	10
		GB/T 3094	10
		GB/T 3275	10
		GB/T 3639	10
		GB/T 5953	ML10
		GB 6479	10
		GB/T 8162	10
		GB/T 8163	10
		GB/T 8164	10
		GB/T 8749	10
		GB/T 9948	10
		GB/T 13237	10
		GB/T 13795	10
		GB/T 13796	10

5 EN-Werkstoffbezeichnungen

Auflistung in alphanumerischer Reihenfolge

EN steel names

Listed in alphanumerical order

EN-Werkstoff-Kurzname (neu) EN steel name (new)	Werk-stoff-Nr. Material number	CN-Norm CN standard	Stahlsorte (CN) Steel grade (CN)
G19Mn5	1.1120	GB/T 16253	ZG280-520
		JB/T 6402	ZG20Mn
		YB 4102	10
		YB/T 5059	10
G20Mn5	1.6220	GB/T 16253	ZG280-520
		JB/T 6402	ZG20Mn
G20Mo5	1.5419	GB 5310	20MoG
		GB/T 16253	ZG19MoG
G21Mn5	1.1138	GB/T 16253	ZG240-450B
G22CrMo5-4	1.7354	JB/T 6402	ZG20CrMo
G24Mn4	1.1136	GB 5310	25MnG
G28Mn6	1.1165	GB/T 3077	30Mn2
		JB/T 6402	ZG30Mn
G34CrMo4	1.7230	JB/T 6402	ZG35Cr1Mo
G40Mn5	1.1168	JB/T 6402	ZG40Mn
		JB/T 6402	ZG40Mn2
G42CrMo4	1.7231	JB/T 6402	ZG42Cr1Mo
GC16E	1.1142	GB/T 7659	ZG200-400H
		GB/T 11352	ZG200-400
		JB/T 5100	RZG200-400
GC25E	1.1155	GB/T 5676	ZG230-450
		GB/T 11352	ZG230-450
GE200	1.0420	GB/T 5676	ZG200-400
		GB/T 11352	ZG200-400
GE240	1.0446	GB/T 7659	ZG230-450H
		GB/T 11352	ZG230-450
		JB/T 5100	RZG 230-450
GE260	1.0552	GB/T 7659	ZG275-485H
		GB/T 11352	ZG270-500
		GB/T 14408	ZGD290-510
		JB/T 5100	RZG270-500
GE300	1.0558	GB/T 11352	ZG310-570
		GB/T 14408	ZGD410-620
		JB/T 5100	RZG310-570
GP240GH	1.0619	GB/T 16253	ZG240-450B
GX2CrNi19-11	1.4309	GB/T 2100	ZG03Cr18Ni10N
GX2CrNiMo19-11-2	1.4409	GB/T 2100	ZG03Cr19Ni11Mo2N
GX2CrNiMoCuN25-6-3-3	1.4517	GB/T 2100	ZG03Cr26Ni5Cu3Mo3N
GX2CrNiMoN25-6-3	1.4468	GB/T 2100	ZG03Cr26Ni5Mo3N

5 EN-Werkstoffbezeichnungen

Auflistung in alphanumerischer Reihenfolge

EN steel names

Listed in alphanumerical order

EN-Werkstoff-Kurzname (neu) EN steel name (new)	Werk-stoff-Nr. Material number	CN-Norm CN standard	Stahlsorte (CN) Steel grade (CN)
GX3CrNiMoCuN24-6-5	1.4573	GB/T 1220	1Cr18Ni12Mo2Ti
		GB/T 3280	1Cr18Ni12Mo2Ti
		GB/T 4237	1Cr18Ni12Mo2Ti
		GB/T 13296	1Cr18Ni12Mo2Ti
		GB/T 14975	1Cr18Ni12Mo2Ti
		GB/T 14976	1Cr18Ni12Mo2Ti
GX4CrNi13-4	1.4317	GB/T 2100	ZG06Cr12Ni4
GX4CrNiMo13-4	1.4414	GB/T 6967	ZG06Cr13Ni4Mo
		JB/T 6405	ZG06Cr13Ni4Mo
GX4CrNiMo16-5-1	1.4405	GB/T 2100	ZG06Cr16Ni5Mo
		GB/T 6967	ZG06Cr16Ni5Mo
GX5CrNi19-10	1.4308	GB/T 2100	ZG07Cr19Ni9
		GB/T 2100	ZG0Cr18Ni9
		GB/T 13296	00Cr19Ni10
		GB/T 16253	ZG07Cr20Ni10
		JB/T 6405	ZG08Cr19Ni9
GX5CrNiMo13-4	1.4407	GB/T 6967	ZG06Cr13Ni6Mo
GX5CrNiMo19-11-2	1.4408	GB/T 2100	ZG07Cr19Ni11Mo2
		GB/T 16253	ZG07Cr19Ni11Mo3
GX5CrNiMoNb19-11-2	1.4581	GB/T 2100	ZG08Cr19Ni11Mo2Nb
		GB/T 16253	ZG08Cr19Ni11Mo2Nb
GX5CrNiNb19-11	1.4552	GB/T 2100	ZG0Cr18Ni9Ti
GX6CrNiMo18-12	1.4437	JB/T 6403	ZG08Cr18Ni12Mo2Ti
GX7CrNiMo12-1	1.4008	GB/T 2100	ZG10Cr12NiMo
GX10CrNi18-8	1.4312	GB/T 2100	ZG1Cr18Ni9
		JB/T 6405	ZG12Cr18Ni9Ti
GX10NiCrSiNb32-20	1.4859	GB/T 8492	ZG10Ni31Cr20Nb1
GX110MnMo13-1	1.3416	GB/T 5680	ZGMn13-5
GX20Cr14	1.4027	GB/T 2100	ZG20Cr13
		GB/T 6967	ZG20Cr13
		JB/T 6405	ZG20Cr13
GX25CrNiSi18-9	1.4825	GB/T 8492	ZG25Cr18Ni9Si2
GX25CrNiSi20-14	1.4832	GB/T 8492	ZG25Cr20Ni14Si2
GX30CrSi7	1.4710	GB/T 8492	ZG30Cr7Si2
GX40CrNiSi22-10	1.4826	GB/T 8492	ZG40Cr22Ni10Si2
		JB/T 6403	ZG30Cr20Ni10
GX40CrNiSi25-12	1.4837	GB/T 8492	ZG40Cr25Ni12Si2
		JB/T 6403	ZG35Cr26Ni12

5 EN-Werkstoffbezeichnungen

Auflistung in alphanumerischer Reihenfolge

EN steel names

Listed in alphanumerical order

EN-Werkstoff-Kurzname (neu) EN steel name (new)	Werk-stoff-Nr. Material number	CN-Norm CN standard	Stahlsorte (CN) Steel grade (CN)
GX40CrNiSi25-20	1.4848	GB/T 8492	ZG40Cr25Ni20Si2
		JB/T 6403	ZG40Cr25Ni20
GX40CrNiSi27-4	1.4823	GB/T 8492	ZG40Cr27Ni4Si2
		JB/T 6403	ZG40Cr22Ni4N
GX40CrNiSiNb24-24	1.4855	GB/T 8492	ZG40Cr24Ni24Si2Nb
GX40CrSi13	1.4729	GB/T 8492	ZG40Cr13Si2
GX40CrSi17	1.4740	GB/T 8492	ZG40Cr17Si2
		JB/T 6403	ZG30Cr18Mn12Si2N
GX40CrSi24	1.4745	GB/T 8492	ZG40Cr24Si2
GX40CrSi28	1.4776	GB/T 8492	ZG40Cr28Si2
GX40NiCrSi35-17	1.4806	GB/T 8492	ZG40Ni35Cr17Si2
GX40NiCrSi35-26	1.4857	GB/T 8492	ZG40Ni35Cr26Si2
		JB/T 6403	ZG45Ni35Cr26
GX40NiCrSi38-19	1.4865	GB/T 8492	ZG40Ni38Cr19Si2
GX40NiCrSiNb35-26	1.4852	GB/T 8492	ZG40Ni35Cr26Si2Nb1
GX40NiCrSiNb38-19	1.4849	GB/T 8492	ZG40Ni38Cr19Si2Nb1
GX50NiCrCo20-20-20	1.4874	GB/T 8492	ZG45Cr20Co20Ni20Mo3W
GX120Mn13	1.3802	GB/T 5680	ZGMn13-1
		GB/T 5680	ZGMn13-2
		GB/T 5680	ZGMn13-3
		GB/T 5680	ZGMn13-4
		JB/T 6404	ZGMn13-1
		JB/T 6404	ZGMn13-2
		JB/T 6404	ZGMn13-3
		JB/T 6404	ZGMn13-4
GX120MnCr13-2	1.3410	GB/T 5680	ZGMn13-4
GX130CrSi29	1.4777	GB/T 8492	ZGCr29Si2
HDT450F	1.0961	GB/T 1222	60Si2CrA
		GB/T 19530	60Si2CrA
		GB/T 19530	60Si2CrVA
HS1-8-1	1.3327	GB/T 9943	W2Mo8Cr4V
HS2-9-1-8	1.3247	GB/T 9943	W2Mo9Cr4VCo8
HS2-9-2	1.3348	GB/T 9943	W2Mo9Cr4V2
HS3-3-2	1.3333	GB/T 9943	W3Mo3Cr4V2
HS6-5-2	1.3339	GB/T 3080	W6Mo5Cr4V2
		GB/T 9943	W6Mo5Cr4V2
		YB/T 084	W6Mo5Cr4V2

5 EN-Werkstoffbezeichnungen

Auflistung in alphanumerischer Reihenfolge

EN steel names

Listed in alphanumerical order

EN-Werkstoff-Kurzname (neu) EN steel name (new)	Werkstoff-Nr. Material number	CN-Norm CN standard	Stahlsorte (CN) Steel grade (CN)
HS6-5-2C	1.3343	GB/T 3080	W6Mo5Cr4V2
		GB/T 9943	W6Mo5Cr4V2
		YB/T 084	W6Mo5Cr4V2
HS6-5-2-5	1.3243	GB/T 9943	W6Mo5Cr4V2Co5
HS6-5-3	1.3344	GB/T 9943	W6Mo5Cr4V3
HS6-5-3-8	1.3244	GB/T 9943	W6Mo5Cr4V3Co8
HS6-5-4	1.3351	GB/T 9943	W6Mo5Cr4V4
HS6-6-2	1.3350	GB/T 9943	W6Mo6Cr4V2
HS10-4-3-10	1.3207	GB/T 9943	W10Mo4Cr4V3Co10
HS18-0-1	1.3355	GB/T 3080	W18Cr4V
		GB/T 9943	W18Cr4V
		YB/T 084	W18Cr4V
HS18-1-2-10	1.3265	GB/T 9943	W18Cr4V2Co8
L360MB	1.0578	GB/T 712	F36
		GB/T 712	F40
P235GH	1.0345	GB/T 713	20g
		GB/T 713	Q245R
		GB 6654	20R
P235TR2	1.0255	GB/T 5312	410
P265GH	1.0425	GB/T 713	22Mng
P355NL1	1.0566	GB/T 714	Q420q-D
P355NL2	1.1106	GB 6654	16MnR
P355QH1	1.0571	GB/T 714	Q345q-E
P460N	1.8905	GB/T 1591	Q460C
		GB 6654	15MnVNR
		GB 6654	18MnMoNbR
		GB/T 16270	Q460C
P460NH	1.8935	GB/T 1591	Q460D
		GB/T 1591	Q460E
		GB/T 16270	Q460D
P460NL1	1.8915	GB 6654	15MnVNR
		GB 6654	18MnMoNbR
P460NL2	1.8918	GB/T 1591	Q460E
		GB/T 16270	Q460E
R220	1.0524	GB/T 699	50Mn
		GB/T 3078	50Mn
		YB/T 5052	50Mn
S185	1.0035	GB/T 700	Q195
		GB/T 701	Q195

5 EN-Werkstoffbezeichnungen

Auflistung in alphanumerischer Reihenfolge

EN steel names

Listed in alphanumerical order

EN-Werkstoff-Kurzname (neu) EN steel name (new)	Werk-stoff-Nr. Material number	CN-Norm CN standard	Stahlsorte (CN) Steel grade (CN)
S185	1.0035	GB/T 701	Q195-b
		GB/T 701	Q195-F
		GB/T 701	Q195-Z
		GB/T 3091	Q195
		GB/T 3524	Q195
		GB/T 8164	Q195
S205G1T	1.0028	GB/T 700	Q215A
		GB/T 700	Q215B
		GB/T 700	Q235A
		GB/T 700	Q235B
		GB/T 701	Q215A
		GB/T 701	Q215A-F
		GB/T 701	Q215B
		GB/T 701	Q215B-F
		GB/T 701	Q235A
		GB/T 701	Q235A-F
		GB/T 701	Q235B
		GB/T 701	Q235B-F
		GB/T 3091	Q215A
		GB/T 3091	Q215B
		GB/T 3091	Q235B
		GB/T 3094	Q215B
		GB/T 3094	Q235B
		GB/T 3524	Q215A
		GB/T 3524	Q215B
		GB/T 3524	Q235B
		GB/T 8164	Q215A
		GB/T 8164	Q235B
		GB/T 13013	Q235
		GB/T 13788	Q215
		GB/T 13788	Q235
		YB/T 3301	Q235B
S205G2T	1.0034	GB/T 700	Q215A
		GB/T 700	Q215B
		GB/T 701	Q215A
		GB/T 701	Q215A-Z
		GB/T 701	Q215B
		GB/T 701	Q215B-Z
		GB/T 3091	Q215A

5 EN-Werkstoffbezeichnungen

Auflistung in alphanumerischer Reihenfolge

EN steel names

Listed in alphanumerical order

EN-Werkstoff-Kurzname (neu) EN steel name (new)	Werkstoff-Nr. Material number	CN-Norm CN standard	Stahlsorte (CN) Steel grade (CN)
S205G2T	1.0034	GB/T 3091	Q215B
		GB/T 3094	Q215B
		GB/T 3524	Q215A
		GB/T 3524	Q215B
		GB/T 8164	Q215B
		GB/T 13788	Q215
S235J0	1.0114	GB/T 700	Q235C
S235J0W	1.8958	GB/T 4171	Q235NH
S235J2 (vorher, formerly S235J2G4)	1.0117	GB/T 700	Q235D
S235J2G3 (entfällt, omitted)	1.0116	GB/T 700	Q235A
		GB/T 700	Q235B
		GB/T 701	Q235A
		GB/T 701	Q235A-Z
		GB/T 701	Q235B
		GB/T 701	Q235B-Z
		GB/T 13788	Q235
S235J2W	1.8961	GB/T 4171	Q235NH
S235JR (ersetzt d., replaced by 1.0038)	1.0037	GB/T 700	Q235A
		GB/T 701	Q235A
		GB/T 3091	Q235A
		GB/T 3524	Q235A
		GB/T 8164	Q235A
		GB/T 13013	Q235
		GB/T 13788	Q235
		YB/T 3301	Q235A
S235JR (vorher, formerly S235JRG2)	1.0038	GB/T 700	Q235A
		GB/T 700	Q235B
		GB/T 701	Q235A-b
		GB/T 701	Q235B-b
		GB/T 3091	Q235A
		GB/T 3091	Q235B
		GB/T 3094	Q235B
		GB/T 3524	Q235A
		GB/T 3524	Q235B
		GB/T 8164	Q235B
		YB/T 3301	Q235A
		YB/T 3301	Q235B
S235JRG1 (entfällt, omitted)	1.0036	GB/T 700	Q235A
		GB/T 700	Q235B

5 EN-Werkstoffbezeichnungen

Auflistung in alphanumerischer Reihenfolge

EN steel names

Listed in alphanumerical order

EN-Werkstoff-Kurzname (neu) EN steel name (new)	Werkstoff-Nr. Material number	CN-Norm CN standard	Stahlsorte (CN) Steel grade (CN)
S235JRG1 (entfällt, omitted)	1.0036	GB/T 701	Q235A
		GB/T 701	Q235A-F
		GB/T 701	Q235B
		GB/T 701	Q235B-F
		GB/T 3091	Q235A
		GB/T 3091	Q235B
		GB/T 3094	Q235B
		GB/T 3524	Q235A
		GB/T 3524	Q235B
		GB/T 8164	Q235A
		GB/T 13013	Q235
		GB/T 13788	Q235
		YB/T 3301	Q235A
		YB/T 3301	Q235B
S275J0	1.0143	GB/T 700	Q275C
S275J2	1.0145	GB/T 700	Q275D
S275J2G3 (entfällt, omitted)	1.0144	GB/T 700	Q275B
		GB/T 700	Q275D
S275JR	1.0044	GB/T 700	Q255A
		GB/T 700	Q275B
		GB/T 3524	Q255A
S280GD	1.0244	GB/T 699	15F
		GB/T 710	15F
		GB/T 3078	15F
		GB/T 3275	15F
		GB/T 13237	15F
S355J0W	1.8959	GB/T 4171	Q355NH
S355J0WP	1.8945	GB/T 4171	Q355GNH
S355J2G1W	1.8963	GB/T 4172	15MnCuCr
		GB/T 4172	Q355NH
S355J2G3 (entfällt, omitted)	1.0570	GB/T 713	16Mng
		GB 3531	16MnDR
		GB 6479	16Mn
		GB 6654	16MnR
		GB/T 8162	16Mn
		GB/T 8163	16Mn
		GB/T 8164	16Mn
S355J2W	1.8965	GB/T 4171	Q355NH
S355J2WP	1.8946	GB/T 4171	Q355GNH

5 EN-Werkstoffbezeichnungen

Auflistung in alphanumerischer Reihenfolge

EN steel names

Listed in alphanumerical order

EN-Werkstoff-Kurzname (neu) EN steel name (new)	Werk-stoff-Nr. Material number	CN-Norm CN standard	Stahlsorte (CN) Steel grade (CN)
S355J3G3Cu	1.0585	GB/T 714	Q345q-C
		GB/T 1591	Q345C
		GB/T 3524	Q345C
		GB/T 8162	Q345
		YB/T 3301	Q345C
S355JR	1.0045	GB/T 13014	20MnSi
		GB/T 13788	20MnSi
S355K2W	1.8967	GB/T 4171	Q355NH
S355NL	1.0546	GB/T 714	Q345q-D
S380N	1.8900	GB/T 1591	Q390C
S380NL	1.8910	GB/T 1591	Q390D
S420N	1.8902	GB/T 1591	Q420C
		GB/T 1591	Q420D
		GB/T 16270	Q420C
S420NL	1.8912	GB/T 1591	Q420D
		GB/T 1591	Q420E
		GB/T 16270	Q420D
		YB/T 3301	Q420D
S450J0	1.0590	GB/T 1591	Q295B
		GB/T 3091	Q295B
		GB/T 3094	Q295B
		GB/T 3524	Q295B
		YB/T 3301	Q295B
S460N	1.8901	GB/T 1591	Q460D
S500NL	1.8917	GB/T 1591	Q500D
S500QL	1.8909	GB/T 1591	Q500E
		GB/T 16270	Q500E
S550NC	1.0987	GB/T 13788	24MnTi
S550QL	1.8926	GB/T 1591	Q550E
		GB/T 16270	Q550E
S620QL	1.8927	GB/T 1591	Q620E
		GB/T 16270	Q620E
S690QL	1.8928	GB/T 1591	Q690E
		GB/T 16270	Q690E
X1CrNi25-21	1.4335	GB/T 1220	06Cr25Ni20
		GB/T 1221	06Cr25Ni20
		GB/T 3280	06Cr25Ni20
		GB/T 4237	06Cr25Ni20
		GB/T 4238	06Cr25Ni20

5 EN-Werkstoffbezeichnungen

Auflistung in alphanumerischer Reihenfolge

EN steel names

Listed in alphanumerical order

EN-Werkstoff-Kurzname (neu) EN steel name (new)	Werkstoff-Nr. Material number	CN-Norm CN standard	Stahlsorte (CN) Steel grade (CN)
X1CrNi25-21	1.4335	GB/T 4239	0Cr25Ni20
		GB/T 4240	0Cr25Ni20(-R)
		GB/T 12770	0Cr25Ni20
		GB/T 12771	0Cr25Ni20
		GB/T 13296	0Cr25Ni20
X1CrNiMoCuN20-18-7	1.4547	GB/T 20878	015Cr20Ni18Mo6CuN
X1CrNiMoCuN24-22-8	1.4652	GB/T 3280	015Cr24Ni22Mo8Mn3CuN
		GB/T 4237	015Cr24Ni22Mo8Mn3CuN
		GB/T 20878	015Cr24Ni22Mo8Mn3CuN
X1CrNiMoN25-22-2	1.4466	GB/T 1221	0Cr17Ni12Mo2
		GB/T 3280	022Cr25Ni22Mo2N
		GB/T 4237	022Cr25Ni22Mo2N
		GB/T 20878	022Cr25Ni22Mo2N
X1CrNiSi18-15-4	1.4361	GB/T 1220	06Cr18Ni13Si4
		GB/T 1220	0Cr18Ni13Si4
		GB/T 1221	06Cr18Ni13Si4
		GB/T 1221	0Cr18Ni13Si4
		GB/T 3280	0Cr18Ni13Si4
		GB/T 4237	0Cr18Ni13Si4
		GB/T 4238	0Cr18Ni13Si4
		GB/T 4239	0Cr18Ni13Si4
		GB/T 13296	0Cr18Ni13Si4
		GB/T 20878	06Cr18Ni13Si4
X1NiCrMoCu25-20-5	1.4539	GB/T 3280	015Cr21Ni26Mo5Cu2
		GB/T 4237	015CrCr21Ni26Mo5Cu2
		GB/T 20878	015Cr21Ni26Mo5Cu2
X2CrMnNiN17-7-5	1.4371	GB/T 1220	12Cr18Mn9Ni5N
		GB/T 1220	1Cr18Mn8Ni5N
		GB/T 3280	1Cr18Mn8Ni5N
		GB/T 4237	1Cr18Mn8Ni5N
		GB/T 4239	1Cr18Mn8Ni5N
		GB/T 20878	12Cr18Mn9Ni5N
X2CrMoNb18-2	1.4522	GB/T 3280	019Cr19Mo2NbTi
		GB/T 4237	019Cr19Mo2NbTi
		GB/T 20878	019Cr19Mo2NbTi
X2CrMoTi17-1	1.4513	GB/T 2100	ZG03Cr26Ni5Cu3Mo3N
		GB/T 3280	019Cr18MoTi
		GB/T 4237	019Cr18MoTi
		GB/T 20878	019Cr18MoTi

5 EN-Werkstoffbezeichnungen

Auflistung in alphanumerischer Reihenfolge

EN steel names

Listed in alphanumerical order

EN-Werkstoff-Kurzname (neu) EN steel name (new)	Werk-stoff-Nr. Material number	CN-Norm CN standard	Stahlsorte (CN) Steel grade (CN)
X2CrMoTi18-2	1.4521	GB/T 3280	019Cr19Mo2NbTi
		GB/T 4237	019Cr19Mo2NbTi
		GB/T 20878	019Cr19Mo2NbTi
X2CrNi12	1.4003	GB/T 1220	00Cr12
		GB/T 1220	022Cr12
		GB/T 1221	00Cr12
		GB/T 1221	022Cr12
		GB/T 3280	00Cr12
		GB/T 3280	022Cr12
		GB/T 3280	022Cr12Ni
		GB/T 4237	00Cr12
		GB/T 4237	022Cr12
		GB/T 4237	022Cr12Ni
		GB/T 4238	00Cr12
		GB/T 4239	00Cr12
		GB/T 20878	022Cr12
		GB/T 20878	022Cr12Ni
X2CrNi19-11	1.4306	GB/T 1220	00Cr19Ni10
		GB/T 1220	022Cr19Ni10
		GB/T 2100	ZG00Cr18Ni10
		GB/T 2100	ZG03Cr18Ni10
		GB/T 3089	022Cr19Ni10
		GB/T 3090	00Cr19Ni10
		GB/T 3280	00Cr19Ni10
		GB/T 3280	022Cr19Ni10
		GB/T 4237	00Cr19Ni10
		GB/T 4237	022Cr19Ni10
		GB/T 4239	00Cr19Ni10
		GB/T 4240	00Cr19Ni11(-R)
		GB/T 12770	00Cr19Ni10
		GB/T 12771	00Cr19Ni10
		GB/T 13296	00Cr19Ni10
		GB/T 14975	00Cr19Ni10
		GB/T 14976	00Cr19Ni10
		GB/T 20878	022Cr19Ni10
		GB/T 21074	022Cr19Ni10
X2CrNiMnMoN25-18-6-5	1.4565	GB/T 3280	022Cr24Ni17Mo5Mn6NbN
X2CrNiMnMoNbN25-18-5-4	1.4565	GB/T 3280	0Cr17Ni7Al
		GB/T 4237	022Cr24Ni17Mo5Mn6NbN

5 EN-Werkstoffbezeichnungen

Auflistung in alphanumerischer Reihenfolge

EN steel names

Listed in alphanumerical order

EN-Werkstoff-Kurzname (neu) EN steel name (new)	Werkstoff-Nr. Material number	CN-Norm CN standard	Stahlsorte (CN) Steel grade (CN)
X2CrNiMnMoNbN25-18-5-4	1.4565	GB/T 4238	07Cr15Ni7Mo2Al
		GB/T 20878	022Cr24Ni17Mo5Mn6NbN
X2CrNiMo13-4	1.4320	GB/T 3280	04Cr13Ni5Mo
		GB/T 4237	04Cr13Ni5Mo
		GB/T 20878	04Cr13Ni5Mo
X2CrNiMo17-12-2	1.4404	GB/T 1220	00Cr17Ni14Mo2
		GB/T 1220	022Cr17Ni12Mo2
		GB/T 3089	022Cr17Ni12Mo2
		GB/T 3090	00Cr17Ni14Mo2
		GB/T 3280	00Cr17Ni14Mo2
		GB/T 3280	022Cr17Ni12Mo2
		GB/T 4237	00Cr17Ni14Mo2
		GB/T 4237	022Cr17Ni12Mo2
		GB/T 4239	00Cr17Ni14Mo2
		GB/T 4240	00Cr17Ni14Mo2(-Q)
		GB/T 4240	00Cr17Ni14Mo2(-R)
		GB/T 12770	00Cr17Ni14Mo2
		GB/T 12771	00Cr17Ni14Mo2
		GB/T 13296	00Cr17Ni14Mo2
		GB/T 14975	00Cr17Ni14Mo2
		GB/T 14976	00Cr17Ni14Mo2
		GB/T 20878	022Cr17Ni12Mo2
		GB/T 21074	022Cr17Ni12Mo2
X2CrNiMo18-13-3	1.4425	GB/T 20878	022Cr18Ni14Mo3
X2CrNiMo18-14-3	1.4435	GB/T 1220	00Cr17Ni14Mo2
		GB/T 1220	022Cr17Ni12Mo2
		GB/T 3089	022Cr17Ni12Mo2
		GB/T 3090	00Cr17Ni14Mo2
		GB/T 3280	00Cr17Ni14Mo2
		GB/T 3280	022Cr17Ni12Mo2
		GB/T 4237	00Cr17Ni14Mo2
		GB/T 4237	022Cr17Ni12Mo2
		GB/T 4239	00Cr17Ni14Mo2
		GB/T 4240	00Cr17Ni14Mo2(-Q)
		GB/T 4240	00Cr17Ni14Mo2(-R)
		GB/T 12770	00Cr17Ni14Mo2
		GB/T 12771	00Cr17Ni14Mo2
		GB/T 13296	00Cr17Ni14Mo2
		GB/T 14975	00Cr17Ni14Mo2

5 EN-Werkstoffbezeichnungen

Auflistung in alphanumerischer Reihenfolge

EN steel names

Listed in alphanumerical order

EN-Werkstoff-Kurzname (neu) EN steel name (new)	Werkstoff-Nr. Material number	CN-Norm CN standard	Stahlsorte (CN) Steel grade (CN)
X2CrNiMo18-14-3	1.4435	GB/T 14976	00Cr17Ni14Mo2
		GB/T 20878	022Cr17Ni12Mo2
		GB/T 21074	022Cr17Ni12Mo2
X2CrNiMo18-15-4	1.4438	GB/T 1220	00Cr19Ni13Mo3
		GB/T 1220	022Cr19Ni13Mo3
		GB/T 1220	03Cr18Ni16Mo5
		GB/T 1220	0Cr18Ni16Mo5
		GB/T 3280	00Cr19Ni13Mo3
		GB/T 3280	022Cr19Ni13Mo3
		GB/T 3280	0Cr18Ni16Mo5
		GB/T 4237	00Cr19Ni13Mo3
		GB/T 4237	022Cr19Ni13Mo3
		GB/T 4237	0Cr18Ni16Mo5
		GB/T 4239	00Cr19Ni13Mo3
		GB/T 4239	0Cr18Ni16Mo5
		GB/T 13296	00Cr19Ni13Mo3
		GB/T 14975	00Cr19Ni13Mo3
		GB/T 14976	00Cr19Ni13Mo3
		GB/T 20878	022Cr19Ni13Mo3
		GB/T 20878	03Cr18Ni16Mo5
		GB/T 21074	022Cr19Ni13Mo3
X2CrNiMoCuN25-6-3	1.4507	GB/T 1220	03Cr25Ni6Mo3Cu2N
		GB/T 3280	03Cr25Ni6Mo3Cu2N
		GB/T 4237	03Cr25Ni6Mo3Cu2N
		GB/T 20878	03Cr25Ni6Mo3Cu2N
		GB/T 21832	03Cr25Ni6Mo3Cu2N
		GB/T 21833	022Cr24Ni7Mo4CuN
		GB/T 21833	03Cr25Ni6Mo3Cu2N
X2CrNiMoCuWN25-7-4	1.4501	GB/T 3280	022Cr25Ni7Mo4WCuN
		GB/T 4237	022Cr25Ni7Mo4WCuN
		GB/T 20878	022Cr25Ni7Mo3WCuN
		GB/T 20878	022Cr25Ni7Mo4WCuN
		GB/T 21832	022Cr25Ni7Mo3WCuN
		GB/T 21832	022Cr25Ni7Mo4WCuN
		GB/T 21833	022Cr25Ni7Mo3WCuN
		GB/T 21833	022Cr25Ni7Mo4WCuN
X2CrNiMoN17-11-2	1.4406	GB/T 1220	00Cr17Ni13Mo2N
		GB/T 1220	022Cr17Ni12Mo2N
		GB/T 3280	00Cr17Ni13Mo2N

5 EN-Werkstoffbezeichnungen

Auflistung in alphanumerischer Reihenfolge

EN steel names

Listed in alphanumerical order

EN-Werkstoff-Kurzname (neu) EN steel name (new)	Werk-stoff-Nr. Material number	CN-Norm CN standard	Stahlsorte (CN) Steel grade (CN)
X2CrNiMoN17-11-2	1.4406	GB/T 3280	022Cr17Ni12Mo2N
		GB/T 4237	00Cr17Ni13Mo2N
		GB/T 4237	022Cr17Ni12Mo2N
		GB/T 4239	00Cr17Ni13Mo2N
		GB/T 6967	ZG10Cr13
		GB/T 13296	00Cr17Ni13Mo2N
		GB/T 14975	00Cr17Ni13Mo2N
		GB/T 14976	00Cr17Ni13Mo2N
		GB/T 20878	022Cr17Ni12Mo2N
X2CrNiMoN17-13-3	1.4429	GB/T 1220	00Cr17Ni13Mo2N
		GB/T 1220	022Cr17Ni12Mo2N
		GB/T 3280	00Cr17Ni13Mo2N
		GB/T 3280	022Cr17Ni12Mo2N
		GB/T 4237	00Cr17Ni13Mo2N
		GB/T 4237	022Cr17Ni12Mo2N
		GB/T 4239	00Cr17Ni13Mo2N
		GB/T 13296	00Cr17Ni13Mo2N
		GB/T 14975	00Cr17Ni13Mo2N
		GB/T 14976	00Cr17Ni13Mo2N
		GB/T 20878	022Cr17Ni12Mo2N
X2CrNiMoN17-13-5	1.4439	GB/T 3280	022Cr19Ni16Mo5N
		GB/T 4237	022Cr19Ni16Mo5N
		GB/T 20878	022Cr19Ni16Mo5N
X2CrNiMoN18-12-4	1.4434	GB/T 3280	022Cr19Ni13Mo4N
		GB/T 4237	022Cr19Ni13Mo4N
		GB/T 20878	022Cr19Ni13Mo4N
X2CrNiMoN18-15-4	1.4442	GB/T 20878	022Cr18Ni15Mo3N
X2CrNiMoN22-5-3	1.4462	GB/T 1220	022Cr22Ni5Mo3N
		GB/T 3280	022Cr22Ni5Mo3N
		GB/T 4237	022Cr22Ni5Mo3N
		GB/T 20878	022Cr22Ni5Mo3N
		GB/T 21832	022Cr22Ni5Mo3N
		GB/T 21833	022Cr22Ni5Mo3N
X2CrNiN18-10	1.4311	GB/T 1220	00Cr18Ni10N
		GB/T 1220	022Cr19Ni10N
		GB/T 3280	00Cr18Ni10N
		GB/T 3280	022Cr19Ni10N
		GB/T 4237	00Cr18Ni10N
		GB/T 4237	022Cr19Ni10N

5 EN-Werkstoffbezeichnungen

Auflistung in alphanumerischer Reihenfolge

EN steel names

Listed in alphanumerical order

EN-Werkstoff-Kurzname (neu) EN steel name (new)	Werkstoff-Nr. Material number	CN-Norm CN standard	Stahlsorte (CN) Steel grade (CN)
X2CrNiN18-10	1.4311	GB/T 4239	00Cr18Ni10N
		GB/T 13296	00Cr18Ni10N
		GB/T 14975	00Cr18Ni10N
		GB/T 14976	00Cr18Ni10N
		GB/T 20878	022Cr19Ni10N
X2CrNiN18-7	1.4318	GB/T 3280	022Cr17Ni7
		GB/T 3280	022Cr17Ni7N
		GB/T 4237	022Cr17Ni7
		GB/T 4237	022Cr17Ni7N
		GB/T 20878	022Cr17Ni7
		GB/T 20878	022Cr17Ni7N
X2CrNiN23-4	1.4362	GB/T 3280	022Cr23Ni4MoCuN
		GB/T 4237	022Cr23Ni4MoCuN
		GB/T 20878	022Cr23Ni4MoCuN
		GB/T 21832	022Cr23Ni4MoCuN
		GB/T 21833	022Cr23Ni4MoCuN
X2CrTi12	1.4512	GB/T 3280	022Cr11NbTi
		GB/T 4237	022Cr11NbTi
		GB/T 4238	022Cr11NbTi
		GB/T 4238	0Cr11Ti
		GB/T 20878	022Cr11NbTi
X2CrTi17	1.4520	GB/T 3280	022Cr17Ti
		GB/T 4237	022Cr17Ti
		GB/T 20878	022Cr18Ti
X2CrTiNb18	1.4509	GB/T 3280	022Cr18NbTi
		GB/T 4237	022Cr18NbTi
		GB/T 20878	022Cr18NbTi
X3CrNiCu18-9-4	1.4567	GB/T 1220	06Cr18Ni9Cu3
		GB/T 1220	0Cr18Ni9Cu3
		GB/T 4232	ML0Cr18Ni9Cu3
		GB/T 20878	06Cr18Ni9Cu3
X3CrNiCuTiNb12-9	1.4543	GB/T 3280	022Cr12Ni9Cu2NbTi
		GB/T 4237	022Cr12Ni9Cu2NbTi
		GB/T 4238	022Cr12Ni9Cu2NbTi
		GB/T 20878	022Cr12Ni9Cu2NbTi
X3CrNiMo13-4	1.4313	GB/T 6967	ZG06Cr13Ni4Mo
X3CrNiMo17-13-3	1.4436	GB/T 1220	06Cr17Ni12Mo2
		GB/T 1220	0Cr17Ni12Mo2
		GB/T 1221	06Cr17Ni12Mo2

5 EN-Werkstoffbezeichnungen

Auflistung in alphanumerischer Reihenfolge

EN steel names

Listed in alphanumerical order

EN-Werkstoff-Kurzname (neu) EN steel name (new)	Werkstoff-Nr. Material number	CN-Norm CN standard	Stahlsorte (CN) Steel grade (CN)
X3CrNiMo17-13-3	1.4436	GB/T 1221	0Cr17Ni12Mo2
		GB/T 3090	0Cr17Ni12Mo2
		GB/T 3280	06Cr17Ni12Mo2
		GB/T 3280	0Cr17Ni12Mo2
		GB/T 4237	06Cr17Ni12Mo2
		GB/T 4237	0Cr17Ni12Mo2
		GB/T 4238	06Cr17Ni12Mo2
		GB/T 4238	0Cr17Ni12Mo2
		GB/T 4239	0Cr17Ni12Mo2
		GB/T 4240	0Cr17Ni12Mo2(-L)
		GB/T 4240	0Cr17Ni12Mo2(-Q)
		GB/T 4240	0Cr17Ni12Mo2(-R)
		GB/T 12770	0Cr17Ni12Mo2
		GB/T 12771	0Cr17Ni12Mo2
		GB/T 13296	0Cr17Ni12Mo2
		GB/T 13296	1Cr17Ni12Mo2
		GB/T 14975	0Cr17Ni12Mo2
		GB/T 14976	0Cr17Ni12Mo2
		GB/T 20878	06Cr17Ni12Mo2
		GB/T 21074	06Cr17Ni12Mo2
X3CrNiMo18-12-3	1.4449	GB/T 1220	06Cr19Ni13Mo3
		GB/T 1220	0Cr19Ni13Mo3
		GB/T 1221	06Cr19Ni13Mo3
		GB/T 1221	0Cr19Ni13Mo3
		GB/T 3280	06Cr19Ni13Mo3
		GB/T 3280	0Cr19Ni13Mo3
		GB/T 4237	06Cr19Ni13Mo3
		GB/T 4237	0Cr19Ni13Mo3
		GB/T 4238	06Cr19Ni13Mo3
		GB/T 4238	0Cr19Ni13Mo3
		GB/T 4239	0Cr19Ni13Mo3
		GB/T 13296	0Cr19Ni13Mo3
		GB/T 14975	0Cr19Ni13Mo3
		GB/T 14976	0Cr19Ni13Mo3
		GB/T 20878	06Cr19Ni13Mo3
		GB/T 21074	06Cr19Ni13Mo3
X3CrNiMoAl13-8-2	1.4534	GB/T 3280	04Cr13Ni8Mo2Al
		GB/T 4237	04Cr13Ni8Mo2Al
		GB/T 20878	04Cr13Ni8Mo2Al

5 EN-Werkstoffbezeichnungen

Auflistung in alphanumerischer Reihenfolge

EN steel names

Listed in alphanumerical order

EN-Werkstoff-Kurzname (neu) EN steel name (new)	Werkstoff-Nr. Material number	CN-Norm CN standard	Stahlsorte (CN) Steel grade (CN)
X3CrNiMoN27-5-2	1.4460	GB/T 1220	0Cr26Ni5Mo2
		GB/T 3280	0Cr26Ni5Mo2
		GB/T 4237	0Cr26Ni5Mo2
		GB/T 4239	0Cr26Ni5Mo2
		GB/T 14976	0Cr26Ni5Mo2
		GB/T 21833	06Cr26Ni4Mo2
X3CrNiN18-10	1.6907	GB/T 1220	0Cr19Ni9N
		GB/T 3280	0Cr19Ni9N
		GB/T 4237	0Cr19Ni9N
		GB/T 4239	0Cr19Ni9N
		GB/T 4240	0Cr19Ni9N(-L)
		GB/T 4240	0Cr19Ni9N(-Q)
		GB/T 4240	0Cr19Ni9N(-R)
X3CrTi17	1.4510	GB/T 3280	00Cr17
		GB/T 4239	00Cr17
		GB/T 12771	00Cr17
X4CrNi18-12	1.4303	GB/T 1220	10Cr18Ni12
		GB/T 1220	1Cr18Ni12
		GB/T 3280	10Cr18Ni12
		GB/T 3280	1Cr18Ni12
		GB 4232	ML1Cr18Ni12
		GB/T 4237	10Cr18Ni12
		GB/T 4237	1Cr18Ni12
		GB/T 4239	1Cr18Ni12
		GB/T 4240	1Cr18Ni12(-Q)
		GB/T 4240	1Cr18Ni12(-R)
		GB/T 20878	06Cr18Ni12
X4NiCrTi25-15	1.4943	GB/T 1221	06Cr15Ni25Ti2MoAlVB
		GB/T 1221	0Cr15Ni25Ti2MoAlVB
		GB/T 4238	06Cr15Ni25Ti2MoAlVB
		GB/T 4238	0Cr15Ni25Ti2MoAlVB
X5CrNi18-10	1.4301	GB/T 1220	06Cr19Ni10
		GB/T 1220	0Cr18Ni9
		GB/T 1221	06Cr19Ni10
		GB/T 1221	0Cr18Ni9
		GB/T 3089	06Cr19Ni10
		GB/T 3090	0Cr18Ni9
		GB/T 3280	06Cr19Ni10
		GB/T 3280	0Cr18Ni9

5 EN-Werkstoffbezeichnungen

Auflistung in alphanumerischer Reihenfolge

EN steel names

Listed in alphanumerical order

EN-Werkstoff-Kurzname (neu) EN steel name (new)	Werk-stoff-Nr. Material number	CN-Norm CN standard	Stahlsorte (CN) Steel grade (CN)
X5CrNi18-10	1.4301	GB/T 4232	ML0Cr18Ni9
		GB/T 4237	06Cr19Ni10
		GB/T 4237	0Cr18Ni9
		GB/T 4238	06Cr19Ni10
		GB/T 4238	0Cr18Ni9
		GB/T 4239	0Cr18Ni9
		GB/T 4239	0Cr19Ni9N
		GB/T 4240	0Cr18Ni9(-L)
		GB/T 4240	0Cr18Ni9(-Q)
		GB/T 4240	0Cr18Ni9(-R)
		GB/T 12770	0Cr18Ni9
		GB/T 12771	0Cr18Ni9
		GB/T 13296	0Cr18Ni9
		GB/T 13296	0Cr18Ni9
		GB/T 13296	1Cr19Ni9
		GB/T 14975	0Cr18Ni9
		GB/T 14976	0Cr18Ni9
		GB/T 18705	0Cr18Ni9
		GB/T 20878	06Cr19Ni10
		GB/T 21074	06Cr19Ni9
		YB/T 085	0Cr18Ni9
		YB/T 110	0Cr19Ni9
X5CrNiCuNb16-4	1.4542	GB/T 1220	0Cr17Ni4Cu4Nb
		GB/T 1221	05Cr17Ni4Cu4Nb
		GB/T 1221	0Cr17Ni4Cu4Nb
		GB/T 4238	05Cr17Ni4Cu4Nb
		GB/T 20878	05Cr17Ni4Cu4Nb
X5CrNiCuNb17-4-4	1.4548	GB/T 1220	05Cr17Ni4Cu4Nb
		GB/T 1220	0Cr17Ni4Cu4Nb
		GB/T 1221	05Cr17Ni4Cu4Nb
		GB/T 1221	0Cr17Ni4Cu4Nb
		GB/T 8732	0Cr17Ni4Cu4Nb
X5CrNiMo17-12-2	1.4401	GB/T 1220	06Cr17Ni12Mo2
		GB/T 1220	0Cr17Ni12Mo2
		GB/T 1221	06Cr17Ni12Mo2
		GB/T 1221	0Cr17Ni12Mo2
		GB/T 3090	0Cr17Ni12Mo2
		GB/T 3280	06Cr17Ni12Mo2
		GB/T 3280	0Cr17Ni12Mo2

5 EN-Werkstoffbezeichnungen

Auflistung in alphanumerischer Reihenfolge

EN steel names

Listed in alphanumerical order

EN-Werkstoff-Kurzname (neu) EN steel name (new)	Werkstoff-Nr. Material number	CN-Norm CN standard	Stahlsorte (CN) Steel grade (CN)
X5CrNiMo17-12-2	1.4401	GB/T 4237	06Cr17Ni12Mo2
		GB/T 4237	0Cr17Ni12Mo2
		GB/T 4238	06Cr17Ni12Mo2
		GB/T 4238	0Cr17Ni12Mo2
		GB/T 4239	0Cr17Ni12Mo2
		GB/T 4240	0Cr17Ni12Mo2(-L)
		GB/T 4240	0Cr17Ni12Mo2(-Q)
		GB/T 4240	0Cr17Ni12Mo2(-R)
		GB/T 12770	0Cr17Ni12Mo2
		GB/T 12771	0Cr17Ni12Mo2
		GB/T 13296	0Cr17Ni12Mo2
		GB/T 13296	1Cr17Ni12Mo2
		GB/T 14975	0Cr17Ni12Mo2
		GB/T 14976	0Cr17Ni12Mo2
		GB/T 20878	06Cr17Ni12Mo2
		GB/T 21074	06Cr17Ni12Mo2
X5CrNiN19-9	1.4315	GB/T 1220	06Cr19Ni10N
		GB/T 1220	0Cr19Ni9N
		GB/T 3280	06Cr19Ni10N
		GB/T 3280	0Cr19Ni9N
		GB/T 4237	06Cr19Ni10N
		GB/T 4237	0Cr19Ni9N
		GB/T 4239	0Cr19Ni9N
		GB/T 4240	0Cr19Ni9N(-L)
		GB/T 4240	0Cr19Ni9N(-Q)
		GB/T 4240	0Cr19Ni9N(-R)
X5NiCrMoCuNb22-18	1.4586	GB/T 20878	07Cr17Ni7Al
X6Cr13	1.4000	GB/T 1220	06Cr13
		GB/T 1220	0Cr13
		GB/T 3280	06Cr13
		GB/T 3280	0Cr13
		GB/T 4237	06Cr13
		GB/T 4237	0Cr13
		GB/T 4239	0Cr13
		GB/T 12770	0Cr13
		GB/T 12771	0Cr13
		GB/T 14975	0Cr13
		GB/T 14976	0Cr13
		GB/T 20878	06Cr13

5 EN-Werkstoffbezeichnungen

Auflistung in alphanumerischer Reihenfolge

EN steel names

Listed in alphanumerical order

EN-Werkstoff-Kurzname (neu) EN steel name (new)	Werkstoff-Nr. Material number	CN-Norm CN standard	Stahlsorte (CN) Steel grade (CN)
X6Cr17	1.4016	GB/T 1220	10Cr17
		GB/T 1220	1Cr17
		GB/T 1221	10Cr17
		GB/T 1221	1Cr17
		GB/T 3280	10Cr17
		GB/T 3280	1Cr17
		GB/T 4232	ML1Cr17
		GB/T 4237	10Cr17
		GB/T 4237	1Cr17
		GB/T 4238	10Cr17
		GB/T 4238	1Cr17
		GB/T 4239	1Cr17
		GB/T 4240	1Cr17(-Q)
		GB/T 12770	1Cr17
		GB/T 13296	1Cr17
		GB/T 14975	1Cr17
		GB/T 14976	1Cr17
		GB/T 20878	10Cr17
X6CrAl13	1.4002	GB/T 1220	06Cr13Al
		GB/T 1220	0Cr13Al
		GB/T 1221	06Cr13Al
		GB/T 1221	0Cr13Al
		GB/T 3280	06Cr13Al
		GB/T 3280	0Cr13Al
		GB/T 4237	06Cr13Al
		GB/T 4237	0Cr13Al
		GB/T 4238	06Cr13Al
		GB/T 4238	0Cr13Al
		GB/T 4239	0Cr13Al
		GB/T 12771	0Cr13Al
		GB/T 20878	06Cr13Al
X6CrMo17-1	1.4113	GB/T 1220	10Cr17Mo
		GB/T 1220	1Cr17Mo
		GB/T 3280	10Cr17Mo
		GB/T 3280	1Cr17Mo
		GB/T 4237	10Cr17Mo
		GB/T 4237	1Cr17Mo
		GB/T 4239	1Cr17Mo
		GB/T 20878	10Cr17Mo

5 EN-Werkstoffbezeichnungen

Auflistung in alphanumerischer Reihenfolge

EN steel names

Listed in alphanumerical order

EN-Werkstoff-Kurzname (neu) EN steel name (new)	Werkstoff-Nr. Material number	CN-Norm CN standard	Stahlsorte (CN) Steel grade (CN)
X6CrNi18-10	1.4948	GB/T 3280	07Cr19Ni10
		GB/T 4237	07Cr19Ni10
		GB/T 4238	07Cr19Ni10
		GB/T 12771	0Cr18Ni9
		GB/T 13296	1Cr19Ni9
		GB/T 20878	07Cr19Ni10
X6CrNiMo17-13-2	1.4918	GB/T 20878	07Cr17Ni12Mo2
X6CrNiMoB17-12-2	1.4919	GB/T 13296	1Cr17Ni12Mo2
X6CrNiMoTi17-12-2	1.4571	GB/T 1220	06Cr17Ni12Mo2Ti
		GB/T 1220	0Cr18Ni12Mo2Ti
		GB/T 1220	1Cr18Ni12Mo2Ti
		GB/T 3089	06Cr17Ni12Mo2Ti
		GB/T 3280	06Cr17Ni12Mo2Ti
		GB/T 3280	0Cr18Ni12Mo2Cu2
		GB/T 3280	0Cr18Ni12Mo2Ti
		GB/T 3280	1Cr18Ni12Mo2Ti
		GB/T 4237	06Cr17Ni12Mo2Ti
		GB/T 4237	0Cr18Ni12Mo2Ti
		GB/T 4237	1Cr18Ni12Mo2Ti
		GB/T 13296	0Cr18Ni12Mo2Ti
		GB/T 13296	1Cr18Ni12Mo2Ti
		GB/T 14975	0Cr18Ni12Mo2Ti
		GB/T 14975	1Cr18Ni12Mo2Ti
		GB/T 14976	0Cr18Ni12Mo2Ti
		GB/T 14976	1Cr18Ni12Mo2Ti
		GB/T 20878	06Cr17Ni12Mo2Ti
X6CrNiMoTi17-12-2 S	1.4579	GB/T 1220	06Cr17Ni12Mo2Ti
		GB/T 1220	0Cr18Ni12Mo2Ti
		GB/T 3089	06Cr17Ni12Mo2Ti
		GB/T 3280	06Cr17Ni12Mo2Ti
		GB/T 4237	06Cr17Ni12Mo2Ti
		GB/T 13296	0Cr18Ni12Mo2Ti
		GB/T 14975	0Cr18Ni12Mo2Ti
		GB/T 14976	0Cr18Ni12Mo2Ti
		GB/T 20878	06Cr17Ni12Mo2Ti
X6CrNiNb18-10	1.4550	GB/T 1220	06Cr18Ni11Nb
		GB/T 1220	0Cr18Ni11Nb
		GB/T 1221	06Cr18Ni11Nb
		GB/T 1221	0Cr18Ni11Nb

5 EN-Werkstoffbezeichnungen

Auflistung in alphanumerischer Reihenfolge

EN steel names

Listed in alphanumerical order

EN-Werkstoff-Kurzname (neu) EN steel name (new)	Werk-stoff-Nr. Material number	CN-Norm CN standard	Stahlsorte (CN) Steel grade (CN)
X6CrNiNb18-10	1.4550	GB/T 3280	06Cr18Ni11Nb
		GB/T 3280	0Cr18Ni11Nb
		GB/T 4237	06Cr18Ni11Nb
		GB/T 4237	0Cr18Ni11Nb
		GB/T 4238	06Cr18Ni11Nb
		GB/T 4238	0Cr18Ni11Nb
		GB/T 4239	0Cr18Ni11Nb
		GB/T 4240	0Cr18Ni11Nb(-Q)
		GB/T 4240	0Cr18Ni11Nb(-R)
		GB 5310	1Cr19Ni11Nb
		GB/T 9948	1Cr19Ni11Nb
		GB/T 12770	0Cr18Ni11Nb
		GB/T 12771	0Cr18Ni11Nb
		GB/T 13296	0Cr18Ni11Nb
		GB/T 13296	1Cr19Ni11Nb
		GB/T 14975	0Cr18Ni11Nb
		GB/T 14976	0Cr18Ni11Nb
		GB/T 20878	06Cr18Ni11Nb
		GB/T 21074	06Cr18Ni11Nb
X6CrNiTi18-10	1.4541	GB/T 1220	05Cr17Ni4Cu4Nb
		GB/T 1220	06Cr18Ni11Ti
		GB/T 1220	0Cr17Ni4Cu4Nb
		GB/T 1220	0Cr18Ni10Ti
		GB/T 1221	05Cr17Ni4Cu4Nb
		GB/T 1221	06Cr18Ni11Ti
		GB/T 1221	0Cr17Ni4Cu4Nb
		GB/T 1221	0Cr18Ni10Ti
		GB/T 3089	06Cr18Ni11Ti
		GB/T 3090	0Cr18Ni10Ti
		GB/T 3280	06Cr18Ni11Ti
		GB/T 3280	0Cr18Ni10Ti
		GB/T 4237	06Cr18Ni11Ti
		GB/T 4237	0Cr18Ni10Ti
		GB/T 4238	05Cr17Ni4Cu4Nb
		GB/T 4238	06Cr18Ni11Ti
		GB/T 4238	0Cr18Ni10Ti
		GB/T 4239	0Cr18Ni10Ti
		GB/T 4240	0Cr18Ni11Ti(-Q)
		GB/T 4240	0Cr18Ni11Ti(-R)

5 EN-Werkstoffbezeichnungen

Auflistung in alphanumerischer Reihenfolge

EN steel names

Listed in alphanumerical order

EN-Werkstoff-Kurzname (neu) EN steel name (new)	Werkstoff-Nr. Material number	CN-Norm CN standard	Stahlsorte (CN) Steel grade (CN)
X6CrNiTi18-10	1.4541	GB/T 8732	0Cr17Ni4Cu4Nb
		GB/T 12770	0Cr18Ni10Ti
		GB/T 12771	0Cr18Ni10Ti
		GB/T 13296	0Cr18Ni10Ti
		GB/T 13296	1Cr18Ni11Ti
		GB/T 14975	0Cr18Ni10Ti
		GB/T 14976	0Cr18Ni10Ti
		GB/T 20878	05Cr17Ni4Cu4Nb
		GB/T 20878	06Cr18Ni11Ti
		GB/T 21074	06Cr18Ni11Ti
X6NiCrTiMoVB25-15-2	1.4980	GB/T 1221	06Cr15Ni25Ti2MoAlVB
		GB/T 1221	0Cr15Ni25Ti2MoAlVB
		GB/T 4238	06Cr15Ni25Ti2MoAlVB
		GB/T 4238	0Cr15Ni25Ti2MoAlVB
		GB/T 20878	06Cr15Ni25Ti2MoAlVB
X7CrNiAl17-7	1.4568	GB/T 1220	07Cr17Ni7Al
		GB/T 1220	0Cr17Ni7Al
		GB/T 1221	07Cr17Ni7Al
		GB/T 1221	0Cr17Ni7Al
		GB/T 3280	06Cr17Ni7AlTi
		GB/T 3280	07Cr17Ni7Al
		GB/T 3280	0Cr17Ni7Al
		GB/T 4231	0Cr17Ni7Al
		GB/T 4237	06Cr17Ni7AlTi
		GB/T 4237	07Cr17Ni7Al
		GB/T 4237	0Cr17Ni7Al
		GB/T 4238	06Cr17Ni7AlTi
		GB/T 4238	07Cr15Ni7Mo2Al
		GB/T 4238	07Cr17Ni7Al
		GB/T 4238	0Cr17Ni7Al
		GB/T 4238	1Cr17Ni7Al
		GB/T 4239	0Cr17Ni7Al
		GB/T 20878	06Cr17Ni7AlTi
X7CrNiNb18-10	1.4912	GB/T 20878	07Cr18Ni11Nb
X7CrNiTi18-10	1.4940	GB/T 20878	07Cr19Ni11Ti
X8CrNi25-21	1.4845	GB/T 1220	06Cr25Ni20
		GB/T 1220	0Cr25Ni20
		GB/T 1221	06Cr25Ni20
		GB/T 1221	0Cr25Ni20

5 EN-Werkstoffbezeichnungen

Auflistung in alphanumerischer Reihenfolge

EN steel names

Listed in alphanumerical order

EN-Werkstoff-Kurzname (neu) EN steel name (new)	Werk-stoff-Nr. Material number	CN-Norm CN standard	Stahlsorte (CN) Steel grade (CN)
X8CrNi25-21	1.4845	GB/T 3280	06Cr25Ni20
		GB/T 3280	0Cr25Ni20
		GB/T 4237	06Cr25Ni20
		GB/T 4237	0Cr25Ni20
		GB/T 4238	06Cr25Ni20
		GB/T 4238	0Cr25Ni20
		GB/T 4239	0Cr25Ni20
		GB/T 4240	0Cr25Ni20(-R)
		GB/T 12770	0Cr25Ni20
		GB/T 12771	0Cr25Ni20
		GB/T 13296	0Cr25Ni20
		GB/T 14976	0Cr25Ni20
X8CrNiMoAl15-7-2	1.4532	GB/T 1220	07Cr15Ni7Mo2Al
		GB/T 1220	0Cr15Ni7Mo2Al
		GB/T 3280	07Cr15Ni7Mo2Al
		GB/T 4237	07Cr15Ni7Mo2Al
		GB/T 20878	07Cr15Ni7Mo2Al
X8CrNiS18-9	1.4305	GB/T 1220	Y12Cr18Ni9
		GB/T 1220	Y1Cr18Ni9
		GB/T 4240	Y1Cr18Ni9(-Q)
		GB/T 4240	Y1Cr18Ni9(-R)
		GB/T 20878	Y12Cr18Ni9
X8CrNiTi18-10	1.4878	GB/T 1220	1Cr18Ni9Ti
		GB/T 1221	1Cr18Ni9Ti
		GB/T 3090	1Cr18Ni9Ti
		GB/T 3280	1Cr18Ni9Ti
		GB/T 4232	ML1Cr18Ni9Ti
		GB/T 4237	1Cr18Ni9Ti
		GB/T 4238	1Cr18Ni9Ti
		GB/T 4239	1Cr18Ni9Ti
		GB/T 4240	1Cr18Ni9Ti(-L)
		GB/T 4240	1Cr18Ni9Ti(-Q)
		GB/T 4240	1Cr18Ni9Ti(-R)
		GB/T 12770	1Cr18Ni9Ti
		GB/T 12771	1Cr18Ni9Ti
		GB/T 13296	1Cr18Ni9Ti
		GB/T 14975	1Cr18Ni9Ti
		GB/T 14976	1Cr18Ni9Ti
X10CrAlSi18	1.4742	GB/T 4238	1Cr19Al3

5 EN-Werkstoffbezeichnungen

Auflistung in alphanumerischer Reihenfolge

EN steel names

Listed in alphanumerical order

EN-Werkstoff-Kurzname (neu) EN steel name (new)	Werk-stoff-Nr. Material number	CN-Norm CN standard	Stahlsorte (CN) Steel grade (CN)
X10CrNi18-8	1.4310	GB/T 1220	12Cr17Ni7
		GB/T 1220	1Cr17Ni7
		GB/T 3280	12Cr17Ni7
		GB/T 3280	1Cr17Ni7
		GB/T 4231	1Cr17Ni7
		GB/T 4237	12Cr17Ni7
		GB/T 4239	1Cr17Ni7
		GB/T 4239	1Cr17Ni8
		GB/T 20878	12Cr17Ni7
		YB/T 110	1Cr17Ni7
X10NiCrAlTi32-21	1.4876	GB/T 15007	NS111
		GB/T 15007	NS112
		YB/T 5353	NS111
		YB/T 5353	NS112
		YB/T 5354	NS111
		YB/T 5354	NS112
		YB/T 5355	NS111
		YB/T 5355	NS112
X11CrMo5	1.7362	GB/T 1221	12Cr5Mo
		GB/T 1221	1Cr5Mo
		GB 6479	1Cr5Mo
		GB/T 9948	1Cr5Mo
		GB/T 20878	12Cr5Mo
X12Cr13	1.4006	GB/T 1220	12Cr12
		GB/T 1220	1Cr12
		GB/T 1220	1Cr13
		GB/T 1221	1Cr13
		GB/T 3280	12Cr12
		GB/T 3280	1Cr12
		GB/T 4237	12Cr12
		GB/T 4237	1Cr12
		GB/T 4238	12Cr12
		GB/T 4238	1Cr12
		GB/T 4239	1Cr12
		GB/T 20878	12Cr12
		JB/T 6405	ZG15Cr13
X12CrMnNiN17-7-5	1.4372	GB/T 1220	12Cr17Mn6Ni5N
		GB/T 1220	1Cr17Mn6Ni5N
		GB/T 3280	1Cr17Mn6Ni5N

5 EN-Werkstoffbezeichnungen

Auflistung in alphanumerischer Reihenfolge

EN steel names

Listed in alphanumerical order

EN-Werkstoff-Kurzname (neu) EN steel name (new)	Werkstoff-Nr. Material number	CN-Norm CN standard	Stahlsorte (CN) Steel grade (CN)
X12CrMnNiN17-7-5	1.4372	GB/T 4237	1Cr17Mn6Ni5N
		GB/T 4239	1Cr17Mn6Ni5N
X12CrMnNiN18-9-5	1.4373	GB/T 1220	1Cr18Mn8Ni5N
		GB/T 3280	1Cr18Mn8Ni5N
		GB/T 4237	1Cr18Mn8Ni5N
		GB/T 4239	1Cr18Mn8Ni5N
X12CrMo5	1.7362	GB/T 1221	12Cr5Mo
		GB/T 1221	1Cr5Mo
		GB 6479	1Cr5Mo
		GB/T 9948	1Cr5Mo
		GB/T 20878	12Cr5Mo
X12CrNi23-13	1.4833	GB/T 1220	06Cr23Ni13
		GB/T 1220	0Cr23Ni13
		GB/T 1221	06Cr23Ni13
		GB/T 1221	0Cr23Ni13
		GB/T 3280	06Cr23Ni13
		GB/T 3280	0Cr23Ni13
		GB/T 4237	06Cr23Ni13
		GB/T 4237	0Cr23Ni13
		GB/T 4238	06Cr23Ni13
		GB/T 4238	0Cr23Ni13
		GB/T 4239	0Cr23Ni13
		GB/T 4240	0Cr23Ni13(-R)
		GB/T 13296	0Cr23Ni13
		GB/T 14976	0Cr23Ni13
		GB/T 20878	06Cr23Ni13
X12CrNiMo12	1.4939	GB/T 20878	10Cr12Ni3Mo2VN
X12CrS13	1.4005	GB/T 1220	Y12Cr13
		GB/T 1220	Y1Cr13
		GB/T 4240	Y1Cr13(-Q)
		GB/T 20878	Y12Cr13
X12NiCrSi35-16	1.4864	GB/T 1221	12Cr16Ni35
		GB/T 1221	1Cr16Ni35
		GB/T 4238	12Cr16Ni35
		GB/T 4238	1Cr16Ni35
		GB/T 20878	12Cr16Ni35
X14CrMoS17	1.4104	GB/T 1220	Y10Cr17
		GB/T 1220	Y1Cr17

5 EN-Werkstoffbezeichnungen

Auflistung in alphanumerischer Reihenfolge

EN steel names

Listed in alphanumerical order

EN-Werkstoff-Kurzname (neu) EN steel name (new)	Werkstoff-Nr. Material number	CN-Norm CN standard	Stahlsorte (CN) Steel grade (CN)
X14CrMoS17	1.4104	GB/T 4240	Y1Cr17(-Q)
		GB/T 20878	Y10Cr17
X15Cr13	1.4024	GB/T 1220	12Cr13
		GB/T 1220	1Cr13
		GB/T 1221	12Cr13
		GB/T 1221	1Cr13
		GB/T 3280	12Cr13
		GB/T 3280	1Cr13
		GB/T 4232	1Cr13
		GB/T 4232	ML1Cr13
		GB/T 4237	12Cr13
		GB/T 4237	1Cr13
		GB/T 4238	12Cr13
		GB/T 4238	1Cr13
		GB/T 4239	1Cr13
		GB/T 4240	1Cr13(-Q)
		GB/T 8732	1Cr13
		GB/T 12770	1Cr13
		GB/T 14975	1Cr13
		GB/T 20878	12Cr13
X15CrNiSi20-12	1.4828	GB/T 1221	16Cr20Ni14Si2
		GB/T 1221	1Cr20Ni14Si2
		GB/T 4238	16Cr23Ni13
		GB/T 4238	1Cr20Ni14Si2
		GB/T 13296	2Cr23Ni13
		GB/T 20878	16Cr20Ni14Si2
X15CrNiSi25-21	1.4841	GB/T 1221	16Cr25Ni20Si2
		GB/T 1221	1Cr25Ni20Si2
		GB/T 4238	16Cr25Ni20Si2
		GB/T 4238	1Cr25Ni20Si2
		GB/T 4238	2Cr25Ni20
		GB/T 13296	2Cr25Ni20
		GB/T 20878	16Cr25Ni20Si2
X17CrNi16-2	1.4057	GB/T 1220	14Cr17Ni2
		GB/T 1220	17Cr16Ni2
		GB/T 1220	1Cr17Ni2
		GB/T 1221	14Cr17Ni2
		GB/T 1221	17Cr16Ni2
		GB/T 1221	1Cr17Ni2

5 EN-Werkstoffbezeichnungen

Auflistung in alphanumerischer Reihenfolge

EN steel names

Listed in alphanumerical order

EN-Werkstoff-Kurzname (neu) EN steel name (new)	Werkstoff-Nr. Material number	CN-Norm CN standard	Stahlsorte (CN) Steel grade (CN)
X17CrNi16-2	1.4057	GB/T 3280	17Cr16Ni2
		GB/T 3280	1Cr17Ni2
		GB/T 4231	1Cr17Ni7
		GB/T 4232	ML1Cr17Ni2
		GB/T 4237	17Cr16Ni2
		GB/T 4240	1Cr17Ni2(-R)
		GB/T 20878	14Cr17Ni2
		GB/T 20878	17Cr16Ni2
X18CrN28	1.4749	GB/T 1221	16Cr25N
		GB/T 1221	2Cr25N
		GB/T 4238	16Cr25N
		GB/T 4238	2Cr25N
X19CrMoNbVN11-1	1.4913	GB/T 1221	18Cr11NiMoNbVN
		GB/T 1221	18Cr12MoVNbN
		GB/T 1221	2Cr12MoVNbN
		GB/T 20878	18Cr11NiMoNbVN
		GB/T 20878	18Cr12MoVNbN
X20Cr13	1.4021	GB/T 1220	20Cr13
		GB/T 1220	2Cr13
		GB/T 1221	20Cr13
		GB/T 1221	2Cr13
		GB/T 3280	20Cr13
		GB/T 3280	2Cr13
		GB/T 4237	20Cr13
		GB/T 4237	2Cr13
		GB/T 4239	2Cr13
		GB/T 4240	2Cr13(-Q)
		GB/T 8732	2Cr13
		GB/T 14975	2Cr13
		GB/T 20878	20Cr13
		YB/T 094	SM2Cr13
X20CrMo13	1.4120	GB/T 8732	2Cr12MoV
X20CrMoWV12-1	1.4935	GB/T 1221	22Cr12NiWMoV
		GB/T 1221	2Cr12NiMoWV
		GB/T 4238	22Cr12NiWMoV
		GB/T 20878	22Cr12NiWMoV
X210Cr12	1.2080	GB/T 1299	Cr12
X22CrMoV12-1	1.4923	GB/T 20878	21Cr12MoV

5 EN-Werkstoffbezeichnungen

Auflistung in alphanumerischer Reihenfolge

EN steel names

Listed in alphanumerical order

EN-Werkstoff-Kurzname (neu) EN steel name (new)	Werk-stoff-Nr. Material number	CN-Norm CN standard	Stahlsorte (CN) Steel grade (CN)
X29CrS13	1.4029	GB/T 1220	Y30Cr13
		GB/T 1220	Y3Cr13
X30Cr13	1.4028	GB/T 1220	30Cr13
		GB/T 1220	3Cr13
		GB/T 1220	Y30Cr13
		GB/T 3280	30Cr13
		GB/T 3280	3Cr13
		GB/T 4231	3Cr13
		GB/T 4237	30Cr13
		GB/T 4237	3Cr13
		GB/T 4239	3Cr13
		GB/T 4240	3Cr13(-Q)
		GB/T 20878	30Cr13
X30WCrV9-3	1.2581	GB/T 1299	3Cr2W8V
		GB/T 1299	Cr12MoV
		YB/T 095	3Cr2W8V
		YB/T 095	Cr12MoV
X37CrMoV5-1	1.2343	GB/T 1299	4Cr5MoSiV
		YB/T 094	SM4Cr5MoSiV
		YB/T 095	4Cr5MoSiV
X39Cr13	1.4031	GB/T 1220	40Cr13
		GB/T 1220	4Cr13
		GB/T 3280	40Cr13
		GB/T 3280	4Cr13
		GB/T 4237	40Cr13
		GB/T 4237	4Cr13
		GB/T 4240	4Cr13(-R)
		GB/T 20878	40Cr13
		YB/T 094	SM 4Cr13
X40CrMoV5-1	1.2344	GB/T 1299	4Cr5MoSiV1
		YB/T 094	SM4Cr5MoSiV1
X40CrSiMo10-2	1.4731	GB/T 1221	40Cr10Si2Mo
		GB/T 1221	4Cr10Si2Mo
		GB/T 12773	4Cr10Si2Mo
		GB/T 20878	40Cr10Si2Mo
X45CrSi9-3	1.4718	GB/T 1221	42Cr9Si2
		GB/T 1221	45Cr9Si3
		GB/T 1221	4Cr9Si2
		GB/T 8492	ZG40Cr9Si2

5 EN-Werkstoffbezeichnungen

Auflistung in alphanumerischer Reihenfolge

EN steel names

Listed in alphanumerical order

EN-Werkstoff-Kurzname (neu) EN steel name (new)	Werk-stoff-Nr. Material number	CN-Norm CN standard	Stahlsorte (CN) Steel grade (CN)
X45CrSi9-3	1.4718	GB/T 12773	4Cr9Si2
		GB/T 20878	42Cr9Si2
		GB/T 20878	45Cr9Si3
		JB/T 6403	ZG40Cr9Si2
X53CrMnNiN21-9	1.4871	GB/T 1221	53Cr21Mn9Ni4N
		GB/T 1221	5Cr21Mn9Ni4N
		GB/T 12773	5Cr21Mn9Ni4N
		GB/T 20878	53Cr21Mn9Ni4N
X64CrMo14	1.2319	GB/T 3086	G65Cr14Mo
X70CrMo15	1.4109	GB/T 1220	68Cr17
		GB/T 1220	7Cr17
		GB/T 3280	68Cr17
		GB/T 3280	7Cr17
		GB/T 4237	68Cr17
		GB/T 4237	7Cr17
		GB/T 4239	7Cr17
		YB/T 096	7Cr17
X75WCrV18-4-1	1.3558	GB/T 3080	W18Cr4V
		GB/T 9943	W18Cr4V
		YB/T 084	W18Cr4V
X90CrMoV18	1.4112	GB/T 1220	90Cr18MoV
		GB/T 1220	9Cr18MoV
		GB/T 20878	90Cr18MoV
X100CrMoV5	1.2363	GB/T 1299	Cr5Mo1V
X105CrMo17	1.4125	GB/T 1220	108Cr17
		GB/T 1220	11Cr17
		GB/T 1220	9Cr18Mo
		GB/T 4240	9Cr18(-R)
		GB/T 20878	108Cr17
		GB/T 20878	108Cr17
		YB/T 096	9Cr18
		YB/T 096	9Cr18Mo
X110Mn14	1.3402	JB/T 6404	ZGMn13-4
X120Mn12	1.3401	GB/T 5680	ZGMn13-1
		GB/T 5680	ZGMn13-2
		GB/T 5680	ZGMn13-3
		GB/T 5680	ZGMn13-4
		JB/T 6404	ZGMn13-1
		JB/T 6404	ZGMn13-2

5 EN-Werkstoffbezeichnungen

Auflistung in alphanumerischer Reihenfolge

EN steel names

Listed in alphanumerical order

EN-Werkstoff-Kurzname (neu) EN steel name (new)	Werk-stoff-Nr. Material number	CN-Norm CN standard	Stahlsorte (CN) Steel grade (CN)
X120Mn12	1.3401	JB/T 6404	ZGMn13-3
		YB/T 036.4	ZGMn13-1
		YB/T 036.4	ZGMn13-2
		YB/T 036.4	ZGMN13-3
X120Mn12	1.3802	GB/T 5680	ZGMn13-1
		GB/T 5680	ZGMn13-2
		GB/T 5680	ZGMn13-3
		GB/T 5680	ZGMn13-4
		JB/T 6404	ZGMn13-1
		JB/T 6404	ZGMn13-2
		JB/T 6404	ZGMn13-3
		JB/T 6404	ZGMn13-4
X153CrMoV12	1.2379	GB/T 1299	Cr12Mo1V1
		YB/T 094	SMCr12Mo1V1
		YB/T 095	Cr12MoV
X165CrCoMo12	1.2880	YB/T 094	SMCr12Mo1V1
10CrMo9-10	1.7380	GB/T 713	12Cr2Mo1R
		GB 5310	12Cr2MoG
		GB 6479	12Cr2Mo
10S10	1.0711	GB/T 8731	Y12
10S20	1.0721	GB/T 8731	Y12
10SPb20	1.0722	GB/T 8731	Y12Pb
11CrMo9-10	1.7383	GB 5310	12Cr2MoG
11SMnPb30	1.0718	GB/T 8731	Y15Pb
12CrMo19-5	1.7362	GB/T 1221	12Cr5Mo
		GB/T 1221	1Cr5Mo
		GB 6479	1Cr5Mo
		GB/T 9948	1Cr5Mo
		GB/T 20878	12Cr5Mo
13CrMo4-5	1.7335	GB/T 3077	12CrMo
		GB 5310	12CrMoG
		GB 6479	12CrMo
		GB/T 8162	12CrMo
		GB/T 9948	12CrMo
		YB/T 5132	12CrMo
13NiCr6	1.5713	GB/T 3077	12CrNi 2
		GB/T 3078	12CrNi2A
		GB/T 8162	12CrNi2

5 EN-Werkstoffbezeichnungen

Auflistung in alphanumerischer Reihenfolge

EN steel names

Listed in alphanumerical order

EN-Werkstoff-Kurzname (neu) EN steel name (new)	Werk-stoff-Nr. Material number	CN-Norm CN standard	Stahlsorte (CN) Steel grade (CN)
14NiCr18	1.5860	GB/T 3077	12Cr2Ni4
		GB/T 8162	12Cr2Ni4
15NiCr13	1.5752	GB/T 3078	12Cr2Ni4A
		GB/T 3079	12Cr2Ni4A
16CrMo4	1.7242	GB/T 3077	20CrMo
		GB/T 3078	20CrMo
		GB/T 5216	20CrMoAH
		GB/T 5216	20CrMoH
		GB/T 5954	ML20CrMoA
		GB/T 8162	20CrMo
		GB/T 13796	20CrMo
		YB/T 5132	20CrMo
16CrMo4-4	1.7337	GB/T 713	15CrMog
		GB/T 713	15CrMoR
		GB/T 3077	15CrMo
		GB/T 3078	15CrMo
		GB/T 5216	15CrMoAH
		GB/T 5216	15CrMoH
		GB 5310	15CrMoG
		GB 6479	15CrMo
		GB 6654	15CrMoB
		GB/T 8162	15CrMo
		GB/T 9948	15CrMo
		YB/T 5132	15CrMo
16MnCr5	1.7131	GB/T 3077	15CrMn
		GB/T 3077	20CrMn
		GB/T 5216	20CrMnAH
		GB/T 5216	20CrMnH
		GB/T 8162	20CrMn
16Mo3	1.5415	GB 5310	15MoG
17Cr3	1.7016	GB/T 3077	15Cr
		GB/T 3078	15CrA
		GB/T 3079	15CrA
		GB/T 5216	15CrH
		GB/T 6478	ML15Cr
		GB/T 11251	15Cr
		YB/T 5132	15Cr
17MnB4	1.5520	GB/T 6478	ML15MnB
18NiCrMo14-6	1.3533	GB/T 3203	G20Cr2Ni4

5 EN-Werkstoffbezeichnungen

Auflistung in alphanumerischer Reihenfolge

EN steel names

Listed in alphanumerical order

EN-Werkstoff-Kurzname (neu) EN steel name (new)	Werk-stoff-Nr. Material number	CN-Norm CN standard	Stahlsorte (CN) Steel grade (CN)
20CrMo5	1.7264	GB/T 3077	20CrMnMo
		GB/T 3078	20CrMnMo
		GB/T 5216	20CrMnMoAH
		GB/T 5216	20CrMnMoH
		GB/T 13796	20CrMnMo
20Mn5	1.1133	GB/T 713	19Mng
		GB 5310	20MnG
20Mn6	1.1169	GB/T 3077	20Mn2
		GB/T 3078	20Mn2
20MnB4	1.5525	GB/T 6478	ML20MnB
20MnB5	1.5530	GB/T 3077	20Mn2B
20MnCr5	1.7147	GB/T 3077	20CrMn
		GB/T 5216	20CrMnAH
		GB/T 5216	20CrMnH
		GB/T 8162	20CrMn
20MnV6	1.5217	GB/T 3077	20 MnV
		GB/T 3077	20MnV
		GB/T 3078	20 MnV
		GB/T 8162	27SiMn
20MoCr4	1.7321	GB/T 3203	G20CrMo
20NiCrMo2	1.6522	GB/T 3077	20CrNiMo
		GB/T 3203	G20CrNiMo
		GB/T 5216	20CrNiMoH
20NiCrMo2-2	1.6523	GB/T 3077	20CrNiMo
		GB/T 3203	G20CrNiMo
		GB/T 5216	20CrNiMoAH
		GB/T 5216	20CrNiMoH
20NiCrMo7	1.3576	GB/T 3203	G20CrNi2Mo
20NiCrMoS2-2	1.6526	GB/T 3077	20CrNiMo
		GB/T 3203	G20CrNiMo
		GB/T 5216	20CrNiMoAH
		GB/T 5216	20CrNiMoH
22CrMo4-4	1.7350	GB/T 5216	22CrMoAH
		GB/T 5216	22CrMoH
22CrV3	1.7511	GB/T 3077	20CrV
		GB/T 3078	20CrV
22Mn6	1.1160	GB/T 3077	20Mn2
		GB/T 3078	20Mn2

5 EN-Werkstoffbezeichnungen

Auflistung in alphanumerischer Reihenfolge

EN steel names

Listed in alphanumerical order

EN-Werkstoff-Kurzname (neu) EN steel name (new)	Werkstoff-Nr. Material number	CN-Norm CN standard	Stahlsorte (CN) Steel grade (CN)
22MnB5	1.5528	GB/T 6478	ML20B
		GB/T 6478	ML20MnB
22Mo4	1.5429	GB 5310	20MoG
24CrMoV5-5	1.7733	GB/T 3077	25Cr2MoVA
25CrMo4	1.7218	GB/T 3077	30CrMo
		GB/T 3078	30CrMo
		GB/T 6478	ML30CrMo
		GB/T 18248	30CrMo
		YB/T 5132	30CrMo
25Mn4	1.1177	GB/T 6478	ML25Mn
25NiCrMo12	1.2768	GB/T 1301	ZK23CrNi3Mo
28B2	1.5510	GB/T 6478	ML28B
28Cr4	1.7030	GB/T 3077	30Cr
		GB/T 3078	30Cr
		GB/T 8162	30Cr
		GB/T 11251	30Cr
		YB/T 5132	30Cr
28Mn6	1.1170	GB/T 3077	30Mn2
30CrMo4	1.7216	GB/T 3077	30CrMo
		GB/T 3078	30CrMo
		GB/T 5954	ML30CrMoA
		GB/T 6478	ML30CrMo
		GB/T 18248	30CrMo
		YB/T 5132	30CrMo
30Mn4	1.1146	GB/T 699	30Mn
		GB/T 3078	30Mn
		GB/T 6478	ML30Mn
30MnCrTi4	1.8401	GB/T 3077	30CrMnTi
		GB/T 3079	30CrMnMoTiA
		GB/T 3079	30CrMnMoTiE
		GB/T 8162	30CrMnTi
		YB/T 5132	30CrMnTi
30NiCrMo9-5	1.6739	GB/T 3079	30CrNi2MoVA
		GB/T 3079	30CrNi2MoVE
30WCrV17-2	1.2567	GB/T 1222	30W4Cr2VA
32CrMoV12-28	1.2365	GB/T 1299	4Cr3Mo3SiV
34Cr4	1.7033	GB/T 3077	35Cr
		GB/T 3078	35Cr
		GB/T 8162	35Cr

5 EN-Werkstoffbezeichnungen

Auflistung in alphanumerischer Reihenfolge

EN steel names

Listed in alphanumerical order

EN-Werkstoff-Kurzname (neu) EN steel name (new)	Werk-stoff-Nr. Material number	CN-Norm CN standard	Stahlsorte (CN) Steel grade (CN)
34Cr4	1.7033	GB/T 11251	35Cr
		YB/T 5132	35Cr
34CrMo4	1.7220	GB/T 3077	35CrMo
		GB/T 3078	35CrMo
		GB/T 5954	ML35CrMoA
		GB/T 6478	ML35CrMo
		GB/T 8162	35CrMo
		GB/T 18248	35CrMo
		JB/T 6402	ZG35Cr1Mo
		YB/T 5132	35CrMo
35B2	1.5511	GB/T 6478	ML35B
		YB/T 5132	35B
35CrMo4	1.2330	GB/T 3077	35CrMo
		GB/T 3078	35CrMo
		GB/T 6478	ML35CrMo
		GB/T 8162	35CrMo
		YB/T 5132	35CrMo
35CrMo7	1.2302	GB/T 1299	3Cr2Mo
		YB/T 094	SM3Cr2Mo
		YB/T 107	SM3Cr2Mo
35S20	1.0726	GB/T 8731	Y35
36CrNiMo4	1.6511	GB/T 3078	40CrNiMoA
36Mn7	1.5069	GB/T 3077	35Mn2
		GB/T 3078	35Mn2
37Cr4	1.7034	GB/T 3077	35Cr
		GB/T 3078	35Cr
		GB/T 5954	ML38CrA
		GB/T 6478	ML37Cr
		GB/T 8162	35Cr
		GB/T 11251	35Cr
		YB/T 5132	35Cr
		YB/T 5132	38CrA
37MnB5	1.5538	GB/T 6478	ML35MnB
37MnSi5	1.5122	GB/T 3077	35SiMn
		GB/T 3078	35SiMn
		JB/T 6402	ZG 35Mn
		JB/T 6402	ZG35Mn
38Mn6	1.1127	GB/T 3077	40Mn2
		GB/T 3078	40Mn2

5 EN-Werkstoffbezeichnungen

Auflistung in alphanumerischer Reihenfolge

EN steel names

Listed in alphanumerical order

EN-Werkstoff-Kurzname (neu) EN steel name (new)	Werk-stoff-Nr. Material number	CN-Norm CN standard	Stahlsorte (CN) Steel grade (CN)
38Mn6	1.1127	GB/T 8162	40Mn2
		YB/T 5052	40Mn2
38MnB5	1.5532	GB/T 3077	40MnB
		GB/T 3078	40MnB
		GB/T 5216	40MnBAH
		GB/T 5216	40MnBH
		GB/T 8162	40MnB
		GB/T 13795	40MnB
38SMn28	1.0760	GB/T 8731	Y40Mn
40Mn4	1.1157	GB/T 699	40Mn
		GB/T 3078	40Mn
		GB/T 6478	ML40Mn
		GB/T 13795	40Mn
40MnB4	1.5527	GB/T 3077	40B
		GB/T 3078	40B
		GB/T 11251	40B
		YB/T 5132	40B
40NiCr6	1.5711	GB/T 3077	40CrNi
		GB/T 3078	40CrNi
		YB/T 5132	40CrNi
41Cr4	1.7035	GB/T 3077	40Cr
		GB/T 3077	45Cr
		GB/T 3078	40Cr
		GB/T 3078	45Cr
		GB/T 3079	40CrA
		GB/T 5216	40CrAH
		GB/T 5216	40CrH
		GB/T 5216	45CrAH
		GB/T 5216	45CrH
		GB/T 6478	ML40Cr
		GB/T 8162	40Cr
		GB/T 8162	45Cr
		GB/T 11251	40Cr
		YB/T 5132	40Cr
41CrAlMo7-10	1.8509	GB/T 3077	38CrMoAl
		GB/T 3078	38CrMoAl
		GB/T 3078	38CrMoAlA
		GB/T 3079	38CrMoAlA
		GB/T 8162	38CrMoAl

5 EN-Werkstoffbezeichnungen

Auflistung in alphanumerischer Reihenfolge

EN steel names

Listed in alphanumerical order

EN-Werkstoff-Kurzname (neu) EN steel name (new)	Werkstoff-Nr. Material number	CN-Norm CN standard	Stahlsorte (CN) Steel grade (CN)
42CrMo4	1.7225	GB/T 3077	42CrMo
		GB/T 3078	42CrMo
		GB/T 5216	42CrMoAH
		GB/T 5216	42CrMoH
		GB/T 5954	ML42CrMoA
		GB/T 6478	ML42CrMo
		GB/T 8162	42CrMo
		JB/T 6402	ZG42Cr1Mo
42MnV7	1.5223	GB/T 3077	40Mn2
		GB/T 3078	40Mn2
		GB/T 8162	40Mn2
		YB/T 5052	40Mn2
45B2	1.5513	GB/T 3077	45B
		GB/T 3078	45B
		GB/T 11251	45B
		YB/T 5132	45B
45WCrV7	1.2542	GB/T 1299	5CrW2Si
46Mn7	1.0912	GB/T 3077	45Mn2
		GB/T 3078	45Mn2
		GB/T 8162	45Mn2
		GB/T 11251	45Mn2
		YB/T 5132	45Mn2A
46S20	1.0727	GB/T 8731	Y45
49CrV3-2	1.8158	GB/T 3077	50CrVA
		GB/T 3079	50CrVA
50CrMo4	1.7228	JB/T 6402	ZG50Cr1Mo
50Mn7	1.0913	GB/T 3077	50Mn2
		GB/T 3078	50Mn2
		GB/T 3078	50Mn2
51CrV4	1.8159	GB/T 1222	50CrVA
		GB/T 3077	50CrVA
		GB/T 3079	50CrVA
		GB/T 5218	50CrVA
		GB/T 8162	50CrVA
		GB/T 19530	50CrVA
		YB/T 5058	50CrVA
		YB/T 5136	50CrVA
52Mn5	1.1226	GB/T 3077	50Mn2
		GB/T 3078	50Mn2

5 EN-Werkstoffbezeichnungen

Auflistung in alphanumerischer Reihenfolge

EN steel names

Listed in alphanumerical order

EN-Werkstoff-Kurzname (neu) EN steel name (new)	Werk-stoff-Nr. Material number	CN-Norm CN standard	Stahlsorte (CN) Steel grade (CN)
52Mn5	1.1226	GB/T 8162	45Mn2
		YB/T 5132	45Mn2A
52MnCrB3	1.7138	GB/T 1222	60CrMnBA
55Cr3	1.7176	GB/T 1222	55CrMnA
		GB/T 1222	60CrMnA
55SiCr6-3	1.7104	GB/T 1222	55SiCrA
		GB/T 1222	60Si2CrA
		GB/T 19530	55SiCrA
		GB/T 19530	60Si2CrA
56Mn4	1.1233	GB/T 699	65Mn
		GB/T 1222	65Mn
		GB/T 3078	65Mn
		GB/T 4358	65Mn
		GB/T 4360	65Mn
		GB/T 19530	65Mn
		JB/T 6402	ZG 65Mn
		JB/T 6402	ZG65Mn
		YB/T 5058	65Mn
		YB 5063	65Mn
		YB/T 5101	65Mn
		YB/T 5103	65Mn
56Si7	1.5026	GB/T 1222	55Si2Mn
60CrMo3-3	1.7241	GB/T 1222	60CrMnMoA
60Si7	1.5027	GB/T 1222	60Si2Mn
		GB/T 1222	60Si2MnA
		GB/T 5218	60Si2MnA
		GB/T 19530	60Si2MnA
		YB/T 5058	60Si2Mn
		YB/T 5058	60Si2MnA
		YB 5063	60Si2MnA
60SiCr7	1.7108	GB/T 1222	60Si2CrA
60WCrV8	1.2550	GB/T 1299	6CrW2Si
65MnCrMo4	1.2309	GB/T 1299	5CrMnMo
90Cr3	1.2056	GB/T 1299	9Cr2
90CrSi5	1.2108	GB/T 1299	9SiCr
		YB/T 095	9SiCr
90MnCrV8	1.2842	GB/T 1299	9Mn2V
100Cr6	1.3505	GB/T 3203	GCr15
		GB/T 18254	GCr15

5 EN-Werkstoffbezeichnungen

Auflistung in alphanumerischer Reihenfolge

EN steel names

Listed in alphanumerical order

EN-Werkstoff-Kurzname (neu) EN steel name (new)	Werkstoff-Nr. Material number	CN-Norm CN standard	Stahlsorte (CN) Steel grade (CN)
100CrMnSi4-4	1.3518	GB/T 3203	GCr9SiMn
100CrMnSi6-4	1.3520	GB/T 3203	GCr15SiMn
		GB/T 3203	GCr9SiMn
		GB/T 18254	GCr15SiMn
100CrMo5	1.2303	GB/T 1301	ZK95CrMo
100CrMo7	1.3537	GB/T 18254	GCr18Mo
100MnCrW4	1.2510	GB/T 1299	9CrWMn
		YB/T 095	9CrWMn
102Cr6	1.2067	GB/T 1299	Cr2
140Cr2	1.2008	GB/T 1299	Cr06
		YB/T 5058	Cr06

6 DIN-Werkstoffbezeichnungen

Auflistung in alphanumerischer Reihenfolge

DIN steel names

Listed in alphanumerical order

Werkstoff-Kurzname (alt) Steel name (old)	Werkstoff-Nr. Material number	CN-Norm CN standard	Stahlsorte (CN) Steel grade (CN)
BSt 420 S	1.0428	GB/T 1499	HRB 400
BSt 500 S	1.0438	GB/T 1499	HRB 500
C 10	1.0301	GB/T 699	10
		GB/T 710	10
		GB/T 3078	10
		GB/T 3094	10
		GB/T 3275	10
		GB/T 3639	10
		GB 6479	10
		GB/T 8162	10
		GB/T 8164	10
		GB/T 9948	10
		GB/T 13237	10
		GB/T 13795	10
		GB/T 13796	10
		GB/T 15675	DX1
		YB 4102	10
		YB/T 5059	10
C 15	1.0401	GB/T 699	15
		GB/T 710	15
		GB/T 3078	15
		GB/T 3275	15
		GB/T 3522	15
		GB/T 5953	ML15
		GB/T 8164	15
		GB/T 13237	15
		GB/T 13795	15
		GB/T 13796	15
C 22	1.0402	GB/T 699	20
		GB/T 710	20
		GB/T 3275	20
		GB/T 3522	20
		GB/T 8162	20
		GB/T 13237	20
		GB/T 13795	20
		GB/T 17396	20
		YB 4102	20
C 25	1.0406	GB/T 699	25
		GB/T 710	25

6 DIN-Werkstoffbezeichnungen

Auflistung in alphanumerischer Reihenfolge

DIN steel names

Listed in alphanumerical order

Werkstoff-Kurzname (alt) Steel name (old)	Werk-stoff-Nr. Material number	CN-Norm CN standard	Stahlsorte (CN) Steel grade (CN)
C 25	1.0406	GB/T 3078	25
		GB/T 3275	25
		GB/T 3522	25
		GB/T 5953	ML25
		GB/T 6478	ML25
		GB/T 13237	25
		GB/T 17107	25
C 30	1.0528	GB/T 699	30
		GB/T 710	30
		GB/T 3078	30
		GB/T 3275	30
		GB/T 3522	30
		GB/T 5953	ML30
		GB/T 6478	ML30
		GB/T 13237	30
		GB/T 17107	30
C 35	1.0501	GB/T 699	35
		GB/T 710	35
		GB/T 3078	35
		GB/T 3275	35
		GB/T 3522	35
		GB/T 8162	35
		GB/T 13237	35
		GB/T 17107	35
		GB/T 17396	35
C 40	1.0511	GB/T 699	40
		GB/T 710	40
		GB/T 3078	40
		GB/T 3275	40
		GB/T 3522	40
		GB/T 5953	ML40
		GB/T 6478	ML40
		GB/T 13237	40
		GB/T 17107	40
C 45	1.0503	GB/T 699	45
		GB/T 710	45
		GB/T 3078	45
		GB/T 3275	45
		GB/T 5216	45H

6 DIN-Werkstoffbezeichnungen

Auflistung in alphanumerischer Reihenfolge

DIN steel names

Listed in alphanumerical order

Werkstoff-Kurzname (alt) Steel name (old)	Werk-stoff-Nr. Material number	CN-Norm CN standard	Stahlsorte (CN) Steel grade (CN)
C 45	1.0503	GB/T 8162	45
		GB/T 13237	45
		GB/T 13795	45
		GB/T 17107	45
C 50	1.0540	GB/T 699	50
		GB/T 710	50
		GB/T 3078	50
		GB/T 3275	50
		GB/T 3522	50
		GB/T 13237	50
		GB/T 17107	50
C 55	1.0535	GB/T 699	55
		GB/T 3078	55
		GB/T 3522	55
		GB/T 4360	55
		GB/T 17107	55
		YB/T 5103	55
C 60	1.0601	GB/T 699	60
		GB/T 3078	60
		GB/T 3522	60
		YB/T 5101	60
		YB/T 5103	60
C 67	1.0603	GB/T 699	70
		GB/T 1222	70
		GB/T 3522	70
C 70 W1	1.1520	GB/T 1298	T7A
		YB/T 5058	T7A
		YB 5063	T7A
C 70 W2	1.1620	GB/T 1298	T7
		YB/T 5058	T7
C 75 W	1.1750	GB/T 1299	8MnSi
C 80 W1	1.1525	GB/T 1298	T8A
		YB/T 5058	T8A
		YB 5063	T8A
C 80 W2	1.1625	GB/T 1298	T8
		GB/T 1301	ZKT8
		YB/T 5058	T8
C 85 W	1.1830	GB/T 1298	T8Mn
		GB/T 4358	T8MnA

6 DIN-Werkstoffbezeichnungen

Auflistung in alphanumerischer Reihenfolge

DIN steel names

Listed in alphanumerical order

Werkstoff-Kurzname (alt) Steel name (old)	Werk-stoff-Nr. Material number	CN-Norm CN standard	Stahlsorte (CN) Steel grade (CN)
C 85 W	1.1830	YB/T 5058	T8Mn
		YB/T 5058	T8MnA
C 105 W1	1.1545	GB/T 1298	T10A
		YB/T 5058	T10A
		YB 5063	T10A
C 105 W2	1.1645	GB/T 1298	T10
		YB/T 5058	T10
C 125 W	1.1563	GB/T 1298	T12
		GB/T 1298	T13
		GB/T 1298	T13A
		YB/T 5058	T12
		YB/T 5058	T12A
		YB/T 5058	T13
		YB/T 5058	T13A
Ck 8	1.1008	GB/T 710	08Al
		GB/T 3275	08Al
		GB/T 8749	08Al
		GB/T 13237	08Al
		YB/T 5059	08Al
Ck10	1.1121	GB/T 699	10
		GB/T 710	10
		GB/T 3078	10
		GB/T 3094	10
		GB/T 3275	10
		GB/T 3639	10
		GB 6479	10
		GB/T 8162	10
		GB/T 8163	10
		GB/T 8164	10
		GB/T 8749	10
		GB/T 9948	10
		GB/T 13237	10
		GB/T 13795	10
		GB/T 13796	10
		YB/T 5059	10
Ck 15	1.1141	GB/T 699	15
		GB/T 710	15
		GB/T 3078	15
		GB/T 3275	15

6 DIN-Werkstoffbezeichnungen

Auflistung in alphanumerischer Reihenfolge

DIN steel names

Listed in alphanumerical order

Werkstoff-Kurzname (alt) Steel name (old)	Werk-stoff-Nr. Material number	CN-Norm CN standard	Stahlsorte (CN) Steel grade (CN)
Ck 15	1.1141	GB/T 3522	15
		GB/T 5676	ZG200-400
		GB/T 8164	15
		GB/T 8749	15
		GB/T 13237	15
		GB/T 13795	15
		GB/T 13796	15
Ck 22	1.1151	GB/T 699	20
		GB/T 710	20
		GB/T 3078	20
		GB/T 3094	20
		GB/T 3275	20
		GB/T 3522	20
		GB/T 3639	20
		GB 5310	20G
		GB 6479	20
		GB 6654	20R
		GB/T 8162	20
		GB/T 8163	20
		GB/T 8164	20
		GB/T 8749	20
		GB/T 9948	20
		GB/T 13237	20
		GB/T 13795	20
		GB/T 17396	20
		YB 4102	20
		YB/T 5209	20Z
Ck 25	1.1158	GB/T 699	25
		GB/T 710	25
		GB/T 3078	25
		GB/T 3275	25
		GB/T 3522	25
		GB/T 5953	ML25
		GB/T 6478	ML25
		GB/T 8749	25
		GB/T 13237	25
		GB/T 17107	25
		YB/T 5209	25Z

6 DIN-Werkstoffbezeichnungen

Auflistung in alphanumerischer Reihenfolge

DIN steel names

Listed in alphanumerical order

Werkstoff-Kurzname (alt) Steel name (old)	Werk-stoff-Nr. Material number	CN-Norm CN standard	Stahlsorte (CN) Steel grade (CN)
Ck 30	1.1178	GB/T 699	30
		GB/T 710	30
		GB/T 3078	30
		GB/T 3275	30
		GB/T 3522	30
		GB/T 5953	ML30
		GB/T 6478	ML30
		GB/T 8749	30
		GB/T 13237	30
Ck 35	1.1181	GB/T 699	35
		GB/T 710	35
		GB/T 3078	35
		GB/T 3094	35
		GB/T 3275	35
		GB/T 3522	35
		GB/T 3639	35
		GB/T 5676	ZG270-500
		GB/T 8162	35
		GB/T 8749	35
		GB/T 13237	35
		GB/T 17107	35
		GB/T 17396	35
Ck 40	1.1186	GB/T 699	40
		GB/T 710	40
		GB/T 3078	40
		GB/T 3275	40
		GB/T 3522	40
		GB/T 5953	ML40
		GB/T 6478	ML40
		GB/T 8749	40
		GB/T 13237	40
Ck 45	1.1191	GB/T 699	45
		GB/T 710	45
		GB/T 3078	45
		GB/T 3094	45
		GB/T 3275	45
		GB/T 3522	45
		GB/T 3639	45
		GB/T 5216	45AH

6 DIN-Werkstoffbezeichnungen

Auflistung in alphanumerischer Reihenfolge

DIN steel names

Listed in alphanumerical order

Werkstoff-Kurzname (alt) Steel name (old)	Werk-stoff-Nr. Material number	CN-Norm CN standard	Stahlsorte (CN) Steel grade (CN)
Ck 45	1.1191	GB/T 5216	45H
		GB/T 5676	ZG310-570
		GB/T 8162	45
		GB/T 8749	45
		GB/T 11352	ZG310-570
		GB/T 13237	45
		GB/T 13795	45
		GB/T 14408	ZGD345-570
		GB/T 17396	45
		YB/T 094	SM45
		YB/T 107	SM45
Ck 50	1.1206	GB/T 699	50
		GB/T 710	50
		GB/T 3078	50
		GB/T 3275	50
		GB/T 3522	50
		GB/T 13237	50
		YB/T 094	SM 50
		YB/T 107	SM 50
Ck 55	1.1203	GB/T 699	55
		GB/T 3078	55
		GB/T 3522	55
		GB/T 4360	55
		GB/T 5676	ZG340-640
		GB/T 11352	ZG340-640
		JB/T 5100	RZG340-640
		YB/T 094	SM55
		YB/T 107	SM55
		YB/T 5103	55
Ck 60	1.1221	GB/T 699	60
		GB/T 3078	60
		GB/T 3522	60
		GB/T 4360	60
		GB/T 13788	60
		YB/T 5101	60
		YB/T 5103	60
Ck 67	1.1231	GB/T 699	65
		GB/T 1222	65
		GB/T 3078	65

6 DIN-Werkstoffbezeichnungen

Auflistung in alphanumerischer Reihenfolge

DIN steel names

Listed in alphanumerical order

Werkstoff-Kurzname (alt) Steel name (old)	Werk-stoff-Nr. Material number	CN-Norm CN standard	Stahlsorte (CN) Steel grade (CN)
Ck 67	1.1231	GB/T 3522	65
		GB/T 4360	65
		YB/T 5101	65
		YB/T 5103	65
Ck 68	1.1234	GB/T 699	70
		GB/T 1222	70
		GB/T 3522	70
		GB/T 4358	70
		GB/T 4360	70
		GB/T 5223	70
		GB/T 13788	70
		YB/T 5101	70
		YB/T 5103	70
Ck 75	1.1248	GB/T 699	75
		GB/T 4360	75
		GB/T 5223	75
		YB/T 5101	75
		YB/T 5103	75
Ck 85	1.1269	GB/T 699	85
		GB/T 1222	85
		YB/T 5058	85
Ck 101	1.1274	YB 5063	T10A
Cm 15	1.1140	GB/T 699	15
		GB/T 710	15
		GB/T 3078	15
		GB/T 3275	15
		GB/T 3522	15
		GB/T 8164	15
		GB/T 13237	15
		GB/T 13795	15
		GB/T 13796	15
Cm 35	1.1180	GB/T 699	35
		GB/T 710	35
		GB/T 3078	35
		GB/T 3094	35
		GB/T 3275	35
		GB/T 3522	35
		GB/T 3639	35
		GB/T 8162	35

6 DIN-Werkstoffbezeichnungen

Auflistung in alphanumerischer Reihenfolge

DIN steel names

Listed in alphanumerical order

Werkstoff-Kurzname (alt) Steel name (old)	Werk-stoff-Nr. Material number	CN-Norm CN standard	Stahlsorte (CN) Steel grade (CN)
Cm 35	1.1180	GB/T 13237	35
		GB/T 17396	35
Cm 45	1.1201	GB/T 699	45
		GB/T 710	45
		GB/T 3078	45
		GB/T 3094	45
		GB/T 3275	45
		GB/T 3522	45
		GB/T 3639	45
		GB/T 5216	45AH
		GB/T 5216	45H
Cq 10	1.1122	GB/T 5953	ML10
Cq 15	1.1132	GB/T 5953	ML15
		GB/T 5953	ML18
		GB/T 6478	ML15
Cq 22	1.1152	GB/T 700	Q255B
		GB/T 713	20g
		GB/T 5953	ML20
		GB/T 6478	ML20
Cq 35	1.1172	GB/T 5953	ML35
		GB/T 6478	ML35
Cq 45	1.1192	GB/T 5953	ML45
		GB/T 6478	ML45
CrNi 25 20	1.4843	GB/T 1221	20Cr25Ni20
		GB/T 1221	2Cr25Ni20
		GB/T 4238	20Cr25Ni20
		GB/T 4238	2Cr25Ni20
		GB/T 13296	2Cr25Ni20
		GB/T 14976	0Cr25Ni20
		GB/T 20878	20Cr25Ni20
D 5-2	1.0288	GB/T 15675	DX3
D 6-2	1.0314	YB/T 5059	05F
D 8-2	1.0313	YB/T 170.2	C7D
D 9	1.0010	GB/T 701	Q195-C
D 10-2	1.0310	YB/T 170.2	C10D
D 15-2	1.0413	YB/T 170.2	C15D
D 20-2	1.0414	YB/T 170.2	C20D
D 25-2	1.0415	YB/T 170.2	C26D
D 30-2	1.0530	YB/T 170.2	C32D

6 DIN-Werkstoffbezeichnungen

Auflistung in alphanumerischer Reihenfolge

DIN steel names

Listed in alphanumerical order

Werkstoff-Kurzname (alt) Steel name (old)	Werkstoff-Nr. Material number	CN-Norm CN standard	Stahlsorte (CN) Steel grade (CN)
D 35-2	1.0516	YB/T 170.2	C38D
D 40-2	1.0541	YB/T 170.2	C42D
D 45-2	1.0517	YB/T 170.2	C48D
D 50-2	1.0586	YB/T 170.2	C50D
D 53-2	1.0588	YB/T 170.2	C52D
D 53-3	1.1202	YB/T 107	SM53
D 55-2	1.0518	YB/T 170.2	C56D
D 58-2	1.0609	YB/T 170.2	C58D
D 60-2	1.0610	YB/T 170.2	C60D
D 63-2	1.0611	YB/T 170.2	C62D
D 65-2	1.0612	YB/T 170.2	C66D
D 68-2	1.0613	YB/T 170.2	C68D
D 70-2	1.0615	YB/T 170.2	C70D
D 73-2	1.0617	YB/T 170.2	C72D
D 75-2	1.0614	YB/T 170.2	C76D
D 78-2	1.0620	YB/T 170.2	C78D
D 80-2	1.0622	GB/T 699 YB/T 170.2	80 C80D
D 80-3	1.1255	GB/T 699 YB/T 5101	80 80
D 83-2	1.0626	YB/T 170.2	C82D
D 83-3	1.1262	YB/T 5101	80
D 85-2	1.0616	YB/T 170.2	C86D
D 88-2	1.0628	YB/T 170.2	C88D
D 88-3	1.1272	GB/T 699 GB/T 1222 YB/T 5058	85 85 85
D 95-2	1.0618	YB/T 170.2	C92D
EStE 355	1.1106	GB 6654	16MnR
EStE 420	1.8913	GB/T 1591 GB/T 16270 YB/T 3301	Q420E Q420E Q420E
EStE 460	1.8918	GB/T 1591 GB/T 16270	Q460E Q460E
Federstahldraht FD	1.1230	GB/T 699 GB/T 1222 GB/T 3078 GB/T 3522	65 65 65 65

6 DIN-Werkstoffbezeichnungen

Auflistung in alphanumerischer Reihenfolge

DIN steel names

Listed in alphanumerical order

Werkstoff-Kurzname (alt) Steel name (old)	Werk-stoff-Nr. Material number	CN-Norm CN standard	Stahlsorte (CN) Steel grade (CN)
Federstahldraht FD	1.1230	YB/T 5101	65
		YB/T 5103	65
FStE 355 OS 1	1.0555	GB/T 712	F32
FStE 355 OS 4	1.1102	GB/T 6478	ML15Al
GL-A	1.0440	GB/T 712	A
		GB/T 9945	A
GL-A 32	1.0513	GB/T 712	A32
		GB/T 712	AH32
		GB/T 9945	A32
GL-A 36	1.0583	GB/T 712	A36
		GB/T 712	AH36
		GB/T 9945	A36
GL-A 40	1.0532	GB/T 712	A40
		GB/T 1591	Q345D
		GB/T 3524	Q345D
		GB/T 9945	A40
		YB/T 3301	Q345D
GL-B	1.0442	GB/T 712	B
		GB/T 9945	B
GL-D	1.0474	GB/T 712	D
		GB/T 9945	D
GL-D 32	1.0514	GB/T 712	D32
		GB/T 712	DH32
		GB/T 9945	D32
GL-D 36	1.0584	GB/T 712	D36
		GB/T 712	DH36
		GB/T 9945	D36
GL-D 40	1.0534	GB/T 712	D40
		GB/T 9945	D40
GL-E	1.0476	GB/T 712	E
		GB/T 9945	E
GL-E 32	1.0515	GB/T 712	E32
		GB/T 712	EH32
		GB/T 9945	E32
GL-E 36	1.0589	GB/T 712	E36
		GB/T 712	EH36
		GB/T 9945	E36
GL-E 40	1.0560	GB/T 712	E40
		GB/T 9945	E40

6 DIN-Werkstoffbezeichnungen

Auflistung in alphanumerischer Reihenfolge

DIN steel names

Listed in alphanumerical order

Werkstoff-Kurzname (alt) Steel name (old)	Werk-stoff-Nr. Material number	CN-Norm CN standard	Stahlsorte (CN) Steel grade (CN)
GS-17 CrMo 5 5	1.7357	GB/T 16253	ZG15Cr1MoG
GS-18 CrMo 9 10	1.7379	GB/T 16253	ZG12Cr2Mo1G
GS-20 Mn 5	1.1120	GB/T 699	10
		GB/T 710	10
		GB/T 3078	10
		GB/T 3094	10
		GB/T 3275	10
		GB/T 3639	10
		GB/T 5953	ML10
		GB 6479	10
		GB/T 8162	10
		GB/T 8163	10
		GB/T 8164	10
		GB/T 8749	10
		GB/T 9948	10
		GB/T 13237	10
		GB/T 13795	10
		GB/T 13796	10
		GB/T 16253	ZG280-520
		JB/T 6402	ZG20Mn
		YB 4102	10
		YB/T 5059	10
GS-21 Mn 5	1.1138	GB/T 16253	ZG240-450B
GS-22 CrMo 5 4	1.7354	JB/T 6402	ZG20CrMo
GS-22 Mo 4	1.5419	GB 5310	20MoG
		GB/T 16253	ZG19MoG
GS-24 Mn 4	1.1136	GB 5310	25MnG
GS-30 Mn 5	1.1165	GB/T 3077	30Mn2
		JB/T 6402	ZG30Mn
GS-34 CrMo 4	1.7230	JB/T 6402	ZG35Cr1Mo
GS-38	1.0420	GB/T 5676	ZG200-400
		GB/T 11352	ZG200-400
GS-40 Mn 5	1.1168	JB/T 6402	ZG40Mn
		JB/T 6402	ZG40Mn2
GS-42 CrMo 4	1.7231	JB/T 6402	ZG42Cr1Mo
GS-45	1.0446	GB/T 7659	ZG230-450H
		GB/T 11352	ZG230-450
		JB/T 5100	RZG 230-450

6 DIN-Werkstoffbezeichnungen

Auflistung in alphanumerischer Reihenfolge

DIN steel names

Listed in alphanumerical order

Werkstoff-Kurzname (alt) Steel name (old)	Werk-stoff-Nr. Material number	CN-Norm CN standard	Stahlsorte (CN) Steel grade (CN)
GS-52	1.0552	GB/T 7659	ZG275-485H
		GB/T 11352	ZG270-500
		GB/T 14408	ZGD290-510
		JB/T 5100	RZG270-500
GS-60	1.0558	GB/T 11352	ZG310-570
		GB/T 14408	ZGD410-620
		JB/T 5100	RZG310-570
GS-C 25	1.0619	GB/T 16253	ZG240-450B
GS-Ck 16	1.1142	GB/T 7659	ZG200-400H
		GB/T 11352	ZG200-400
		JB/T 5100	RZG200-400
GS-Ck 25	1.1155	GB/T 5676	ZG230-450
		GB/T 11352	ZG230-450
G-X 2 CrNiMoN 18 10	1.4404	GB/T 1220	00Cr17Ni14Mo2
		GB/T 1220	022Cr17Ni12Mo2
		GB/T 3089	022Cr17Ni12Mo2
		GB/T 3090	00Cr17Ni14Mo2
		GB/T 3280	00Cr17Ni14Mo2
		GB/T 3280	022Cr17Ni12Mo2
		GB/T 4237	00Cr17Ni14Mo2
		GB/T 4237	022Cr17Ni12Mo2
		GB/T 4239	00Cr17Ni14Mo2
		GB/T 4240	00Cr17Ni14Mo2(-Q)
		GB/T 4240	00Cr17Ni14Mo2(-R)
		GB/T 12770	00Cr17Ni14Mo2
		GB/T 12771	00Cr17Ni14Mo2
		GB/T 13296	00Cr17Ni14Mo2
		GB/T 14975	00Cr17Ni14Mo2
		GB/T 14976	00Cr17Ni14Mo2
		GB/T 20878	022Cr17Ni12Mo2
		GB/T 21074	022Cr17Ni12Mo2
G-X 2 CrNiN 18 9	1.4306	GB/T 1220	00Cr19Ni10
		GB/T 1220	022Cr19Ni10
		GB/T 2100	ZG00Cr18Ni10
		GB/T 2100	ZG03Cr18Ni10
		GB/T 3089	022Cr19Ni10
		GB/T 3090	00Cr19Ni10
		GB/T 3280	00Cr19Ni10
		GB/T 3280	022Cr19Ni10

6 DIN-Werkstoffbezeichnungen

Auflistung in alphanumerischer Reihenfolge

DIN steel names

Listed in alphanumerical order

Werkstoff-Kurzname (alt) Steel name (old)	Werk-stoff-Nr. Material number	CN-Norm CN standard	Stahlsorte (CN) Steel grade (CN)
G-X 2 CrNiN 18 9	1.4306	GB/T 4237	00Cr19Ni10
		GB/T 4237	022Cr19Ni10
		GB/T 4239	00Cr19Ni10
		GB/T 4240	00Cr19Ni11(-R)
		GB/T 12770	00Cr19Ni10
		GB/T 12771	00Cr19Ni10
		GB/T 13296	00Cr19Ni10
		GB/T 14975	00Cr19Ni10
		GB/T 14976	00Cr19Ni10
		GB/T 20878	022Cr19Ni10
		GB/T 21074	022Cr19Ni10
G-X 3 CrNiMoCuN 26 6 3 3	1.4517	GB/T 2100	ZG03Cr26Ni5Cu3Mo3N
G-X 3 CrNiMoN 17 13 5	1.4439	GB/T 3280	022Cr19Ni16Mo5N
		GB/T 4237	022Cr19Ni16Mo5N
		GB/T 20878	022Cr19Ni16Mo5N
G-X 3 CrNiMoN 26 6 3	1.4468	GB/T 2100	ZG03Cr26Ni5Mo3N
G-X 4 CrNiMo 13 4	1.4414	GB/T 6967	ZG06Cr13Ni4Mo
		JB/T 6405	ZG06Cr13Ni4Mo
G-X 5 CrNi 13 4	1.4313	GB/T 6967	ZG06Cr13Ni4Mo
G-X 5 CrNiMo 13 4	1.4407	GB/T 6967	ZG06Cr13Ni6Mo
G-X 5 CrNiMo 16 5	1.4405	GB/T 2100	ZG06Cr16Ni5Mo
		GB/T 6967	ZG06Cr16Ni5Mo
G-X 5 CrNiMoNb 18 10	1.4581	GB/T 2100	ZG08Cr19Ni11Mo2Nb
		GB/T 16253	ZG08Cr19Ni11Mo2Nb
G-X 5 CrNiNb 18 9	1.4552	GB/T 2100	ZG0Cr18Ni9Ti
G-X 6 CrNi 18 9	1.4308	GB/T 2100	ZG07Cr19Ni9
		GB/T 2100	ZG0Cr18Ni9
		GB/T 13296	00Cr19Ni10
		GB/T 16253	ZG07Cr20Ni10
		JB/T 6405	ZG08Cr19Ni9
G-X 6 CrNiMo 18 10	1.4408	GB/T 2100	ZG07Cr19Ni11Mo2
		GB/T 16253	ZG07Cr19Ni11Mo3
G-X 6 CrNiMo 18 12	1.4437	JB/T 6403	ZG08Cr18Ni12Mo2Ti
G-X 8 CrNi 13	1.4008	GB/T 2100	ZG10Cr12NiMo
G-X 10 CrNi 18 8	1.4312	GB/T 2100	ZG1Cr18Ni9
		JB/T 6405	ZG12Cr18Ni9Ti
G-X 20 Cr 14	1.4027	GB/T 2100	ZG20Cr13
		GB/T 6967	ZG20Cr13
		JB/T 6405	ZG20Cr13

6 DIN-Werkstoffbezeichnungen

Auflistung in alphanumerischer Reihenfolge

DIN steel names

Listed in alphanumerical order

Werkstoff-Kurzname (alt) Steel name (old)	Werk-stoff-Nr. Material number	CN-Norm CN standard	Stahlsorte (CN) Steel grade (CN)
G-X 25 CrNiSi 18 9	1.4825	GB/T 8492	ZG25Cr18Ni9Si2
G-X 25 CrNiSi 20 14	1.4832	GB/T 8492	ZG25Cr20Ni14Si2
G-X 30 CrNiSiNb 24 24	1.4855	GB/T 8492	ZG40Cr24Ni24Si2Nb
G-X 30 CrSi 6	1.4710	GB/T 8492	ZG30Cr7Si2
G-X 40 CrNiSi 22 9	1.4826	GB/T 8492	ZG40Cr22Ni10Si2
		JB/T 6403	ZG30Cr20Ni10
G-X 40 CrNiSi 25 12	1.4837	GB/T 8492	ZG40Cr25Ni12Si2
		JB/T 6403	ZG35Cr26Ni12
G-X 40 CrNiSi 25 20	1.4848	GB/T 8492	ZG40Cr25Ni20Si2
		JB/T 6403	ZG40Cr25Ni20
G-X 40 CrNiSi 27 4	1.4823	GB/T 8492	ZG40Cr27Ni4Si2
		JB/T 6403	ZG40Cr22Ni4N
G-X 40 CrSi 13	1.4729	GB/T 8492	ZG40Cr13Si2
G-X 40 CrSi 17	1.4740	GB/T 8492	ZG40Cr17Si2
		JB/T 6403	ZG30Cr18Mn12Si2N
G-X 40 CrSi 23	1.4745	GB/T 8492	ZG40Cr24Si2
G-X 40 CrSi 29	1.4776	GB/T 8492	ZG40Cr28Si2
G-X 40 NiCrSi 35 25	1.4857	GB/T 8492	ZG40Ni35Cr26Si2
		JB/T 6403	ZG45Ni35Cr26
G-X 40 NiCrSi 36 18	1.4865	GB/T 8492	ZG40Ni38Cr19Si2
G-X 40 NiCrSiNb 35 25	1.4852	GB/T 8492	ZG40Ni35Cr26Si2Nb1
G-X 40 NiCrSiNb 38 18	1.4849	GB/T 8492	ZG40Ni38Cr19Si2Nb1
G-X 120 Mn 12	1.3401	GB/T 5680	ZGMn13-1
		GB/T 5680	ZGMn13-2
		GB/T 5680	ZGMn13-3
		GB/T 5680	ZGMn13-4
		JB/T 6404	ZGMn13-1
		JB/T 6404	ZGMn13-2
		JB/T 6404	ZGMn13-3
		YB/T 036.4	ZGMn13-1
		YB/T 036.4	ZGMn13-2
		YB/T 036.4	ZGMN13-3
G-X 120 Mn 13	1.3802	GB/T 5680	ZGMn13-1
		GB/T 5680	ZGMn13-2
		GB/T 5680	ZGMn13-3
		GB/T 5680	ZGMn13-4
		JB/T 6404	ZGMn13-1
		JB/T 6404	ZGMn13-2

6 DIN-Werkstoffbezeichnungen

Auflistung in alphanumerischer Reihenfolge

DIN steel names

Listed in alphanumerical order

Werkstoff-Kurzname (alt) Steel name (old)	Werk-stoff-Nr. Material number	CN-Norm CN standard	Stahlsorte (CN) Steel grade (CN)
G-X 120 Mn 13	1.3802	JB/T 6404	ZGMn13-3
		JB/T 6404	ZGMn13-4
G-X 130 CrSi 29	1.4777	GB/T 8492	ZGCr29Si2
G-X 165 CrCoMo 12	1.2880	YB/T 094	SMCr12Mo1V1
H I	1.0345	GB/T 713	20g
		GB/T 713	Q245R
		GB 6654	20R
IF 18	1.0311	YB/T 170.2	C12D
KSt 37-2	1.0113	GB/T 701	Q235C
		GB/T 714	Q235q-C
		YB/T 3301	Q235C
QSt 32-3	1.0303	GB/T 6478	ML04Al
QSt 34-3	1.0213	GB/T 6478	ML08Al
QStE 550 N	1.0987	GB/T 13788	24MnTi
RSD 10 Si	1.0339	GB/T 699	08
		GB/T 699	10F
		GB/T 710	08
		GB/T 710	10F
		GB/T 3078	10F
		GB/T 3275	08
		GB/T 3275	10F
		GB/T 8164	08
		GB/T 8749	08
		GB/T 13237	08
		GB/T 13237	10F
		GB/T 13796	08
		YB/T 5059	08
RSt 34-2	1.0034	GB/T 700	Q215A
		GB/T 700	Q215B
		GB/T 701	Q215A
		GB/T 701	Q215A-Z
		GB/T 701	Q215B
		GB/T 701	Q215B-Z
		GB/T 3091	Q215A
		GB/T 3091	Q215B
		GB/T 3094	Q215B
		GB/T 3524	Q215A
		GB/T 3524	Q215B

6 DIN-Werkstoffbezeichnungen

Auflistung in alphanumerischer Reihenfolge

DIN steel names

Listed in alphanumerical order

Werkstoff-Kurzname (alt) Steel name (old)	Werk-stoff-Nr. Material number	CN-Norm CN standard	Stahlsorte (CN) Steel grade (CN)
RSt 34-2	1.0034	GB/T 8164	Q215B
		GB/T 13788	Q215
RSt 37-2	1.0038	GB/T 700	Q235A
		GB/T 700	Q235B
		GB/T 701	Q235A-b
		GB/T 701	Q235B-b
		GB/T 3091	Q235A
		GB/T 3091	Q235B
		GB/T 3094	Q235B
		GB/T 3524	Q235A
		GB/T 3524	Q235B
		GB/T 8164	Q235B
		YB/T 3301	Q235A
		YB/T 3301	Q235B
S 2-9-2	1.3348	GB/T 9943	W2Mo9Cr4V2
S 2-10-1-8	1.3247	GB/T 9943	W2Mo9Cr4VCo8
S 3-3-2	1.3333	GB/T 9943	W3Mo3Cr4V2
S 6-5-2	1.3343	GB/T 3080	W6Mo5Cr4V2
		GB/T 9943	W6Mo5Cr4V2
		YB/T 084	W6Mo5Cr4V2
S 6-5-2-5	1.3243	GB/T 9943	W6Mo5Cr4V2Co5
S 6-5-3	1.3344	GB/T 9943	W6Mo5Cr4V3
S 7-4-2-5	1.3246	GB/T 9943	W7Mo4Cr4V2Co5
S 10-4-3-10	1.3207	GB/T 9943	W10Mo4Cr4V3Co10
S 12-1-4-5	1.3202	GB/T 9943	W12Cr4V5Co5
S 18-1-2-10	1.3265	GB/T 9943	W18Cr4V2Co8
S 18-1-2-5	1.3255	GB/T 9943	W18Cr4VCo5
S205G2T	1.0034	GB/T 700	Q215A
		GB/T 700	Q215B
		GB/T 701	Q215A
		GB/T 701	Q215A-Z
		GB/T 701	Q215B
		GB/T 701	Q215B-Z
		GB/T 3091	Q215A
		GB/T 3091	Q215B
		GB/T 3094	Q215B
		GB/T 3524	Q215A
		GB/T 3524	Q215B

6 DIN-Werkstoffbezeichnungen

Auflistung in alphanumerischer Reihenfolge

DIN steel names

Listed in alphanumerical order

Werkstoff-Kurzname (alt) Steel name (old)	Werk-stoff-Nr. Material number	CN-Norm CN standard	Stahlsorte (CN) Steel grade (CN)
S205G2T	1.0034	GB/T 8164	Q215B
		GB/T 13788	Q215
S235J2G4	1.0117	GB/T 700	Q235D
S275J2G4	1.0145	GB/T 700	Q275D
S355J2G2W	1.8965	GB/T 4171	Q355NH
S355K2G2W	1.8967	GB/T 4171	Q355NH
St 33	1.0035	GB/T 700	Q195
		GB/T 701	Q195
		GB/T 701	Q195-b
		GB/T 701	Q195-F
		GB/T 701	Q195-Z
		GB/T 3091	Q195
		GB/T 3524	Q195
		GB/T 8164	Q195
St 37-2	1.0037	GB/T 700	Q235A
		GB/T 701	Q235A
		GB/T 3091	Q235A
		GB/T 3524	Q235A
		GB/T 8164	Q235A
		GB/T 13013	Q235
		GB/T 13788	Q235
		YB/T 3301	Q235A
St 37-3N	1.0116	GB/T 700	Q235A
		GB/T 700	Q235B
		GB/T 701	Q235A
		GB/T 701	Q235A-Z
		GB/T 701	Q235B
		GB/T 701	Q235B-Z
		GB/T 13788	Q235
St 37-3U	1.0114	GB/T 700	Q235C
St 44-2	1.0044	GB/T 700	Q255A
		GB/T 700	Q275B
		GB/T 3524	Q255A
St 44-3N	1.0144	GB/T 700	Q275B
		GB/T 700	Q275D
St 44-3U	1.0143	GB/T 700	Q275C
St 50-2	1.0050	GB/T 700	Q275
		GB/T 700	Q275A

6 DIN-Werkstoffbezeichnungen

Auflistung in alphanumerischer Reihenfolge

DIN steel names

Listed in alphanumerical order

Werkstoff-Kurzname (alt) Steel name (old)	Werk-stoff-Nr. Material number	CN-Norm CN standard	Stahlsorte (CN) Steel grade (CN)
St 50-2	1.0050	GB/T 700	Q275B
		GB/T 3524	Q275
St 52-3	1.0570	GB/T 713	16Mng
		GB 03531	16MnDR
		GB 6479	16Mn
		GB 6654	16MnR
		GB/T 8162	16Mn
		GB/T 8163	16Mn
		GB/T 8164	16Mn
St 52-3 Cu 3	1.0585	GB/T 714	Q345q-C
		GB/T 1591	Q345C
		GB/T 3524	Q345C
		GB/T 8162	Q345
		YB/T 3301	Q345C
St 60-2	1.0060	GB/T 699	45
		GB/T 1499	HRB 335
StE280-2Z	1.0244	GB/T 699	15F
		GB/T 710	15F
		GB/T 3078	15F
		GB/T 3275	15F
		GB/T 13237	15F
StE 360.7 TM	1.0578	GB/T 712	F36
		GB/T 712	F40
StE 380	1.8900	GB/T 1591	Q390C
StE 460	1.8901	GB/T 1591	Q460D
StE 460	1.8905	GB/T 1591	Q460C
		GB 6654	15MnVNR
		GB 6654	18MnMoNbR
		GB/T 16270	Q460C
StE 500	1.8907	GB/T 1591	Q500C
		GB/T 1591	Q500D
		GB/T 16270	Q500D
StE420	1.8902	GB/T 1591	Q420C
		GB/T 1591	Q420D
		GB/T 16270	Q420C
		YB/T 3301	Q420C
StSch 800	1.0524	GB/T 699	50Mn
		GB/T 3078	50Mn
		YB/T 5052	50Mn

6 DIN-Werkstoffbezeichnungen

Auflistung in alphanumerischer Reihenfolge

DIN steel names

Listed in alphanumerical order

Werkstoff-Kurzname (alt) Steel name (old)	Werkstoff-Nr. Material number	CN-Norm CN standard	Stahlsorte (CN) Steel grade (CN)
TStE 355	1.0546	GB/T 714	Q345q-D
TStE 355	1.0566	GB/T 714	Q420q-D
TStE 380	1.8910	GB/T 1591	Q390D
TStE 420	1.8912	GB/T 1591	Q420D
		GB/T 1591	Q420E
		GB/T 16270	Q420D
		YB/T 3301	Q420D
TStE 460	1.8915	GB 6654	15MnVNR
		GB 6654	18MnMoNbR
TStE 500 V	1.8909	GB/T 1591	Q500E
		GB/T 16270	Q500E
TStE 550 V	1.8926	GB/T 1591	Q550E
		GB/T 16270	Q550E
TStE 620 V	1.8927	GB/T 1591	Q620E
		GB/T 16270	Q620E
TStE 690 V	1.8928	GB/T 1591	Q690E
		GB/T 16270	Q690E
Ust 4	1.0336	GB/T 699	08F
USt 14	1.0336	GB/T 710	08F
		GB/T 3275	08F
		GB/T 13237	08F
		YB/T 5059	08F
USt 34-2	1.0028	GB/T 700	Q215A
		GB/T 700	Q215B
		GB/T 700	Q235A
		GB/T 700	Q235B
		GB/T 701	Q215A
		GB/T 701	Q215A-F
		GB/T 701	Q215B
		GB/T 701	Q215B-F
		GB/T 701	Q235A
		GB/T 701	Q235A-F
		GB/T 701	Q235B
		GB/T 701	Q235B-F
		GB/T 3091	Q215A
		GB/T 3091	Q215B
		GB/T 3091	Q235B
		GB/T 3094	Q215B
		GB/T 3094	Q235B

6 DIN-Werkstoffbezeichnungen

Auflistung in alphanumerischer Reihenfolge

DIN steel names

Listed in alphanumerical order

Werkstoff-Kurzname (alt) Steel name (old)	Werkstoff-Nr. Material number	CN-Norm CN standard	Stahlsorte (CN) Steel grade (CN)
USt 34-2	1.0028	GB/T 3524	Q215A
		GB/T 3524	Q215B
		GB/T 3524	Q235B
		GB/T 8164	Q215A
		GB/T 8164	Q235B
		GB/T 13013	Q235
		GB/T 13788	Q215
		GB/T 13788	Q235
		YB/T 3301	Q235B
USt 37-2	1.0036	GB/T 700	Q235A
		GB/T 700	Q235B
		GB/T 701	Q235A
		GB/T 701	Q235A-F
		GB/T 701	Q235B
		GB/T 701	Q235B-F
		GB/T 3091	Q235A
		GB/T 3091	Q235B
		GB/T 3094	Q235B
		GB/T 3524	Q235A
		GB/T 3524	Q235B
		GB/T 8164	Q235A
		GB/T 13013	Q235
		GB/T 13788	Q235
		YB/T 3301	Q235A
		YB/T 3301	Q235B
WStE 315	1.0506	GB/T 8164	14MnNb
WStE 380	1.8930	GB/T 1591	Q390B
WStE 460	1.8935	GB/T 1591	Q460D
		GB/T 1591	Q460E
		GB/T 16270	Q460D
WStE 500	1.8917	GB/T 1591	Q500D
WTSt 37-3	1.8961	GB/T 4171	Q235NH
WTSt 52-3	1.8963	GB/T 4172	15MnCuCr
		GB/T 4172	Q355NH
X 1 CrMo 26 1	1.4131	GB/T 1220	008Cr27Mo
		GB/T 1220	00Cr27Mo
		GB/T 3280	008Cr27Mo
		GB/T 3280	00Cr27Mo
		GB/T 4237	008Cr27Mo

6 DIN-Werkstoffbezeichnungen

Auflistung in alphanumerischer Reihenfolge

DIN steel names

Listed in alphanumerical order

Werkstoff-Kurzname (alt) Steel name (old)	Werk-stoff-Nr. Material number	CN-Norm CN standard	Stahlsorte (CN) Steel grade (CN)
X 1 CrMo 26 1	1.4131	GB/T 4237	00Cr27Mo
		GB/T 4239	00Cr27Mo
		GB/T 13296	00Cr27Mo
		GB/T 20878	008Cr27Mo
X 1 CrNi 25 21	1.4335	GB/T 1220	06Cr25Ni20
		GB/T 1221	06Cr25Ni20
		GB/T 3280	06Cr25Ni20
		GB/T 4237	06Cr25Ni20
		GB/T 4238	06Cr25Ni20
		GB/T 4239	0Cr25Ni20
		GB/T 4240	0Cr25Ni20(-R)
		GB/T 12770	0Cr25Ni20
		GB/T 12771	0Cr25Ni20
		GB/T 13296	0Cr25Ni20
X 1 CrNiSi 18 15	1.4361	GB/T 1220	06Cr18Ni13Si4
		GB/T 1220	0Cr18Ni13Si4
		GB/T 1221	06Cr18Ni13Si4
		GB/T 1221	0Cr18Ni13Si4
		GB/T 3280	0Cr18Ni13Si4
		GB/T 4237	0Cr18Ni13Si4
		GB/T 4238	0Cr18Ni13Si4
		GB/T 4239	0Cr18Ni13Si4
		GB/T 13296	0Cr18Ni13Si4
		GB/T 20878	06Cr18Ni13Si4
X 1 CrTi 15	1.4520	GB/T 3280	022Cr17Ti
		GB/T 4237	022Cr17Ti
		GB/T 20878	022Cr18Ti
X 2 Cr 11	1.4003	GB/T 1220	00Cr12
		GB/T 1220	022Cr12
		GB/T 1221	00Cr12
		GB/T 1221	022Cr12
		GB/T 3280	00Cr12
		GB/T 3280	022Cr12
		GB/T 3280	022Cr12Ni
		GB/T 4237	00Cr12
		GB/T 4237	022Cr12
		GB/T 4237	022Cr12Ni
		GB/T 4238	00Cr12
		GB/T 4239	00Cr12

6 DIN-Werkstoffbezeichnungen

Auflistung in alphanumerischer Reihenfolge

DIN steel names

Listed in alphanumerical order

Werkstoff-Kurzname (alt) Steel name (old)	Werk-stoff-Nr. Material number	CN-Norm CN standard	Stahlsorte (CN) Steel grade (CN)
X 2 Cr 11	1.4003	GB/T 20878	022Cr12
		GB/T 20878	022Cr12Ni
X 2 CrMoNb 18 2	1.4522	GB/T 3280	019Cr19Mo2NbTi
		GB/T 4237	019Cr19Mo2NbTi
		GB/T 20878	019Cr19Mo2NbTi
X 2 CrMoTi 18 2	1.4521	GB/T 3280	019Cr19Mo2NbTi
		GB/T 4237	019Cr19Mo2NbTi
		GB/T 20878	019Cr19Mo2NbTi
X 2 CrNi 19 11	1.4306	GB/T 1220	00Cr19Ni10
		GB/T 1220	022Cr19Ni10
		GB/T 2100	ZG00Cr18Ni10
		GB/T 2100	ZG03Cr18Ni10
		GB/T 3089	022Cr19Ni10
		GB/T 3090	00Cr19Ni10
		GB/T 3280	00Cr19Ni10
		GB/T 3280	022Cr19Ni10
		GB/T 4237	00Cr19Ni10
		GB/T 4237	022Cr19Ni10
		GB/T 4239	00Cr19Ni10
		GB/T 4240	00Cr19Ni11(-R)
		GB/T 12770	00Cr19Ni10
		GB/T 12771	00Cr19Ni10
		GB/T 13296	00Cr19Ni10
		GB/T 14975	00Cr19Ni10
		GB/T 14976	00Cr19Ni10
		GB/T 20878	022Cr19Ni10
		GB/T 21074	022Cr19Ni10
X 2 CrNiMo 17 13 2	1.4404	GB/T 1220	00Cr17Ni14Mo2
		GB/T 1220	022Cr17Ni12Mo2
		GB/T 3089	022Cr17Ni12Mo2
		GB/T 3090	00Cr17Ni14Mo2
		GB/T 3280	00Cr17Ni14Mo2
		GB/T 3280	022Cr17Ni12Mo2
		GB/T 4237	00Cr17Ni14Mo2
		GB/T 4237	022Cr17Ni12Mo2
		GB/T 4239	00Cr17Ni14Mo2
		GB/T 4240	00Cr17Ni14Mo2(-Q)
		GB/T 4240	00Cr17Ni14Mo2(-R)
		GB/T 12770	00Cr17Ni14Mo2

6 DIN-Werkstoffbezeichnungen

Auflistung in alphanumerischer Reihenfolge

DIN steel names

Listed in alphanumerical order

Werkstoff-Kurzname (alt) Steel name (old)	Werk-stoff-Nr. Material number	CN-Norm CN standard	Stahlsorte (CN) Steel grade (CN)
X 2 CrNiMo 17 13 2	1.4404	GB/T 12771	00Cr17Ni14Mo2
		GB/T 13296	00Cr17Ni14Mo2
		GB/T 14975	00Cr17Ni14Mo2
		GB/T 14976	00Cr17Ni14Mo2
		GB/T 20878	022Cr17Ni12Mo2
		GB/T 21074	022Cr17Ni12Mo2
X 2 CrNiMo 18 14 3	1.4435	GB/T 1220	00Cr17Ni14Mo2
		GB/T 1220	022Cr17Ni12Mo2
		GB/T 3089	022Cr17Ni12Mo2
		GB/T 3090	00Cr17Ni14Mo2
		GB/T 3280	00Cr17Ni14Mo2
		GB/T 3280	022Cr17Ni12Mo2
		GB/T 4237	00Cr17Ni14Mo2
		GB/T 4237	022Cr17Ni12Mo2
		GB/T 4239	00Cr17Ni14Mo2
		GB/T 4240	00Cr17Ni14Mo2(-Q)
		GB/T 4240	00Cr17Ni14Mo2(-R)
		GB/T 12770	00Cr17Ni14Mo2
		GB/T 12771	00Cr17Ni14Mo2
		GB/T 13296	00Cr17Ni14Mo2
		GB/T 14975	00Cr17Ni14Mo2
		GB/T 14976	00Cr17Ni14Mo2
		GB/T 20878	022Cr17Ni12Mo2
		GB/T 21074	022Cr17Ni12Mo2
X 2 CrNiMo 18 16 4	1.4438	GB/T 1220	00Cr19Ni13Mo3
		GB/T 1220	022Cr19Ni13Mo3
		GB/T 1220	03Cr18Ni16Mo5
		GB/T 1220	0Cr18Ni16Mo5
		GB/T 3280	00Cr19Ni13Mo3
		GB/T 3280	022Cr19Ni13Mo3
		GB/T 3280	0Cr18Ni16Mo5
		GB/T 4237	00Cr19Ni13Mo3
		GB/T 4237	022Cr19Ni13Mo3
		GB/T 4237	0Cr18Ni16Mo5
		GB/T 4239	00Cr19Ni13Mo3
		GB/T 4239	0Cr18Ni16Mo5
		GB/T 13296	00Cr19Ni13Mo3
		GB/T 14975	00Cr19Ni13Mo3
		GB/T 14976	00Cr19Ni13Mo3

6 DIN-Werkstoffbezeichnungen

Auflistung in alphanumerischer Reihenfolge

DIN steel names

Listed in alphanumerical order

Werkstoff-Kurzname (alt) Steel name (old)	Werk-stoff-Nr. Material number	CN-Norm CN standard	Stahlsorte (CN) Steel grade (CN)
X 2 CrNiMo 18 16 4	1.4438	GB/T 20878	022Cr19Ni13Mo3
		GB/T 20878	03Cr18Ni16Mo5
		GB/T 21074	022Cr19Ni13Mo3
X 2 CrNiMoN 17 12 2	1.4406	GB/T 1220	00Cr17Ni13Mo2N
		GB/T 1220	022Cr17Ni12Mo2N
		GB/T 3280	00Cr17Ni13Mo2N
		GB/T 3280	022Cr17Ni12Mo2N
		GB/T 4237	00Cr17Ni13Mo2N
		GB/T 4237	022Cr17Ni12Mo2N
		GB/T 4239	00Cr17Ni13Mo2N
		GB/T 6967	ZG10Cr13
		GB/T 13296	00Cr17Ni13Mo2N
		GB/T 14975	00Cr17Ni13Mo2N
		GB/T 14976	00Cr17Ni13Mo2N
		GB/T 20878	022Cr17Ni12Mo2N
X 2 CrNiMoN 17 13 3	1.4429	GB/T 1220	00Cr17Ni13Mo2N
		GB/T 1220	022Cr17Ni12Mo2N
		GB/T 3280	00Cr17Ni13Mo2N
		GB/T 3280	022Cr17Ni12Mo2N
		GB/T 4237	00Cr17Ni13Mo2N
		GB/T 4237	022Cr17Ni12Mo2N
		GB/T 4239	00Cr17Ni13Mo2N
		GB/T 13296	00Cr17Ni13Mo2N
		GB/T 14975	00Cr17Ni13Mo2N
		GB/T 14976	00Cr17Ni13Mo2N
		GB/T 20878	022Cr17Ni12Mo2N
X 2 CrNiMoN 17 13 5	1.4439	GB/T 3280	022Cr19Ni16Mo5N
		GB/T 4237	022Cr19Ni16Mo5N
		GB/T 20878	022Cr19Ni16Mo5N
X 2 CrNiMoN 18 15 4	1.4442	GB/T 20878	022Cr18Ni15Mo3N
X 2 CrNiMoN 22 5 3	1.4462	GB/T 1220	022Cr22Ni5Mo3N
		GB/T 3280	022Cr22Ni5Mo3N
		GB/T 4237	022Cr22Ni5Mo3N
		GB/T 20878	022Cr22Ni5Mo3N
		GB/T 21832	022Cr22Ni5Mo3N
		GB/T 21833	022Cr22Ni5Mo3N
X 2 CrNiMoN 25 22 2	1.4466	GB/T 1221	0Cr17Ni12Mo2
		GB/T 3280	022Cr25Ni22Mo2N

6 DIN-Werkstoffbezeichnungen

Auflistung in alphanumerischer Reihenfolge

DIN steel names

Listed in alphanumerical order

Werkstoff-Kurzname (alt) Steel name (old)	Werkstoff-Nr. Material number	CN-Norm CN standard	Stahlsorte (CN) Steel grade (CN)
X 2 CrNiMoN 25 22 2	1.4466	GB/T 4237	022Cr25Ni22Mo2N
		GB/T 20878	022Cr25Ni22Mo2N
X 2 CrNiN 18 10	1.4311	GB/T 1220	00Cr18Ni10N
		GB/T 1220	022Cr19Ni10N
		GB/T 3280	00Cr18Ni10N
		GB/T 3280	022Cr19Ni10N
		GB/T 4237	00Cr18Ni10N
		GB/T 4237	022Cr19Ni10N
		GB/T 4239	00Cr18Ni10N
		GB/T 13296	00Cr18Ni10N
		GB/T 14975	00Cr18Ni10N
		GB/T 14976	00Cr18Ni10N
		GB/T 20878	022Cr19Ni10N
X 2 CrNiN 18 7	1.4318	GB/T 3280	022Cr17Ni7
		GB/T 3280	022Cr17Ni7N
		GB/T 4237	022Cr17Ni7
		GB/T 4237	022Cr17Ni7N
		GB/T 20878	022Cr17Ni7
		GB/T 20878	022Cr17Ni7N
X 2 CrNiN 23 4	1.4362	GB/T 3280	022Cr23Ni4MoCuN
		GB/T 4237	022Cr23Ni4MoCuN
		GB/T 20878	022Cr23Ni4MoCuN
		GB/T 21832	022Cr23Ni4MoCuN
		GB/T 21833	022Cr23Ni4MoCuN
X 2 CrTi 12	1.4512	GB/T 3280	022Cr11NbTi
		GB/T 4237	022Cr11NbTi
		GB/T 4238	022Cr11NbTi
		GB/T 4238	0Cr11Ti
		GB/T 20878	022Cr11NbTi
X 3 CrNiCu 18 9	1.4567	GB/T 1220	06Cr18Ni9Cu3
		GB/T 1220	0Cr18Ni9Cu3
		GB/T 4232	ML0Cr18Ni9Cu3
		GB/T 20878	06Cr18Ni9Cu3
X 3 CrNiCuTi 12 9	1.4543	GB/T 3280	022Cr12Ni9Cu2NbTi
		GB/T 4237	022Cr12Ni9Cu2NbTi
		GB/T 4238	022Cr12Ni9Cu2NbTi
		GB/T 20878	022Cr12Ni9Cu2NbTi
X 3 CrNiMnMoNbN 23 17 5 3	1.4565	GB/T 3280	022Cr24Ni17Mo5Mn6NbN
		GB/T 3280	0Cr17Ni7Al

6 DIN-Werkstoffbezeichnungen

Auflistung in alphanumerischer Reihenfolge

DIN steel names

Listed in alphanumerical order

Werkstoff-Kurzname (alt) Steel name (old)	Werk-stoff-Nr. Material number	CN-Norm CN standard	Stahlsorte (CN) Steel grade (CN)
X 3 CrNiMnMoNbN 23 17 5 3	1.4565	GB/T 4237	022Cr24Ni17Mo5Mn6NbN
		GB/T 4238	07Cr15Ni7Mo2Al
		GB/T 20878	022Cr24Ni17Mo5Mn6NbN
X 3 CrNiMoAl 13 8 2	1.4534	GB/T 3280	04Cr13Ni8Mo2Al
		GB/T 4237	04Cr13Ni8Mo2Al
		GB/T 20878	04Cr13Ni8Mo2Al
X 3 CrNiN 18 10	1.6907	GB/T 1220	0Cr19Ni9N
		GB/T 3280	0Cr19Ni9N
		GB/T 4237	0Cr19Ni9N
		GB/T 4239	0Cr19Ni9N
		GB/T 4240	0Cr19Ni9N(-L)
		GB/T 4240	0Cr19Ni9N(-Q)
		GB/T 4240	0Cr19Ni9N(-R)
X 3 CrTi 17	1.4510	GB/T 3280	00Cr17
		GB/T 4239	00Cr17
		GB/T 12771	00Cr17
X 4 CrNi 13 4	1.4313	GB/T 6967	ZG06Cr13Ni4Mo
X 4 CrNiSiN 18 10	1.4891	GB/T 3280	05Cr19Ni10Si2CeN
		GB/T 4237	05Cr19Ni10Si2CeN
		GB/T 20878	05Cr19Ni10Si2CeN
X 4 NiCrTi 25 15	1.4943	GB/T 1221	06Cr15Ni25Ti2MoAlVB
		GB/T 1221	0Cr15Ni25Ti2MoAlVB
		GB/T 4238	06Cr15Ni25Ti2MoAlVB
		GB/T 4238	0Cr15Ni25Ti2MoAlVB
X 5 CrNi 18 10	1.4301	GB/T 1220	06Cr19Ni10
		GB/T 1220	0Cr18Ni9
		GB/T 1221	06Cr19Ni10
		GB/T 1221	0Cr18Ni9
		GB/T 3089	06Cr19Ni10
		GB/T 3090	0Cr18Ni9
		GB/T 3280	06Cr19Ni10
		GB/T 3280	0Cr18Ni9
		GB/T 4232	ML0Cr18Ni9
		GB/T 4237	06Cr19Ni10
		GB/T 4237	0Cr18Ni9
		GB/T 4238	06Cr19Ni10
		GB/T 4238	0Cr18Ni9
		GB/T 4239	0Cr18Ni9
		GB/T 4239	0Cr19Ni9N

6 DIN-Werkstoffbezeichnungen

Auflistung in alphanumerischer Reihenfolge

DIN steel names

Listed in alphanumerical order

Werkstoff-Kurzname (alt) Steel name (old)	Werk-stoff-Nr. Material number	CN-Norm CN standard	Stahlsorte (CN) Steel grade (CN)
X 5 CrNi 18 10	1.4301	GB/T 4240	0Cr18Ni9(-L)
		GB/T 4240	0Cr18Ni9(-Q)
		GB/T 4240	0Cr18Ni9(-R)
		GB/T 12770	0Cr18Ni9
		GB/T 12771	0Cr18Ni9
		GB/T 13296	0Cr18Ni9
		GB/T 13296	0Cr18Ni9
		GB/T 13296	1Cr19Ni9
		GB/T 14975	0Cr18Ni9
		GB/T 14976	0Cr18Ni9
		GB/T 18705	0Cr18Ni9
		GB/T 20878	06Cr19Ni10
		GB/T 21074	06Cr19Ni9
		YB/T 085	0Cr18Ni9
		YB/T 110	0Cr19Ni9
X 5 CrNi 18 12	1.4303	GB/T 1220	10Cr18Ni12
		GB/T 1220	1Cr18Ni12
		GB/T 3280	10Cr18Ni12
		GB/T 3280	1Cr18Ni12
		GB 4232	ML1Cr18Ni12
		GB/T 4237	10Cr18Ni12
		GB/T 4237	1Cr18Ni12
		GB/T 4239	1Cr18Ni12
		GB/T 4240	1Cr18Ni12(-Q)
		GB/T 4240	1Cr18Ni12(-R)
		GB/T 20878	06Cr18Ni12
X 5 CrNiCuNb 17 4	1.4542	GB/T 1220	0Cr17Ni4Cu4Nb
		GB/T 1221	05Cr17Ni4Cu4Nb
		GB/T 1221	0Cr17Ni4Cu4Nb
		GB/T 4238	05Cr17Ni4Cu4Nb
		GB/T 20878	05Cr17Ni4Cu4Nb
X 5 CrNiCuNb17 4 4	1.4548	GB/T 1220	05Cr17Ni4Cu4Nb
		GB/T 1220	0Cr17Ni4Cu4Nb
		GB/T 1221	05Cr17Ni4Cu4Nb
		GB/T 1221	0Cr17Ni4Cu4Nb
		GB/T 8732	0Cr17Ni4Cu4Nb
X 5 CrNiMo 17 12 2	1.4401	GB/T 1220	06Cr17Ni12Mo2
		GB/T 1220	0Cr17Ni12Mo2
		GB/T 1221	06Cr17Ni12Mo2

6 DIN-Werkstoffbezeichnungen

Auflistung in alphanumerischer Reihenfolge

DIN steel names

Listed in alphanumerical order

Werkstoff-Kurzname (alt) Steel name (old)	Werk-stoff-Nr. Material number	CN-Norm CN standard	Stahlsorte (CN) Steel grade (CN)
X 5 CrNiMo 17 12 2	1.4401	GB/T 1221	0Cr17Ni12Mo2
		GB/T 3090	0Cr17Ni12Mo2
		GB/T 3280	06Cr17Ni12Mo2
		GB/T 3280	0Cr17Ni12Mo2
		GB/T 4237	06Cr17Ni12Mo2
		GB/T 4237	0Cr17Ni12Mo2
		GB/T 4238	06Cr17Ni12Mo2
		GB/T 4238	0Cr17Ni12Mo2
		GB/T 4239	0Cr17Ni12Mo2
		GB/T 4240	0Cr17Ni12Mo2(-L)
		GB/T 4240	0Cr17Ni12Mo2(-Q)
		GB/T 4240	0Cr17Ni12Mo2(-R)
		GB/T 12770	0Cr17Ni12Mo2
		GB/T 12771	0Cr17Ni12Mo2
		GB/T 13296	0Cr17Ni12Mo2
		GB/T 13296	1Cr17Ni12Mo2
		GB/T 14975	0Cr17Ni12Mo2
		GB/T 14976	0Cr17Ni12Mo2
		GB/T 20878	06Cr17Ni12Mo2
		GB/T 21074	06Cr17Ni12Mo2
X 5 CrNiMo 17 13 3	1.4436	GB/T 1220	06Cr17Ni12Mo2
		GB/T 1220	0Cr17Ni12Mo2
		GB/T 1221	06Cr17Ni12Mo2
		GB/T 1221	0Cr17Ni12Mo2
		GB/T 3090	0Cr17Ni12Mo2
		GB/T 3280	06Cr17Ni12Mo2
		GB/T 3280	0Cr17Ni12Mo2
		GB/T 4237	06Cr17Ni12Mo2
		GB/T 4237	0Cr17Ni12Mo2
		GB/T 4238	06Cr17Ni12Mo2
		GB/T 4238	0Cr17Ni12Mo2
		GB/T 4239	0Cr17Ni12Mo2
		GB/T 4240	0Cr17Ni12Mo2(-L)
		GB/T 4240	0Cr17Ni12Mo2(-Q)
		GB/T 4240	0Cr17Ni12Mo2(-R)
		GB/T 12770	0Cr17Ni12Mo2
		GB/T 12771	0Cr17Ni12Mo2
		GB/T 13296	0Cr17Ni12Mo2
		GB/T 13296	1Cr17Ni12Mo2

6 DIN-Werkstoffbezeichnungen

Auflistung in alphanumerischer Reihenfolge

DIN steel names

Listed in alphanumerical order

Werkstoff-Kurzname (alt) Steel name (old)	Werk-stoff-Nr. Material number	CN-Norm CN standard	Stahlsorte (CN) Steel grade (CN)
X 5 CrNiMo 17 13 3	1.4436	GB/T 14975	0Cr17Ni12Mo2
		GB/T 14976	0Cr17Ni12Mo2
		GB/T 20878	06Cr17Ni12Mo2
		GB/T 21074	06Cr17Ni12Mo2
X 5 CrNiMo 18 10	1.4401	GB/T 1220	06Cr17Ni12Mo2
		GB/T 1220	0Cr17Ni12Mo2
		GB/T 1221	06Cr17Ni12Mo2
		GB/T 1221	0Cr17Ni12Mo2
		GB/T 3090	0Cr17Ni12Mo2
		GB/T 3280	06Cr17Ni12Mo2
		GB/T 3280	0Cr17Ni12Mo2
		GB/T 4237	06Cr17Ni12Mo2
		GB/T 4237	0Cr17Ni12Mo2
		GB/T 4238	06Cr17Ni12Mo2
		GB/T 4238	0Cr17Ni12Mo2
		GB/T 4239	0Cr17Ni12Mo2
		GB/T 4240	0Cr17Ni12Mo2(-L)
		GB/T 4240	0Cr17Ni12Mo2(-Q)
		GB/T 4240	0Cr17Ni12Mo2(-R)
		GB/T 12770	0Cr17Ni12Mo2
		GB/T 12771	0Cr17Ni12Mo2
		GB/T 13296	0Cr17Ni12Mo2
		GB/T 13296	1Cr17Ni12Mo2
		GB/T 14975	0Cr17Ni12Mo2
		GB/T 14976	0Cr17Ni12Mo2
		GB/T 20878	06Cr17Ni12Mo2
		GB/T 21074	06Cr17Ni12Mo2
X 5 NiCrMoCuNb 22 18	1.4586	GB/T 20878	07Cr17Ni7Al
X 6 Cr 13	1.4000	GB/T 1220	06Cr13
		GB/T 1220	0Cr13
		GB/T 3280	06Cr13
		GB/T 3280	0Cr13
		GB/T 4237	06Cr13
		GB/T 4237	0Cr13
		GB/T 4239	0Cr13
		GB/T 12770	0Cr13
		GB/T 12771	0Cr13
		GB/T 14975	0Cr13

6 DIN-Werkstoffbezeichnungen

Auflistung in alphanumerischer Reihenfolge

DIN steel names

Listed in alphanumerical order

Werkstoff-Kurzname (alt) Steel name (old)	Werk-stoff-Nr. Material number	CN-Norm CN standard	Stahlsorte (CN) Steel grade (CN)
X 6 Cr 13	1.4000	GB/T 14976	0Cr13
		GB/T 20878	06Cr13
X 6 Cr 17	1.4016	GB/T 1220	10Cr17
		GB/T 1220	1Cr17
		GB/T 1221	10Cr17
		GB/T 1221	1Cr17
		GB/T 3280	10Cr17
		GB/T 3280	1Cr17
		GB/T 4232	ML1Cr17
		GB/T 4237	10Cr17
		GB/T 4237	1Cr17
		GB/T 4238	10Cr17
		GB/T 4238	1Cr17
		GB/T 4239	1Cr17
		GB/T 4240	1Cr17(-Q)
		GB/T 12770	1Cr17
		GB/T 13296	1Cr17
		GB/T 14975	1Cr17
		GB/T 14976	1Cr17
		GB/T 20878	10Cr17
X 6 CrAl 13	1.4002	GB/T 1220	06Cr13Al
		GB/T 1220	0Cr13Al
		GB/T 1221	06Cr13Al
		GB/T 1221	0Cr13Al
		GB/T 3280	06Cr13Al
		GB/T 3280	0Cr13Al
		GB/T 4237	06Cr13Al
		GB/T 4237	0Cr13Al
		GB/T 4238	06Cr13Al
		GB/T 4238	0Cr13Al
		GB/T 4239	0Cr13Al
		GB/T 12771	0Cr13Al
		GB/T 20878	06Cr13Al
X 6 CrMo 17 1	1.4113	GB/T 1220	10Cr17Mo
		GB/T 1220	1Cr17Mo
		GB/T 3280	10Cr17Mo
		GB/T 3280	1Cr17Mo
		GB/T 4237	10Cr17Mo
		GB/T 4237	1Cr17Mo

6 DIN-Werkstoffbezeichnungen

Auflistung in alphanumerischer Reihenfolge

DIN steel names

Listed in alphanumerical order

Werkstoff-Kurzname (alt) Steel name (old)	Werkstoff-Nr. Material number	CN-Norm CN standard	Stahlsorte (CN) Steel grade (CN)
X 6 CrMo 17 1	1.4113	GB/T 4239	1Cr17Mo
		GB/T 20878	10Cr17Mo
X 6 CrNi 18 11	1.4948	GB/T 3280	07Cr19Ni10
		GB/T 4237	07Cr19Ni10
		GB/T 4238	07Cr19Ni10
		GB/T 12771	0Cr18Ni9
		GB/T 13296	1Cr19Ni9
		GB/T 20878	07Cr19Ni10
X 6 CrNiMo 17 13	1.4919	GB/T 13296	1Cr17Ni12Mo2
X 6 CrNiMoTi 17 12 2	1.4571	GB/T 1220	06Cr17Ni12Mo2Ti
		GB/T 1220	0Cr18Ni12Mo2Ti
		GB/T 1220	1Cr18Ni12Mo2Ti
		GB/T 3089	06Cr17Ni12Mo2Ti
		GB/T 3280	06Cr17Ni12Mo2Ti
		GB/T 3280	0Cr18Ni12Mo2Cu2
		GB/T 3280	0Cr18Ni12Mo2Ti
		GB/T 3280	1Cr18Ni12Mo2Ti
		GB/T 4237	06Cr17Ni12Mo2Ti
		GB/T 4237	0Cr18Ni12Mo2Ti
		GB/T 4237	1Cr18Ni12Mo2Ti
		GB/T 13296	0Cr18Ni12Mo2Ti
		GB/T 13296	1Cr18Ni12Mo2Ti
		GB/T 14975	0Cr18Ni12Mo2Ti
		GB/T 14975	1Cr18Ni12Mo2Ti
		GB/T 14976	0Cr18Ni12Mo2Ti
		GB/T 14976	1Cr18Ni12Mo2Ti
		GB/T 20878	06Cr17Ni12Mo2Ti
X 6 CrNiMoTi 17 12 2 S	1.4579	GB/T 1220	06Cr17Ni12Mo2Ti
		GB/T 1220	0Cr18Ni12Mo2Ti
		GB/T 3089	06Cr17Ni12Mo2Ti
		GB/T 3280	06Cr17Ni12Mo2Ti
		GB/T 4237	06Cr17Ni12Mo2Ti
		GB/T 13296	0Cr18Ni12Mo2Ti
		GB/T 14975	0Cr18Ni12Mo2Ti
		GB/T 14976	0Cr18Ni12Mo2Ti
		GB/T 20878	06Cr17Ni12Mo2Ti
X 6 CrNiNb 18 10	1.4550	GB/T 1220	06Cr18Ni11Nb
		GB/T 1220	0Cr18Ni11Nb
		GB/T 1221	06Cr18Ni11Nb

6 DIN-Werkstoffbezeichnungen

Auflistung in alphanumerischer Reihenfolge

DIN steel names

Listed in alphanumerical order

Werkstoff-Kurzname (alt) Steel name (old)	Werkstoff-Nr. Material number	CN-Norm CN standard	Stahlsorte (CN) Steel grade (CN)
X 6 CrNiNb 18 10	1.4550	GB/T 1221	0Cr18Ni11Nb
		GB/T 3280	06Cr18Ni11Nb
		GB/T 3280	0Cr18Ni11Nb
		GB/T 4237	06Cr18Ni11Nb
		GB/T 4237	0Cr18Ni11Nb
		GB/T 4238	06Cr18Ni11Nb
		GB/T 4238	0Cr18Ni11Nb
		GB/T 4239	0Cr18Ni11Nb
		GB/T 4240	0Cr18Ni11Nb(-Q)
		GB/T 4240	0Cr18Ni11Nb(-R)
		GB 5310	1Cr19Ni11Nb
		GB/T 9948	1Cr19Ni11Nb
		GB/T 12770	0Cr18Ni11Nb
		GB/T 12771	0Cr18Ni11Nb
		GB/T 13296	0Cr18Ni11Nb
		GB/T 13296	1Cr19Ni11Nb
		GB/T 14975	0Cr18Ni11Nb
		GB/T 14976	0Cr18Ni11Nb
		GB/T 20878	06Cr18Ni11Nb
		GB/T 21074	06Cr18Ni11Nb
X 6 CrNiTi 18 10	1.4541	GB/T 1220	05Cr17Ni4Cu4Nb
		GB/T 1220	06Cr18Ni11Ti
		GB/T 1220	0Cr17Ni4Cu4Nb
		GB/T 1220	0Cr18Ni10Ti
		GB/T 1221	05Cr17Ni4Cu4Nb
		GB/T 1221	06Cr18Ni11Ti
		GB/T 1221	0Cr17Ni4Cu4Nb
		GB/T 1221	0Cr18Ni10Ti
		GB/T 3089	06Cr18Ni11Ti
		GB/T 3090	0Cr18Ni10Ti
		GB/T 3280	06Cr18Ni11Ti
		GB/T 3280	0Cr18Ni10Ti
		GB/T 4237	06Cr18Ni11Ti
		GB/T 4237	0Cr18Ni10Ti
		GB/T 4238	05Cr17Ni4Cu4Nb
		GB/T 4238	06Cr18Ni11Ti
		GB/T 4238	0Cr18Ni10Ti
		GB/T 4239	0Cr18Ni10Ti
		GB/T 4240	0Cr18Ni11Ti(-Q)

6 DIN-Werkstoffbezeichnungen

Auflistung in alphanumerischer Reihenfolge

DIN steel names

Listed in alphanumerical order

Werkstoff-Kurzname (alt) Steel name (old)	Werkstoff-Nr. Material number	CN-Norm CN standard	Stahlsorte (CN) Steel grade (CN)
X 6 CrNiTi 18 10	1.4541	GB/T 4240	0Cr18Ni11Ti(-R)
		GB/T 8732	0Cr17Ni4Cu4Nb
		GB/T 12770	0Cr18Ni10Ti
		GB/T 12771	0Cr18Ni10Ti
		GB/T 13296	0Cr18Ni10Ti
		GB/T 13296	1Cr18Ni11Ti
		GB/T 14975	0Cr18Ni10Ti
		GB/T 14976	0Cr18Ni10Ti
		GB/T 20878	05Cr17Ni4Cu4Nb
		GB/T 20878	06Cr18Ni11Ti
		GB/T 21074	06Cr18Ni11Ti
X 6 CrTi 12	1.4512	GB/T 3280	022Cr11NbTi
		GB/T 4237	022Cr11NbTi
		GB/T 4238	022Cr11NbTi
		GB/T 4238	0Cr11Ti
		GB/T 20878	022Cr11NbTi
X 6 CrTi 17	1.4510	GB/T 3280	00Cr17
		GB/T 4239	00Cr17
		GB/T 12771	00Cr17
X 6 CrTiNb 18	1.4509	GB/T 3280	022Cr18NbTi
		GB/T 4237	022Cr18NbTi
		GB/T 20878	022Cr18NbTi
X 7 CrNi 23 14	1.4833	GB/T 1220	06Cr23Ni13
		GB/T 1220	0Cr23Ni13
		GB/T 1221	06Cr23Ni13
		GB/T 1221	0Cr23Ni13
		GB/T 3280	06Cr23Ni13
		GB/T 3280	0Cr23Ni13
		GB/T 4237	06Cr23Ni13
		GB/T 4237	0Cr23Ni13
		GB/T 4238	06Cr23Ni13
		GB/T 4238	0Cr23Ni13
		GB/T 4239	0Cr23Ni13
		GB/T 4240	0Cr23Ni13(-R)
		GB/T 13296	0Cr23Ni13
		GB/T 14976	0Cr23Ni13
		GB/T 20878	06Cr23Ni13
X 7 CrNiAl 17 7	1.4568	GB/T 1220	07Cr17Ni7Al
		GB/T 1220	0Cr17Ni7Al

6 DIN-Werkstoffbezeichnungen

Auflistung in alphanumerischer Reihenfolge

DIN steel names

Listed in alphanumerical order

Werkstoff-Kurzname (alt) Steel name (old)	Werkstoff-Nr. Material number	CN-Norm CN standard	Stahlsorte (CN) Steel grade (CN)
X 7 CrNiAl 17 7	1.4568	GB/T 1221	07Cr17Ni7Al
		GB/T 1221	0Cr17Ni7Al
		GB/T 3280	06Cr17Ni7AlTi
		GB/T 3280	07Cr17Ni7Al
		GB/T 3280	0Cr17Ni7Al
		GB/T 4231	0Cr17Ni7Al
		GB/T 4237	06Cr17Ni7AlTi
		GB/T 4237	07Cr17Ni7Al
		GB/T 4237	0Cr17Ni7Al
		GB/T 4238	06Cr17Ni7AlTi
		GB/T 4238	07Cr15Ni7Mo2Al
		GB/T 4238	07Cr17Ni7Al
		GB/T 4238	0Cr17Ni7Al
		GB/T 4238	1Cr17Ni7Al
		GB/T 4239	0Cr17Ni7Al
		GB/T 20878	06Cr17Ni7AlTi
X 7 CrNiMoAl 15 7	1.4532	GB/T 1220	07Cr15Ni7Mo2Al
		GB/T 1220	0Cr15Ni7Mo2Al
		GB/T 3280	07Cr15Ni7Mo2Al
		GB/T 4237	07Cr15Ni7Mo2Al
		GB/T 20878	07Cr15Ni7Mo2Al
X 7 CrTi 12	1.4720	GB/T 4238	0Cr11Ti
X 8 CrNiMo 27 5	1.4460	GB/T 1220	0Cr26Ni5Mo2
		GB/T 3280	0Cr26Ni5Mo2
		GB/T 4237	0Cr26Ni5Mo2
		GB/T 4239	0Cr26Ni5Mo2
		GB/T 14976	0Cr26Ni5Mo2
		GB/T 21833	06Cr26Ni4Mo2
X 10 Cr 13	1.4006	GB/T 1220	12Cr12
		GB/T 1220	1Cr12
		GB/T 1220	1Cr13
		GB/T 1221	1Cr13
		GB/T 3280	12Cr12
		GB/T 3280	1Cr12
		GB/T 4237	12Cr12
		GB/T 4237	1Cr12
		GB/T 4238	12Cr12
		GB/T 4238	1Cr12
		GB/T 4239	1Cr12

6 DIN-Werkstoffbezeichnungen

Auflistung in alphanumerischer Reihenfolge

DIN steel names

Listed in alphanumerical order

Werkstoff-Kurzname (alt) Steel name (old)	Werk-stoff-Nr. Material number	CN-Norm CN standard	Stahlsorte (CN) Steel grade (CN)
X 10 Cr 13	1.4006	GB/T 20878	12Cr12
		JB/T 6405	ZG15Cr13
X 10 CrAl 18	1.4742	GB/T 4238	1Cr19Al3
X 10 CrNiMoTi 18 12	1.4573	GB/T 1220	1Cr18Ni12Mo2Ti
		GB/T 3280	1Cr18Ni12Mo2Ti
		GB/T 4237	1Cr18Ni12Mo2Ti
		GB/T 13296	1Cr18Ni12Mo2Ti
		GB/T 14975	1Cr18Ni12Mo2Ti
		GB/T 14976	1Cr18Ni12Mo2Ti
X 10 CrNiS 18 9	1.4305	GB/T 1220	Y12Cr18Ni9
		GB/T 1220	Y1Cr18Ni9
		GB/T 4240	Y1Cr18Ni9(-Q)
		GB/T 4240	Y1Cr18Ni9(-R)
		GB/T 20878	Y12Cr18Ni9
X 10 NiCrAlTi 32 20	1.4876	GB/T 15007	NS111
		GB/T 15007	NS112
		YB/T 5353	NS111
		YB/T 5353	NS112
		YB/T 5354	NS111
		YB/T 5354	NS112
		YB/T 5355	NS111
		YB/T 5355	NS112
X 12 CrMoS 17	1.4104	GB/T 1220	Y10Cr17
		GB/T 1220	Y1Cr17
		GB/T 4240	Y1Cr17(-Q)
		GB/T 20878	Y10Cr17
X 12 CrNi 17 7	1.4310	GB/T 1220	12Cr17Ni7
		GB/T 1220	1Cr17Ni7
		GB/T 3280	12Cr17Ni7
		GB/T 3280	1Cr17Ni7
		GB/T 4231	1Cr17Ni7
		GB/T 4237	12Cr17Ni7
		GB/T 4239	1Cr17Ni7
		GB/T 4239	1Cr17Ni8
		GB/T 20878	12Cr17Ni7
		YB/T 110	1Cr17Ni7
X 12 CrNi 18 8	1.4300	GB/T 1220	1Cr18Ni9
		GB/T 3280	1Cr18Ni9
		GB/T 4237	1Cr18Ni9

6 DIN-Werkstoffbezeichnungen

Auflistung in alphanumerischer Reihenfolge

DIN steel names

Listed in alphanumerical order

Werkstoff-Kurzname (alt) Steel name (old)	Werk-stoff-Nr. Material number	CN-Norm CN standard	Stahlsorte (CN) Steel grade (CN)
X 12 CrNi 18 8	1.4300	GB/T 4239	1Cr18Ni9
		GB/T 4240	1Cr18Ni9
		GB 5310	1Cr18Ni9
		GB/T 12770	1Cr18Ni9
		GB/T 12771	1Cr18Ni9
		GB/T 13296	1Cr18Ni9
X 12 CrNi 18 9	1.6900	GB/T 1220	12Cr18Ni9
		GB/T 1220	1Cr18Ni9
		GB/T 3280	12Cr18Ni9
		GB/T 3280	1Cr18Ni9
		GB/T 4237	12Cr18Ni9
		GB/T 4237	1Cr18Ni9
		GB/T 4238	12Cr18Ni9
		GB/T 4239	1Cr18Ni9
		GB/T 4240	1Cr18Ni9(-L)
		GB/T 4240	1Cr18Ni9(-Q)
		GB/T 4240	1Cr18Ni9(-R)
		GB 5310	1Cr18Ni9
		GB/T 9948	1Cr19Ni9
		GB/T 12770	1Cr18Ni9
		GB/T 12771	1Cr18Ni9
		GB/T 13296	1Cr18Ni9
		GB/T 14975	1Cr18Ni9
		GB/T 14976	1Cr18Ni9
		GB/T 18705	1Cr18Ni9
		GB/T 20878	12Cr18Ni9
		YB/T 110	1Cr18Ni9
X 12 CrNi 25 21	1.4845	GB/T 1220	06Cr25Ni20
		GB/T 1220	0Cr25Ni20
		GB/T 1221	06Cr25Ni20
		GB/T 1221	0Cr25Ni20
		GB/T 3280	06Cr25Ni20
		GB/T 3280	0Cr25Ni20
		GB/T 4237	06Cr25Ni20
		GB/T 4237	0Cr25Ni20
		GB/T 4238	06Cr25Ni20
		GB/T 4238	0Cr25Ni20
		GB/T 4239	0Cr25Ni20
		GB/T 4240	0Cr25Ni20(-R)

6 DIN-Werkstoffbezeichnungen

Auflistung in alphanumerischer Reihenfolge

DIN steel names

Listed in alphanumerical order

Werkstoff-Kurzname (alt) Steel name (old)	Werk-stoff-Nr. Material number	CN-Norm CN standard	Stahlsorte (CN) Steel grade (CN)
X 12 CrNi 25 21	1.4845	GB/T 12770	0Cr25Ni20
		GB/T 12771	0Cr25Ni20
		GB/T 13296	0Cr25Ni20
		GB/T 14976	0Cr25Ni20
X 12 CrNiMo 12	1.4939	GB/T 20878	10Cr12Ni3Mo2VN
X 12 CrNiTi 18 9	1.4878	GB/T 1220	1Cr18Ni9Ti
		GB/T 1221	1Cr18Ni9Ti
		GB/T 3090	1Cr18Ni9Ti
		GB/T 3280	1Cr18Ni9Ti
		GB/T 4232	ML1Cr18Ni9Ti
		GB/T 4237	1Cr18Ni9Ti
		GB/T 4238	1Cr18Ni9Ti
		GB/T 4239	1Cr18Ni9Ti
		GB/T 4240	1Cr18Ni9Ti(-L)
		GB/T 4240	1Cr18Ni9Ti(-Q)
		GB/T 4240	1Cr18Ni9Ti(-R)
		GB/T 12770	1Cr18Ni9Ti
		GB/T 12771	1Cr18Ni9Ti
		GB/T 13296	1Cr18Ni9Ti
		GB/T 14975	1Cr18Ni9Ti
		GB/T 14976	1Cr18Ni9Ti
X 12 NiCrSi 36 16	1.4864	GB/T 1221	12Cr16Ni35
		GB/T 1221	1Cr16Ni35
		GB/T 4238	12Cr16Ni35
		GB/T 4238	1Cr16Ni35
		GB/T 20878	12Cr16Ni35
X 15 Cr 13	1.4024	GB/T 1220	12Cr13
		GB/T 1220	1Cr13
		GB/T 1221	12Cr13
		GB/T 1221	1Cr13
		GB/T 3280	12Cr13
		GB/T 3280	1Cr13
		GB/T 4232	1Cr13
		GB/T 4232	ML1Cr13
		GB/T 4237	12Cr13
		GB/T 4237	1Cr13
		GB/T 4238	12Cr13
		GB/T 4238	1Cr13
		GB/T 4239	1Cr13

6 DIN-Werkstoffbezeichnungen

Auflistung in alphanumerischer Reihenfolge

DIN steel names

Listed in alphanumerical order

Werkstoff-Kurzname (alt) Steel name (old)	Werkstoff-Nr. Material number	CN-Norm CN standard	Stahlsorte (CN) Steel grade (CN)
X 15 Cr 13	1.4024	GB/T 4240	1Cr13(-Q)
		GB/T 8732	1Cr13
		GB/T 12770	1Cr13
		GB/T 14975	1Cr13
		GB/T 20878	12Cr13
X 15 CrNiSi 20 12	1.4828	GB/T 1221	16Cr20Ni14Si2
		GB/T 1221	1Cr20Ni14Si2
		GB/T 4238	16Cr23Ni13
		GB/T 4238	1Cr20Ni14Si2
		GB/T 13296	2Cr23Ni13
		GB/T 20878	16Cr20Ni14Si2
X 15 CrNiSi 25 20	1.4841	GB/T 1221	16Cr25Ni20Si2
		GB/T 1221	1Cr25Ni20Si2
		GB/T 4238	16Cr25Ni20Si2
		GB/T 4238	1Cr25Ni20Si2
		GB/T 4238	2Cr25Ni20
		GB/T 13296	2Cr25Ni20
		GB/T 20878	16Cr25Ni20Si2
X 19 CrMoVNbN 11 1	1.4913	GB/T 1221	18Cr11NiMoNbVN
		GB/T 1221	18Cr12MoVNbN
		GB/T 1221	2Cr12MoVNbN
		GB/T 20878	18Cr11NiMoNbVN
		GB/T 20878	18Cr12MoVNbN
X 20 Cr 13	1.4021	GB/T 1220	20Cr13
		GB/T 1220	2Cr13
		GB/T 1221	20Cr13
		GB/T 1221	2Cr13
		GB/T 3280	20Cr13
		GB/T 3280	2Cr13
		GB/T 4237	20Cr13
		GB/T 4237	2Cr13
		GB/T 4239	2Cr13
		GB/T 4240	2Cr13(-Q)
		GB/T 8732	2Cr13
		GB/T 14975	2Cr13
		GB/T 20878	20Cr13
		YB/T 094	SM2Cr13
X 20 CrMo 13	1.4120	GB/T 8732	2Cr12MoV

6 DIN-Werkstoffbezeichnungen

Auflistung in alphanumerischer Reihenfolge

DIN steel names

Listed in alphanumerical order

Werkstoff-Kurzname (alt) Steel name (old)	Werk-stoff-Nr. Material number	CN-Norm CN standard	Stahlsorte (CN) Steel grade (CN)
X 20 CrNi 17 2	1.4057	GB/T 1220	14Cr17Ni2
		GB/T 1220	17Cr16Ni2
		GB/T 1220	1Cr17Ni2
		GB/T 1221	14Cr17Ni2
		GB/T 1221	17Cr16Ni2
		GB/T 1221	1Cr17Ni2
		GB/T 3280	17Cr16Ni2
		GB/T 3280	1Cr17Ni2
		GB/T 4231	1Cr17Ni7
		GB/T 4232	ML1Cr17Ni2
		GB/T 4237	17Cr16Ni2
		GB/T 4240	1Cr17Ni2(-R)
		GB/T 20878	14Cr17Ni2
		GB/T 20878	17Cr16Ni2
X 22 CrMoV 12 1	1.4923	GB/T 20878	21Cr12MoV
X 30 Cr 13	1.4028	GB/T 1220	30Cr13
		GB/T 1220	3Cr13
		GB/T 1220	Y30Cr13
		GB/T 3280	30Cr13
		GB/T 3280	3Cr13
		GB/T 4231	3Cr13
		GB/T 4237	30Cr13
		GB/T 4237	3Cr13
		GB/T 4239	3Cr13
		GB/T 4240	3Cr13(-Q)
		GB/T 20878	30Cr13
X 30 WCrV 5 3	1.2567	GB/T 1222	30W4Cr2VA
X 32 CrMoV 3 3	1.2365	GB/T 1299	4Cr3Mo3SiV
X 38 Cr 13	1.4031	GB/T 1220	40Cr13
		GB/T 1220	4Cr13
		GB/T 3280	40Cr13
		GB/T 3280	4Cr13
		GB/T 4237	40Cr13
		GB/T 4237	4Cr13
		GB/T 4240	4Cr13(-R)
		GB/T 20878	40Cr13
		YB/T 094	SM 4Cr13

6 DIN-Werkstoffbezeichnungen

Auflistung in alphanumerischer Reihenfolge

DIN steel names

Listed in alphanumerical order

Werkstoff-Kurzname (alt) Steel name (old)	Werk-stoff-Nr. Material number	CN-Norm CN standard	Stahlsorte (CN) Steel grade (CN)
X 38 CrMoV 5 1	1.2343	GB/T 1299	4Cr5MoSiV
		YB/T 094	SM4Cr5MoSiV
		YB/T 095	4Cr5MoSiV
X 40 CrMoV 5 1	1.2344	GB/T 1299	4Cr5MoSiV1
		YB/T 094	SM4Cr5MoSiV1
X 40 CrSiMo 10 2	1.4731	GB/T 1221	40Cr10Si2Mo
		GB/T 1221	4Cr10Si2Mo
		GB/T 12773	4Cr10Si2Mo
		GB/T 20878	40Cr10Si2Mo
X 45 CrSi 9 3	1.4718	GB/T 1221	42Cr9Si2
		GB/T 1221	45Cr9Si3
		GB/T 1221	4Cr9Si2
		GB/T 8492	ZG40Cr9Si2
		GB/T 12773	4Cr9Si2
		GB/T 20878	42Cr9Si2
		GB/T 20878	45Cr9Si3
		JB/T 6403	ZG40Cr9Si2
X 53 CrMnNiN 21 9	1.4871	GB/T 1221	53Cr21Mn9Ni4N
		GB/T 1221	5Cr21Mn9Ni4N
		GB/T 12773	5Cr21Mn9Ni4N
		GB/T 20878	53Cr21Mn9Ni4N
X 64 CrMo 14	1.2319	GB/T 3086	G65Cr14Mo
X 65 CrMo 14	1.4109	GB/T 1220	68Cr17
		GB/T 1220	7Cr17
		GB/T 3280	68Cr17
		GB/T 3280	7Cr17
		GB/T 4237	68Cr17
		GB/T 4237	7Cr17
		GB/T 4239	7Cr17
		YB/T 096	7Cr17
X 75 WCrV 18 4 1	1.3558	GB/T 3080	W18Cr4V
		GB/T 9943	W18Cr4V
		YB/T 084	W18Cr4V
X 80 CrNiSi 20	1.4747	GB/T 1221	80Cr20Si2Ni
		GB/T 1221	8Cr20Si2Ni
		GB/T 12773	8Cr20Si2Ni
		GB/T 20878	80Cr20Si2Ni

6 DIN-Werkstoffbezeichnungen

Auflistung in alphanumerischer Reihenfolge

DIN steel names

Listed in alphanumerical order

Werkstoff-Kurzname (alt) Steel name (old)	Werk-stoff-Nr. Material number	CN-Norm CN standard	Stahlsorte (CN) Steel grade (CN)
X 90 CrMoV 18	1.4112	GB/T 1220	90Cr18MoV
		GB/T 1220	9Cr18MoV
		GB/T 20878	90Cr18MoV
X 105 CrMo 17	1.4125	GB/T 1220	108Cr17
		GB/T 1220	11Cr17
		GB/T 1220	9Cr18Mo
		GB/T 4240	9Cr18(-R)
		GB/T 20878	108Cr17
		GB/T 20878	108Cr17
		YB/T 096	9Cr18
		YB/T 096	9Cr18Mo
X 110 Mn 14	1.3402	JB/T 6404	ZGMn13-4
X 120 Mn 12	1.3401	GB/T 5680	ZGMn13-1
		GB/T 5680	ZGMn13-2
		GB/T 5680	ZGMn13-3
		GB/T 5680	ZGMn13-4
		JB/T 6404	ZGMn13-1
		JB/T 6404	ZGMn13-2
		JB/T 6404	ZGMn13-3
		YB/T 036.4	ZGMn13-1
		YB/T 036.4	ZGMn13-2
		YB/T 036.4	ZGMN13-3
X 155 CrVMo 12 1	1.2379	GB/T 1299	Cr12Mo1V1
		YB/T 094	SMCr12Mo1V1
		YB/T 095	Cr12MoV
X 210 Cr 12	1.2080	GB/T 1299	Cr12
9 CrNiCuP 3 2 4	1.8962	GB/T 4171	Q345GNHL
		GB/T 18982	Q345GNHLJ
9 SMnPb 28	1.0718	GB/T 8731	Y15Pb
10 CrMo 9 10	1.7380	GB/T 713	12Cr2Mo1R
		GB 5310	12Cr2MoG
		GB 6479	12Cr2Mo
10 S 20	1.0721	GB/T 8731	Y12
10 SPb 20	1.0722	GB/T 8731	Y12Pb
11 MnNi 5 3	1.6212	GB 03531	09Mn2VDR
12 CrMo 19 5	1.7362	GB/T 1221	12Cr5Mo
		GB/T 1221	1Cr5Mo
		GB 6479	1Cr5Mo

6 DIN-Werkstoffbezeichnungen

Auflistung in alphanumerischer Reihenfolge

DIN steel names

Listed in alphanumerical order

Werkstoff-Kurzname (alt) Steel name (old)	Werk-stoff-Nr. Material number	CN-Norm CN standard	Stahlsorte (CN) Steel grade (CN)
12 CrMo 19 5	1.7362	GB/T 9948	1Cr5Mo
		GB/T 20878	12Cr5Mo
13 CrMo 4 4	1.7335	GB/T 3077	12CrMo
		GB 5310	12CrMoG
		GB 6479	12CrMo
		GB/T 8162	12CrMo
		GB/T 9948	12CrMo
		YB/T 5132	12CrMo
13 Mn 6	1.0479	GB/T 8164	12Mn
13 MnNi 6 3	1.6217	GB 03531	15MnNiDR
13 NiCr 6	1.5713	GB/T 3077	12CrNi 2
		GB/T 3078	12CrNi2A
		GB/T 8162	12CrNi2
14 NiCr 10	1.5732	GB/T 3077	12CrNi 3
		GB/T 3078	12CrNi3A
		GB/T 3079	12CrNi 3A
		GB/T 8162	12CrNi 3
14 NiCr 14	1.5752	GB/T 3078	12Cr2Ni4A
		GB/T 3079	12Cr2Ni4A
14 NiCr 18	1.5860	GB/T 3077	12Cr2Ni4
		GB/T 8162	12Cr2Ni4
15 Mn 3	1.0467	GB/T 699	15Mn
		GB/T 3078	15Mn
		GB/T 6478	ML15Mn
		GB/T 6478	ML18Mn
15 Mo 3	1.5415	GB 5310	15MoG
15 S 20	1.0723	GB/T 8731	Y15
15 SPb 20	1.0753	GB/T 8731	Y15Pb
16 CrMo 4	1.7242	GB/T 3077	20CrMo
		GB/T 3078	20CrMo
		GB/T 5216	20CrMoAH
		GB/T 5216	20CrMoH
		GB/T 5954	ML20CrMoA
		GB/T 8162	20CrMo
		GB/T 13796	20CrMo
		YB/T 5132	20CrMo
16 CrMo 4 4	1.7337	GB/T 713	15CrMog
		GB/T 713	15CrMoR
		GB/T 3077	15CrMo

6 DIN-Werkstoffbezeichnungen

Auflistung in alphanumerischer Reihenfolge

DIN steel names

Listed in alphanumerical order

Werkstoff-Kurzname (alt) Steel name (old)	Werk-stoff-Nr. Material number	CN-Norm CN standard	Stahlsorte (CN) Steel grade (CN)
16 CrMo 4 4	1.7337	GB/T 3078	15CrMo
		GB/T 5216	15CrMoAH
		GB/T 5216	15CrMoH
		GB 5310	15CrMoG
		GB 6479	15CrMo
		GB 6654	15CrMoB
		GB/T 8162	15CrMo
		GB/T 9948	15CrMo
		YB/T 5132	15CrMo
16 MnCr 5	1.7131	GB/T 3077	15CrMn
		GB/T 3077	20CrMn
		GB/T 5216	20CrMnAH
		GB/T 5216	20CrMnH
		GB/T 8162	20CrMn
17 Cr 3	1.7016	GB/T 3077	15Cr
		GB/T 3078	15CrA
		GB/T 3079	15CrA
		GB/T 5216	15CrH
		GB/T 6478	ML15Cr
		GB/T 11251	15Cr
		YB/T 5132	15Cr
17 NiCrMo 14	1.3533	GB/T 3203	G20Cr2Ni4
20 Cr 4	1.7027	GB/T 3077	20Cr
		GB/T 3078	20Cr
		GB/T 5216	20Cr1AH
		GB/T 5216	20Cr1H
		GB/T 5216	20CrAH
		GB/T 5216	20CrH
		GB/T 6478	ML20Cr
		GB/T 8162	20Cr
		GB/T 11251	20Cr
		YB/T 5132	20Cr
20 CrMo 5	1.7264	GB/T 3077	20CrMnMo
		GB/T 3078	20CrMnMo
		GB/T 5216	20CrMnMoAH
		GB/T 5216	20CrMnMoH
		GB/T 13796	20CrMnMo
20 Mn 5	1.1133	GB/T 713	19Mng
		GB 5310	20MnG

6 DIN-Werkstoffbezeichnungen

Auflistung in alphanumerischer Reihenfolge

DIN steel names

Listed in alphanumerical order

Werkstoff-Kurzname (alt) Steel name (old)	Werkstoff-Nr. Material number	CN-Norm CN standard	Stahlsorte (CN) Steel grade (CN)
20 Mn 6	1.1169	GB/T 3077	20Mn2
		GB/T 3078	20Mn2
20 MnCr 5	1.7147	GB/T 3077	20CrMn
		GB/T 5216	20CrMnAH
		GB/T 5216	20CrMnH
		GB/T 8162	20CrMn
20 MnV 6	1.5217	GB/T 3077	20 MnV
		GB/T 3077	20MnV
		GB/T 3078	20 MnV
		GB/T 8162	27SiMn
20 MoCr 4	1.7321	GB/T 3203	G20CrMo
20 NiCrMo 2	1.6522	GB/T 3077	20CrNiMo
		GB/T 3203	G20CrNiMo
		GB/T 5216	20CrNiMoH
21 Mn 4	1.0469	GB/T 699	20Mn
		GB/T 3078	20Mn
		GB/T 5954	ML20MnA
		GB/T 6478	ML22Mn
21 MnB 5	1.5530	GB/T 3077	20Mn2B
21 NiCrMo 2	1.6523	GB/T 3077	20 CrNiMo
		GB/T 3203	G20CrNiMo
		GB/T 5216	20CrNiMoAH
		GB/T 5216	20CrNiMoH
21 NiCrMo 22	1.6543	GB/T 3077	20 CrNiMo
		GB/T 3203	G20CrNiMo
		GB/T 5216	20CrNiMoAH
		GB/T 5216	20CrNiMoH
21 NiCrMoS 2	1.6526	GB/T 3077	20 CrNiMo
		GB/T 3203	G20CrNiMo
		GB/T 5216	20CrNiMoAH
		GB/T 5216	20CrNiMoH
22 CrMo 4 4	1.7350	GB/T 5216	22CrMoAH
		GB/T 5216	22CrMoH
22 CrV 3	1.7511	GB/T 3077	20CrV
		GB/T 3078	20CrV
22 Mn 6	1.1160	GB/T 3077	20Mn2
		GB/T 3078	20Mn2
22 S 20	1.0724	GB/T 8731	Y20

6 DIN-Werkstoffbezeichnungen

Auflistung in alphanumerischer Reihenfolge

DIN steel names

Listed in alphanumerical order

Werkstoff-Kurzname (alt) Steel name (old)	Werkstoff-Nr. Material number	CN-Norm CN standard	Stahlsorte (CN) Steel grade (CN)
22MnB5	1.5528	GB/T 6478	ML20B
		GB/T 6478	ML20MnB
25 CrMo 4	1.7218	GB/T 3077	30CrMo
		GB/T 3078	30CrMo
		GB/T 6478	ML30CrMo
		GB/T 18248	30CrMo
		YB/T 5132	30CrMo
25 NiCrMo 12	1.2768	GB/T 1301	ZK23CrNi3Mo
28 B 2	1.5510	GB/T 6478	ML28B
28 Cr 4	1.7030	GB/T 3077	30Cr
		GB/T 3078	30Cr
		GB/T 8162	30Cr
		GB/T 11251	30Cr
		YB/T 5132	30Cr
28 Mn 6	1.1170	GB/T 3077	30Mn2
30 Mn 4	1.1146	GB/T 699	30Mn
		GB/T 3078	30Mn
		GB/T 6478	ML30Mn
30 MnCrTi 4	1.8401	GB/T 3077	30CrMnTi
		GB/T 3079	30CrMnMoTiA
		GB/T 3079	30CrMnMoTiE
		GB/T 8162	30CrMnTi
		YB/T 5132	30CrMnTi
30 NiCr 11	1.5737	GB/T 3077	30CrNi3
		GB/T 3078	30CrNi3A
		GB/T 3079	30CrNi3A
34 Cr 4	1.7033	GB/T 3077	35Cr
		GB/T 3078	35Cr
		GB/T 8162	35Cr
		GB/T 11251	35Cr
		YB/T 5132	35Cr
34 CrMo 4	1.7220	GB/T 3077	35CrMo
		GB/T 3078	35CrMo
		GB/T 5954	ML35CrMoA
		GB/T 6478	ML35CrMo
		GB/T 8162	35CrMo
		GB/T 18248	35CrMo
		JB/T 6402	ZG35Cr1Mo
		YB/T 5132	35CrMo

6 DIN-Werkstoffbezeichnungen

Auflistung in alphanumerischer Reihenfolge

DIN steel names

Listed in alphanumerical order

Werkstoff-Kurzname (alt) Steel name (old)	Werk-stoff-Nr. Material number	CN-Norm CN standard	Stahlsorte (CN) Steel grade (CN)
35 B 2	1.5511	GB/T 6478	ML35B
		YB/T 5132	35B
35 CrMo 4	1.2330	GB/T 3077	35CrMo
		GB/T 3078	35CrMo
		GB/T 6478	ML35CrMo
		GB/T 8162	35CrMo
		YB/T 5132	35CrMo
35 S 20	1.0726	GB/T 8731	Y35
36 CrNiMo 4	1.6511	GB/T 3078	40CrNiMoA
36 Mn 4	1.0561	GB/T 699	35Mn
		GB/T 3078	35Mn
		GB/T 6478	ML35Mn
		GB/T 18248	37Mn
36 Mn 5	1.1167	GB/T 3077	35Mn2
		GB/T 3078	35Mn2
36 Mn 7	1.5069	GB/T 3077	35Mn2
		GB/T 3078	35Mn2
37 Cr 4	1.7034	GB/T 3077	35Cr
		GB/T 3078	35Cr
		GB/T 5954	ML38CrA
		GB/T 6478	ML37Cr
		GB/T 8162	35Cr
		GB/T 11251	35Cr
		YB/T 5132	35Cr
		YB/T 5132	38CrA
37 CrB 1	1.7007	GB/T 6478	ML37CrB
37 MnSi 5	1.5122	GB/T 3077	35SiMn
		GB/T 3078	35SiMn
		JB/T 6402	ZG 35Mn
		JB/T 6402	ZG35Mn
38 Cr 4	1.7043	GB/T 3079	38CrA
		GB/T 3079	38CrE
38 MnB 5	1.5532	GB/T 3077	40MnB
		GB/T 3078	40MnB
		GB/T 5216	40MnBAH
		GB/T 5216	40MnBH
		GB/T 8162	40MnB
		GB/T 13795	40MnB

6 DIN-Werkstoffbezeichnungen

Auflistung in alphanumerischer Reihenfolge

DIN steel names

Listed in alphanumerical order

Werkstoff-Kurzname (alt) Steel name (old)	Werk-stoff-Nr. Material number	CN-Norm CN standard	Stahlsorte (CN) Steel grade (CN)
40 Mn 4	1.1157	GB/T 699	40Mn
		GB/T 3078	40Mn
		GB/T 6478	ML40Mn
		GB/T 13795	40Mn
40 MnB 4	1.5527	GB/T 3077	40B
		GB/T 3078	40B
		GB/T 11251	40B
		YB/T 5132	40B
40 NiCr 6	1.5711	GB/T 3077	40CrNi
		GB/T 3078	40CrNi
		YB/T 5132	40CrNi
40 NiCrMo 6	1.6565	GB/T 3077	40CrNiMoA
		GB/T 3078	40CrNiMoA
		GB/T 3079	40CrNiMoA
		GB/T 5954	ML40CrNiMoA
		GB/T 8162	40CrNiMoA
40 NiCrMo 8 4	1.6562	GB/T 3077	40CrNiMoA
		GB/T 3078	40CrNiMoA
		GB/T 3079	40CrNiMoA
		GB/T 8162	40CrNiMoA
41 Cr 4	1.7035	GB/T 3077	40Cr
		GB/T 3077	45Cr
		GB/T 3078	40Cr
		GB/T 3078	45Cr
		GB/T 3079	40CrA
		GB/T 5216	40CrAH
		GB/T 5216	40CrH
		GB/T 5216	45CrAH
		GB/T 5216	45CrH
		GB/T 6478	ML40Cr
		GB/T 8162	40Cr
		GB/T 8162	45Cr
		GB/T 11251	40Cr
		YB/T 5132	40Cr
41 CrAlMo 7	1.8509	GB/T 3077	38CrMoAl
		GB/T 3078	38CrMoAl
		GB/T 3078	38CrMoAlA
		GB/T 3079	38CrMoAlA
		GB/T 8162	38CrMoAl

6 DIN-Werkstoffbezeichnungen

Auflistung in alphanumerischer Reihenfolge

DIN steel names

Listed in alphanumerical order

Werkstoff-Kurzname (alt) Steel name (old)	Werk-stoff-Nr. Material number	CN-Norm CN standard	Stahlsorte (CN) Steel grade (CN)
41 CrMo 4	1.7223	GB/T 3077	42CrMo
		GB/T 3078	42CrMo
42 Cr 4	1.7045	GB/T 3077	40Cr
		GB/T 3077	45Cr
		GB/T 3078	40Cr
		GB/T 3078	45Cr
		GB/T 3079	40CrA
		GB/T 5216	40CrAH
		GB/T 5216	40CrH
		GB/T 5216	45CrAH
		GB/T 5216	45CrH
		GB/T 6478	ML40Cr
		GB/T 8162	40Cr
		GB/T 8162	45Cr
		GB/T 11251	40Cr
		YB/T 5132	40Cr
42 CrMo 4	1.7225	GB/T 3077	42CrMo
		GB/T 3078	42CrMo
		GB/T 5216	42CrMoAH
		GB/T 5216	42CrMoH
		GB/T 5954	ML42CrMoA
		GB/T 6478	ML42CrMo
		GB/T 8162	42CrMo
		JB/T 6402	ZG42Cr1Mo
42 MnV 7	1.5223	GB/T 3077	40Mn2
		GB/T 3078	40Mn2
		GB/T 8162	40Mn2
		YB/T 5052	40Mn2
45 B 2	1.5513	GB/T 3077	45B
		GB/T 3078	45B
		GB/T 11251	45B
		YB/T 5132	45B
45 CrMoV 7	1.2328	YB/T 094	SM3Cr2Mo
		YB/T 107	SM3Cr2Mo
45 S 20	1.0727	GB/T 8731	Y45
45 WCrV 7	1.2542	GB/T 1299	5CrW2Si
46 Mn 7	1.0912	GB/T 3077	45Mn2
		GB/T 3078	45Mn2
		GB/T 8162	45Mn2

6 DIN-Werkstoffbezeichnungen

Auflistung in alphanumerischer Reihenfolge

DIN steel names

Listed in alphanumerical order

Werkstoff-Kurzname (alt) Steel name (old)	Werk-stoff-Nr. Material number	CN-Norm CN standard	Stahlsorte (CN) Steel grade (CN)
46 Mn 7	1.0912	GB/T 11251	45Mn2
		YB/T 5132	45Mn2A
49 CrV 4 2	1.8158	GB/T 3077	50CrVA
		GB/T 3079	50CrVA
50 CrMo 4	1.7228	JB/T 6402	ZG50Cr1Mo
50 CrV 4	1.8159	GB/T 1222	50CrVA
		GB/T 3077	50CrVA
		GB/T 3079	50CrVA
		GB/T 5218	50CrVA
		GB/T 8162	50CrVA
		GB/T 19530	50CrVA
		YB/T 5058	50CrVA
		YB/T 5136	50CrVA
50 Mn 7	1.0913	GB/T 3077	50Mn2
		GB/T 3078	50Mn2
		GB/T 3078	50Mn2
52 Mn 5	1.1226	GB/T 3077	50Mn2
		GB/T 3078	50Mn2
		GB/T 8162	45Mn2
		YB/T 5132	45Mn2A
52 MnCrB 3	1.7138	GB/T 1222	60CrMnBA
55 Cr 3	1.7176	GB/T 1222	55CrMnA
		GB/T 1222	60CrMnA
55 NiCrMoV 6	1.2713	GB/T 1299	5CrNiMo
55 Si 7	1.0904	GB/T 1222	55Si2Mn
55 SiCr 6 3	1.7104	GB/T 1222	55SiCrA
		GB/T 1222	60Si2CrA
		GB/T 19530	55SiCrA
		GB/T 19530	60Si2CrA
60 Mn 3	1.0642	GB/T 699	60Mn
		GB/T 3078	60Mn
		GB/T 4360	60Mn
		YB/T 5101	60Mn
		YB/T 5103	60Mn
60 MnCrB 3	1.7137	GB/T 1222	60CrMnBA
60 Si 7	1.0909	GB/T 1222	60Si2Mn
60 Si 7	1.5027	GB/T 1222	60Si2Mn
		GB/T 1222	60Si2MnA
		GB/T 5218	60Si2MnA

6 DIN-Werkstoffbezeichnungen

Auflistung in alphanumerischer Reihenfolge

DIN steel names

Listed in alphanumerical order

Werkstoff-Kurzname (alt) Steel name (old)	Werkstoff-Nr. Material number	CN-Norm CN standard	Stahlsorte (CN) Steel grade (CN)
60 Si 7	1.5027	GB/T 19530	60Si2MnA
		YB/T 5058	60Si2Mn
		YB/T 5058	60Si2MnA
		YB 5063	60Si2MnA
60 SiCr 7	1.7108	GB/T 1222	60Si2CrA
60 SiMn 5	1.5142	GB/T 699	60Mn
		GB/T 3078	60Mn
60 SiMn 5	1.0908	GB/T 699	60Mn
		GB/T 3078	60Mn
60 WCrV 7	1.2550	GB/T 1299	6CrW2Si
65 MnCrMo 4	1.2309	GB/T 1299	5CrMnMo
66 Mn 4	1.1260	GB/T 699	65Mn
		GB/T 1222	65Mn
		GB/T 3078	65Mn
		GB/T 4358	65Mn
		GB/T 4360	65Mn
		GB/T 19530	65Mn
		JB/T 6402	ZG65Mn
		YB/T 5058	65Mn
		YB 5063	65Mn
		YB/T 5101	65Mn
		YB/T 5103	65Mn
90 Cr 3	1.2056	GB/T 1299	9Cr2
90 CrSi 5	1.2108	GB/T 1299	9SiCr
		YB/T 095	9SiCr
90 MnCrV 8	1.2842	GB/T 1299	9Mn2V
100 Cr 2	1.3501	GB/T 3203	GCr6
		GB/T 18254	GCr4
100 Cr 6	1.2067	GB/T 1299	Cr2
100 Cr 6	1.3505	GB/T 3203	GCr15
		GB/T 18254	GCr15
100 CrMn 6	1.3520	GB/T 3203	GCr15SiMn
		GB/T 3203	GCr9SiMn
		GB/T 18254	GCr15SiMn
100 CrMo 5	1.2303	GB/T 1301	ZK95CrMo
100 CrMo 7	1.3537	GB/T 18254	GCr18Mo
100 MnCrW 4	1.2510	GB/T 1299	9CrWMn
		YB/T 095	9CrWMn
105 Cr 4	1.3503	GB/T 3203	GCr9

6 DIN-Werkstoffbezeichnungen

Auflistung in alphanumerischer Reihenfolge

DIN steel names

Listed in alphanumerical order

Werkstoff-Kurzname (alt) Steel name (old)	Werkstoff-Nr. Material number	CN-Norm CN standard	Stahlsorte (CN) Steel grade (CN)
105 WCr 6	1.2419	GB/T 1299	CrWMn
		YB/T 095	CrWMn
		YB/T 096	CrWMn
120 W 4	1.2414	GB/T 1299	W
140 Cr 3	1.2008	GB/T 1299	Cr06
		YB/T 5058	Cr06

7 EN-DIN-Werkstoffbezeichnungen

Auflistung nach steigenden Werkstoff-Nummern

EN DIN steel names

Listed according to material numbers in numerical order

Werkstoff-Nr. Material number	EN-Werkstoff-Kurzname (neu) EN steel name (new)	Werkstoff-Kurzname (alt) Steel name (old)
1.0010	C8D	D 9
1.0028	S205G1T	USt 34-2
1.0034	E195	S205G2T
1.0034	S205G2T	RSt 34-2
1.0035	S185	St 33
1.0036	S235JRG1 (entfällt, omitted)	USt 37-2
1.0037	S235JR (ersetzt d., replaced by 1.0038)	St 37-2
1.0038	S235JR (vorher, formerly S235JRG2)	RSt 37-2
1.0044	S275JR	St 44-2
1.0045	S355JR	–
1.0050	E295	St 50-2
1.0060	E335	St 60-2
1.0113	–	KSt 37-2
1.0114	S235J0	St 37-3U
1.0116	S235J2G3 (entfällt, omitted)	St 37-3N
1.0117	S235J2 (vorher, formerly S235J2G4)	S235J2G4
1.0143	S275J0	St 44-3U
1.0144	S275J2G3 (entfällt, omitted)	St 44-3N
1.0145	S275J2 (vorher, formerly S275J2G4)	S275J2G4
1.0213	C8C	QSt 34-3
1.0244	S280GD	StE280-2Z
1.0255	P235TR2	–
1.0288	–	D 5-2
1.0300	C4D	–
1.0301	C10	C 10
1.0303	C4C	QSt 32-3
1.0304	C9D	–
1.0310	C10D	D 10-2
1.0311	–	IF 18
1.0313	C7D	D 8-2
1.0314	C2C	D 6-2
1.0336	DC04G1	Ust 4
1.0336	DC04G1	USt 14
1.0339	C10WSi	RSD 10 Si

7 EN-DIN-Werkstoffbezeichnungen

Auflistung nach steigenden Werkstoff-Nummern

EN DIN steel names

Listed according to material numbers in numerical order

Werkstoff-Nr. Material number	EN-Werkstoff-Kurzname (neu) EN steel name (new)	Werkstoff-Kurzname (alt) Steel name (old)
1.0345	P235GH	H I
1.0401	C15	C 15
1.0402	C22	C 22
1.0406	C25	C 25
1.0413	C15D	D 15-2
1.0414	C20D	D 20-2
1.0415	C26D	D 25-2
1.0416	C18D	–
1.0420	GE200	GS-38
1.0425	P265GH	–
1.0428	–	BSt 420 S
1.0438	B500A	BSt 500 S
1.0439	B500B	–
1.0440	–	GL-A
1.0442	–	GL-B
1.0446	GE240	GS-45
1.0467	–	15 Mn 3
1.0469	–	21 Mn 4
1.0474	–	GL-D
1.0476	–	GL-E
1.0479	–	13 Mn 6
1.0501	C35	C 35
1.0503	C45	C 45
1.0506	–	WStE 315
1.0511	C40	C 40
1.0513	–	GL-A 32
1.0514	–	GL-D 32
1.0515	–	GL-E 32
1.0516	C38D	D 35-2
1.0517	C48D	D 45-2
1.0518	C56D	D 55-2
1.0524	R220	StSch 800
1.0528	C30	C 30
1.0530	C32D	D 30-2
1.0532	–	GL-A 40

7 EN-DIN-Werkstoffbezeichnungen

Auflistung nach steigenden Werkstoff-Nummern

EN DIN steel names

Listed according to material numbers in numerical order

Werk-stoff-Nr. Material number	EN-Werkstoff-Kurzname (neu) EN steel name (new)	Werkstoff-Kurzname (alt) Steel name (old)
1.0534	–	GL-D 40
1.0535	C55	C 55
1.0540	C50	C 50
1.0541	C42D	D 40-2
1.0546	S355NL	TStE 355
1.0552	GE260	GS-52
1.0555	–	FStE 355 OS 1
1.0558	GE300	GS-60
1.0560	–	GL-E 40
1.0561	–	36 Mn 4
1.0566	P355NL1	TStE 355
1.0570	S355J2G3 (entfällt, omitted)	St 52-3
1.0571	P355QH1	–
1.0578	L360MB	StE 360.7 TM
1.0583	–	GL-A 36
1.0584	–	GL-D 36
1.0585	S355J3G3Cu	St 52-3 Cu 3
1.0586	C50D	D 50-2
1.0588	C52D	D 53-2
1.0589	–	GL-E 36
1.0590	S450J0	–
1.0601	C60	C 60
1.0603	–	C 67
1.0609	C58D	D 58-2
1.0610	C60D	D 60-2
1.0611	C62D	D 63-2
1.0612	C66D	D 65-2
1.0613	C68D	D 68-2
1.0614	C76D	D 75-2
1.0615	C70D	D 70-2
1.0616	C86D	D 85-2
1.0617	C72D	D 73-2
1.0618	C92D	D 95-2
1.0619	GP240GH	GS-C 25
1.0620	C78D	D 78-2

7 EN-DIN-Werkstoffbezeichnungen

Auflistung nach steigenden Werkstoff-Nummern

EN DIN steel names

Listed according to material numbers in numerical order

Werkstoff-Nr. Material number	EN-Werkstoff-Kurzname (neu) EN steel name (new)	Werkstoff-Kurzname (alt) Steel name (old)
1.0622	C80D	D 80-2
1.0626	C82D	D 83-2
1.0628	C88D	D 88-2
1.0642	–	60 Mn 3
1.0711	10S10	–
1.0718	11SMnPb30	9 SMnPb 28
1.0721	10S20	10 S 20
1.0722	10SPb20	10 SPb 20
1.0723	–	15 S 20
1.0724	–	22 S 20
1.0726	35S20	35 S 20
1.0727	46S20	45 S 20
1.0753	–	15 SPb 20
1.0760	38SMn28	–
1.0904	–	55 Si 7
1.0908	–	60 SiMn 5
1.0909	–	60 Si 7
1.0912	46Mn7	46 Mn 7
1.0913	50Mn7	50 Mn 7
1.0961	HDT450F	–
1.0987	S550NC	QStE 550 N
1.1008	–	Ck 8
1.1102	–	FStE 355 OS 4
1.1106	P355NL2	EStE 355
1.1120	G19Mn5	GS-20 Mn 5
1.1121	C10E	Ck10
1.1122	C10E2C	Cq 10
1.1127	38Mn6	–
1.1132	C15E2C	Cq 15
1.1133	20Mn5	20 Mn 5
1.1136	G24Mn4	GS-24 Mn 4
1.1138	G21Mn5	GS-21 Mn 5
1.1140	C15R	Cm 15
1.1141	C15E	Ck 15
1.1142	GC16E	GS-Ck 16

7 EN-DIN-Werkstoffbezeichnungen

Auflistung nach steigenden Werkstoff-Nummern

EN DIN steel names

Listed according to material numbers in numerical order

Werkstoff-Nr. Material number	EN-Werkstoff-Kurzname (neu) EN steel name (new)	Werkstoff-Kurzname (alt) Steel name (old)
1.1146	30Mn4	30 Mn 4
1.1148	C16E	–
1.1151	C22E	Ck 22
1.1152	C20E2C	Cq 22
1.1155	GC25E	GS-Ck 25
1.1157	40Mn4	40 Mn 4
1.1158	C25E	Ck 25
1.1160	22Mn6	22 Mn 6
1.1164	C48D2	–
1.1165	G28Mn6	GS-30 Mn 5
1.1167	–	36 Mn 5
1.1168	G40Mn5	GS-40 Mn 5
1.1169	20Mn6	20 Mn 6
1.1170	28Mn6	28 Mn 6
1.1171	C50D2	–
1.1172	C35EC	Cq 35
1.1177	25Mn4	–
1.1178	C30E	Ck 30
1.1180	C35R	Cm 35
1.1181	C35E	Ck 35
1.1186	C40E	Ck 40
1.1191	C45E	Ck 45
1.1192	C45EC	Cq 45
1.1201	C45R	Cm 45
1.1202	C52D2	D 53-3
1.1203	C55E	Ck 55
1.1206	C50E	Ck 50
1.1221	C60E	Ck 60
1.1226	52Mn5	52 Mn 5
1.1230	C65S1	Federstahldraht FD
1.1231	C67S	Ck 67
1.1233	56Mn4	–
1.1234	C68E	Ck 68
1.1248	C75S	Ck 75
1.1255	C80D2	D 80-3

7 EN-DIN-Werkstoffbezeichnungen

Auflistung nach steigenden Werkstoff-Nummern

EN DIN steel names

Listed according to material numbers in numerical order

Werk-stoff-Nr. Material number	EN-Werkstoff-Kurzname (neu) EN steel name (new)	Werkstoff-Kurzname (alt) Steel name (old)
1.1260	–	66 Mn 4
1.1262	C82D2	D 83-3
1.1269	C85S	Ck 85
1.1272	C88D2	D 88-3
1.1274	C100S	Ck 101
1.1520	C70U	C 70 W1
1.1525	C80U	C 80 W1
1.1535	C90U	–
1.1545	C105U	C 105 W1
1.1555	C120U	–
1.1563	C125U	C 125 W
1.1620	C70U	C 70 W2
1.1625	–	C 80 W2
1.1645	–	C 105 W2
1.1750	–	C 75 W
1.1830	–	C 85 W
1.2008	140Cr2	140 Cr 3
1.2056	90Cr3	90 Cr 3
1.2067	102Cr6	100 Cr 6
1.2080	X210Cr12	X 210 Cr 12
1.2108	90CrSi5	90 CrSi 5
1.2302	35CrMo7	–
1.2303	100CrMo5	100 CrMo 5
1.2309	65MnCrMo4	65 MnCrMo 4
1.2319	X64CrMo14	X 64 CrMo 14
1.2328	–	45 CrMoV 7
1.2330	35CrMo4	35 CrMo 4
1.2343	X37CrMoV5-1	X 38 CrMoV 5 1
1.2344	X40CrMoV5-1	X 40 CrMoV 5 1
1.2363	X100CrMoV5	–
1.2365	32CrMoV12-28	X 32 CrMoV 3 3
1.2379	X153CrMoV12	X 155 CrVMo 12 1
1.2414	–	120 W 4
1.2419	–	105 WCr 6
1.2510	100MnCrW4	100 MnCrW 4

7 EN-DIN-Werkstoffbezeichnungen

Auflistung nach steigenden Werkstoff-Nummern

EN DIN steel names

Listed according to material numbers in numerical order

Werk-stoff-Nr. Material number	EN-Werkstoff-Kurzname (neu) EN steel name (new)	Werkstoff-Kurzname (alt) Steel name (old)
1.2542	45WCrV7	45 WCrV 7
1.2550	60WCrV8	60 WCrV 7
1.2567	30WCrV17-2	X 30 WCrV 5 3
1.2581	X30WCrV9-3	–
1.2713	–	55 NiCrMoV 6
1.2768	25NiCrMo12	25 NiCrMo 12
1.2842	90MnCrV8	90 MnCrV 8
1.2880	X165CrCoMo12	G-X 165 CrCoMo 12
1.3202	–	S 12-1-4-5
1.3207	HS10-4-3-10	S 10-4-3-10
1.3243	HS6-5-2-5	S 6-5-2-5
1.3244	HS6-5-3-8	–
1.3246	–	S 7-4-2-5
1.3247	HS2-9-1-8	S 2-10-1-8
1.3255	–	S 18-1-2-5
1.3265	HS18-1-2-10	S 18-1-2-10
1.3327	HS1-8-1	–
1.3333	HS3-3-2	S 3-3-2
1.3339	HS6-5-2	–
1.3343	HS6-5-2C	S 6-5-2
1.3344	HS6-5-3	S 6-5-3
1.3348	HS2-9-2	S 2-9-2
1.3350	HS6-6-2	–
1.3351	HS6-5-4	–
1.3355	HS18-0-1	–
1.3401	X120Mn12	X 120 Mn 12
1.3401	–	G-X 120 Mn 12
1.3402	X110Mn14	X 110 Mn 14
1.3410	GX120MnCr13-2	–
1.3416	GX110MnMo13-1	–
1.3501	–	100 Cr 2
1.3503	–	105 Cr 4
1.3505	100Cr6	100 Cr 6
1.3518	100CrMnSi4-4	–
1.3520	100CrMnSi6-4	100 CrMn 6

7 EN-DIN-Werkstoffbezeichnungen

Auflistung nach steigenden Werkstoff-Nummern

EN DIN steel names

Listed according to material numbers in numerical order

Werk-stoff-Nr. Material number	EN-Werkstoff-Kurzname (neu) EN steel name (new)	Werkstoff-Kurzname (alt) Steel name (old)
1.3533	18NiCrMo14-6	17 NiCrMo 14
1.3537	100CrMo7	100 CrMo 7
1.3544	Handbuch Luftfahrt	Handbuch Luftfahrt
1.3558	X75WCrV18-4-1	X 75 WCrV 18 4 1
1.3576	20NiCrMo7	–
1.3802	GX120Mn13	G-X 120 Mn 13
1.3802	X120Mn12	–
1.4000	X6Cr13	X 6 Cr 13
1.4002	X6CrAl13	X 6 CrAl 13
1.4003	X2CrNi12	X 2 Cr 11
1.4005	X12CrS13	–
1.4006	X12Cr13	X 10 Cr 13
1.4008	GX7CrNiMo12-1	G-X 8 CrNi 13
1.4016	X6Cr17	X 6 Cr 17
1.4021	X20Cr13	X 20 Cr 13
1.4024	X15Cr13	X 15 Cr 13
1.4027	GX20Cr14	G-X 20 Cr 14
1.4028	X30Cr13	X 30 Cr 13
1.4029	X29CrS13	–
1.4031	X39Cr13	X 38 Cr 13
1.4057	X17CrNi16-2	X 20 CrNi 17 2
1.4104	X14CrMoS17	X 12 CrMoS 17
1.4109	X70CrMo15	X 65 CrMo 14
1.4112	X90CrMoV18	X 90 CrMoV 18
1.4113	X6CrMo17-1	X 6 CrMo 17 1
1.4120	X20CrMo13	X 20 CrMo 13
1.4125	X105CrMo17	X 105 CrMo 17
1.4131	–	X 1 CrMo 26 1
1.4300	–	X 12 CrNi 18 8
1.4301	X5CrNi18-10	X 5 CrNi 18 10
1.4303	X4CrNi18-12	X 5 CrNi 18 12
1.4305	X8CrNiS18-9	X 10 CrNiS 18 9
1.4306	–	G-X 2 CrNiN 18 9
1.4306	X2CrNi19-11	X 2 CrNi 19 11
1.4308	GX5CrNi19-10	G-X 6 CrNi 18 9

7 EN-DIN-Werkstoffbezeichnungen

Auflistung nach steigenden Werkstoff-Nummern

EN DIN steel names

Listed according to material numbers in numerical order

Werkstoff-Nr. Material number	EN-Werkstoff-Kurzname (neu) EN steel name (new)	Werkstoff-Kurzname (alt) Steel name (old)
1.4309	GX2CrNi19-11	–
1.4310	X10CrNi18-8	X 12 CrNi 17 7
1.4311	X2CrNiN18-10	X 2 CrNiN 18 10
1.4312	GX10CrNi18-8	G-X 10 CrNi 18 8
1.4313	–	G-X 5 CrNi 13 4
1.4313	X3CrNiMo13-4	X 4 CrNi 13 4
1.4315	X5CrNiN19-9	–
1.4317	GX4CrNi13-4	–
1.4318	X2CrNiN18-7	X 2 CrNiN 18 7
1.4320	X2CrNiMo13-4	–
1.4335	X1CrNi25-21	X 1 CrNi 25 21
1.4361	X1CrNiSi18-15-4	X 1 CrNiSi 18 15
1.4362	X2CrNiN23-4	X 2 CrNiN 23 4
1.4371	X2CrMnNiN17-7-5	–
1.4372	X12CrMnNiN17-7-5	–
1.4373	X12CrMnNiN18-9-5	–
1.4401	X5CrNiMo17-12-2	X 5 CrNiMo 17 12 2
1.4401	X5CrNiMo17-12-2	X 5 CrNiMo 18 10
1.4404	–	G-X 2 CrNiMoN 18 10
1.4404	X2CrNiMo17-12-2	X 2 CrNiMo 17 13 2
1.4405	GX4CrNiMo16-5-1	G-X 5 CrNiMo 16 5
1.4406	X2CrNiMoN17-11-2	X 2 CrNiMoN 17 12 2
1.4407	GX5CrNiMo13-4	G-X 5 CrNiMo 13 4
1.4408	GX5CrNiMo19-11-2	G-X 6 CrNiMo 18 10
1.4409	GX2CrNiMo19-11-2	–
1.4414	GX4CrNiMo13-4	G-X 4 CrNiMo 13 4
1.4425	X2CrNiMo18-13-3	–
1.4429	X2CrNiMoN17-13-3	X 2 CrNiMoN 17 13 3
1.4434	X2CrNiMoN18-12-4	–
1.4435	X2CrNiMo18-14-3	X 2 CrNiMo 18 14 3
1.4436	X3CrNiMo17-13-3	X 5 CrNiMo 17 13 3
1.4437	GX6CrNiMo18-12	G-X 6 CrNiMo 18 12
1.4438	X2CrNiMo18-15-4	X 2 CrNiMo 18 16 4
1.4439	–	G-X 3 CrNiMoN 17 13 5
1.4439	X2CrNiMoN17-13-5	X 2 CrNiMoN 17 13 5

7 EN-DIN-Werkstoffbezeichnungen

Auflistung nach steigenden Werkstoff-Nummern

EN DIN steel names

Listed according to material numbers in numerical order

Werk-stoff-Nr. Material number	EN-Werkstoff-Kurzname (neu) EN steel name (new)	Werkstoff-Kurzname (alt) Steel name (old)
1.4442	X2CrNiMoN18-15-4	X 2 CrNiMoN 18 15 4
1.4449	X3CrNiMo18-12-3	–
1.4460	X3CrNiMoN27-5-2	X 8 CrNiMo 27 5
1.4462	X2CrNiMoN22-5-3	X 2 CrNiMoN 22 5 3
1.4466	X1CrNiMoN25-22-2	X 2 CrNiMoN 25 22 2
1.4468	GX2CrNiMoN25-6-3	G-X 3 CrNiMoN 26 6 3
1.4501	X2CrNiMoCuWN25-7-4	–
1.4507	X2CrNiMoCuN25-6-3	–
1.4509	X2CrTiNb18	X 6 CrTiNb 18
1.4510	X3CrTi17	X 3 CrTi 17
1.4510	X3CrTi17	X 6 CrTi 17
1.4512	X2CrTi12	X 2 CrTi 12
1.4512	X2CrTi12	X 6 CrTi 12
1.4513	X2CrMoTi17-1	–
1.4517	GX2CrNiMoCuN25-6-3-3	G-X 3 CrNiMoCuN 26 6 3 3
1.4520	X2CrTi17	X 1 CrTi 15
1.4521	X2CrMoTi18-2	X 2 CrMoTi 18 2
1.4522	X2CrMoNb18-2	X 2 CrMoNb 18 2
1.4532	X8CrNiMoAl15-7-2	X 7 CrNiMoAl 15 7
1.4534	X3CrNiMoAl13-8-2	X 3 CrNiMoAl 13 8 2
1.4539	X1NiCrMoCu25-20-5	–
1.4541	X6CrNiTi18-10	X 6 CrNiTi 18 10
1.4542	X5CrNiCuNb16-4	X 5 CrNiCuNb 17 4
1.4543	X3CrNiCuTiNb12-9	X 3 CrNiCuTi 12 9
1.4547	X1CrNiMoCuN20-18-7	–
1.4548	X5CrNiCuNb17-4-4	X 5 CrNiCuNb17 4 4
1.4550	X6CrNiNb18-10	X 6 CrNiNb 18 10
1.4552	GX5CrNiNb19-11	G-X 5 CrNiNb 18 9
1.4564	–	–
1.4565	X2CrNiMnMoN25-18-6-5	–
1.4565	X2CrNiMnMoNbN25-18-5-4	X 3 CrNiMnMoNbN 23 17 5 3
1.4567	X3CrNiCu18-9-4	X 3 CrNiCu 18 9
1.4568	X7CrNiAl17-7	X 7 CrNiAl 17 7
1.4571	X6CrNiMoTi17-12-2	X 6 CrNiMoTi 17 12 2
1.4573	GX3CrNiMoCuN24-6-5	–

7 EN-DIN-Werkstoffbezeichnungen

Auflistung nach steigenden Werkstoff-Nummern

EN DIN steel names

Listed according to material numbers in numerical order

Werk-stoff-Nr. Material number	EN-Werkstoff-Kurzname (neu) EN steel name (new)	Werkstoff-Kurzname (alt) Steel name (old)
1.4573	–	X 10 CrNiMoTi 18 12
1.4574	–	–
1.4579	X6CrNiMoTi17-12-2 S	X 6 CrNiMoTi 17 12 2 S
1.4581	GX5CrNiMoNb19-11-2	G-X 5 CrNiMoNb 18 10
1.4586	X5NiCrMoCuNb22-18	X 5 NiCrMoCuNb 22 18
1.4652	X1CrNiMoCuN24-22-8	–
1.4710	GX30CrSi7	G-X 30 CrSi 6
1.4718	X45CrSi9-3	X 45 CrSi 9 3
1.4720	–	X 7 CrTi 12
1.4729	GX40CrSi13	G-X 40 CrSi 13
1.4731	X40CrSiMo10-2	X 40 CrSiMo 10 2
1.4740	GX40CrSi17	G-X 40 CrSi 17
1.4742	X10CrAlSi18	X 10 CrAl 18
1.4745	GX40CrSi24	G-X 40 CrSi 23
1.4747	–	X 80 CrNiSi 20
1.4749	X18CrN28	–
1.4776	GX40CrSi28	G-X 40 CrSi 29
1.4777	GX130CrSi29	G-X 130 CrSi 29
1.4806	GX40NiCrSi35-17	–
1.4823	GX40CrNiSi27-4	G-X 40 CrNiSi 27 4
1.4825	GX25CrNiSi18-9	G-X 25 CrNiSi 18 9
1.4826	GX40CrNiSi22-10	G-X 40 CrNiSi 22 9
1.4828	X15CrNiSi20-12	X 15 CrNiSi 20 12
1.4832	GX25CrNiSi20-14	G-X 25 CrNiSi 20 14
1.4833	X12CrNi23-13	X 7 CrNi 23 14
1.4837	GX40CrNiSi25-12	G-X 40 CrNiSi 25 12
1.4841	X15CrNiSi25-21	X 15 CrNiSi 25 20
1.4843	–	CrNi 25 20
1.4845	X8CrNi25-21	X 12 CrNi 25 21
1.4848	GX40CrNiSi25-20	G-X 40 CrNiSi 25 20
1.4849	GX40NiCrSiNb38-19	G-X 40 NiCrSiNb 38 18
1.4852	GX40NiCrSiNb35-26	G-X 40 NiCrSiNb 35 25
1.4855	GX40CrNiSiNb24-24	G-X 30 CrNiSiNb 24 24
1.4857	GX40NiCrSi35-26	G-X 40 NiCrSi 35 25
1.4859	GX10NiCrSiNb32-20	–

7 EN-DIN-Werkstoffbezeichnungen

Auflistung nach steigenden Werkstoff-Nummern

EN DIN steel names

Listed according to material numbers in numerical order

Werkstoff-Nr. Material number	EN-Werkstoff-Kurzname (neu) EN steel name (new)	Werkstoff-Kurzname (alt) Steel name (old)
1.4864	X12NiCrSi35-16	X 12 NiCrSi 36 16
1.4865	GX40NiCrSi38-19	G-X 40 NiCrSi 36 18
1.4871	X53CrMnNiN21-9	X 53 CrMnNiN 21 9
1.4874	GX50NiCrCo20-20-20	–
1.4876	X10NiCrAlTi32-21	X 10 NiCrAlTi 32 20
1.4878	X8CrNiTi18-10	X 12 CrNiTi 18 9
1.4891	–	X 4 CrNiSiN 18 10
1.4912	X7CrNiNb18-10	–
1.4913	X19CrMoNbVN11-1	X 19 CrMoVNbN 11 1
1.4918	X6CrNiMo17-13-2	–
1.4919	X6CrNiMoB17-12-2	X 6 CrNiMo 17 13
1.4923	X22CrMoV12-1	X 22 CrMoV 12 1
1.4935	X20CrMoWV12-1	–
1.4939	X12CrNiMo12	X 12 CrNiMo 12
1.4940	X7CrNiTi18-10	–
1.4943	X4NiCrTi25-15	X 4 NiCrTi 25 15
1.4944	–	–
1.4948	X6CrNi18-10	X 6 CrNi 18 11
1.4980	X6NiCrTiMoVB25-15-2	–
1.5026	56Si7	–
1.5027	60Si7	60 Si 7
1.5069	36Mn7	36 Mn 7
1.5122	37MnSi5	37 MnSi 5
1.5142	–	60 SiMn 5
1.5217	20MnV6	20 MnV 6
1.5223	42MnV7	42 MnV 7
1.5415	16Mo3	15 Mo 3
1.5419	G20Mo5	GS-22 Mo 4
1.5429	22Mo4	–
1.5510	28B2	28 B 2
1.5511	35B2	35 B 2
1.5513	45B2	45 B 2
1.5520	17MnB4	–
1.5525	20MnB4	–
1.5527	40MnB4	40 MnB 4

7 EN-DIN-Werkstoffbezeichnungen

Auflistung nach steigenden Werkstoff-Nummern

EN DIN steel names

Listed according to material numbers in numerical order

Werkstoff-Nr. Material number	EN-Werkstoff-Kurzname (neu) EN steel name (new)	Werkstoff-Kurzname (alt) Steel name (old)
1.5528	22MnB5	22MnB5
1.5530	20MnB5	21 MnB 5
1.5532	38MnB5	38 MnB 5
1.5538	37MnB5	–
1.5711	40NiCr6	40 NiCr 6
1.5713	13NiCr6	13 NiCr 6
1.5732	–	14 NiCr 10
1.5737	–	30 NiCr 11
1.5752	15NiCr13	14 NiCr 14
1.5860	14NiCr18	14 NiCr 18
1.6212	–	11 MnNi 5 3
1.6217	–	13 MnNi 6 3
1.6220	G20Mn5	–
1.6511	36CrNiMo4	36 CrNiMo 4
1.6522	20NiCrMo2	20 NiCrMo 2
1.6523	20NiCrMo2-2	21 NiCrMo 2
1.6526	20NiCrMoS2-2	21 NiCrMoS 2
1.6543	–	21 NiCrMo 22
1.6562	–	40 NiCrMo 8 4
1.6565	–	40 NiCrMo 6
1.6739	30NiCrMo9-5	–
1.6900	–	X 12 CrNi 18 9
1.6907	X3CrNiN18-10	X 3 CrNiN 18 10
1.7007	–	37 CrB 1
1.7016	17Cr3	17 Cr 3
1.7027	–	20 Cr 4
1.7030	28Cr4	28 Cr 4
1.7033	34Cr4	34 Cr 4
1.7034	37Cr4	37 Cr 4
1.7035	41Cr4	41 Cr 4
1.7043	–	38 Cr 4
1.7045	–	42 Cr 4
1.7104	55SiCr6-3	55 SiCr 6 3
1.7108	60SiCr7	60 SiCr 7
1.7131	16MnCr5	16 MnCr 5

7 EN-DIN-Werkstoffbezeichnungen

Auflistung nach steigenden Werkstoff-Nummern

EN DIN steel names

Listed according to material numbers in numerical order

Werkstoff-Nr. Material number	EN-Werkstoff-Kurzname (neu) EN steel name (new)	Werkstoff-Kurzname (alt) Steel name (old)
1.7137	–	60 MnCrB 3
1.7138	52MnCrB3	52 MnCrB 3
1.7147	20MnCr5	20 MnCr 5
1.7176	55Cr3	55 Cr 3
1.7216	30CrMo4	–
1.7218	25CrMo4	25 CrMo 4
1.7220	34CrMo4	34 CrMo 4
1.7223	–	41 CrMo 4
1.7225	42CrMo4	42 CrMo 4
1.7228	50CrMo4	50 CrMo 4
1.7230	G34CrMo4	GS-34 CrMo 4
1.7231	G42CrMo4	GS-42 CrMo 4
1.7241	60CrMo3-3	–
1.7242	16CrMo4	16 CrMo 4
1.7264	20CrMo5	20 CrMo 5
1.7321	20MoCr4	20 MoCr 4
1.7335	13CrMo4-5	13 CrMo 4 4
1.7337	16CrMo4-4	16 CrMo 4 4
1.7350	22CrMo4-4	22 CrMo 4 4
1.7354	G22CrMo5-4	GS-22 CrMo 5 4
1.7357	G17CrMo5-5	GS-17 CrMo 5 5
1.7362	X11CrMo5	12 CrMo 19 5
1.7362	X12CrMo5	12 CrMo 19 5
1.7362	12CrMo19-5	12 CrMo 19 5
1.7379	G17CrMo9-10	GS-18 CrMo 9 10
1.7380	10CrMo9-10	10 CrMo 9 10
1.7383	11CrMo9-10	–
1.7511	22CrV3	22 CrV 3
1.7733	24CrMoV5-5	–
1.8158	49CrV3-2	49 CrV 4 2
1.8159	51CrV4	50 CrV 4
1.8401	30MnCrTi4	30 MnCrTi 4
1.8509	41CrAlMo7-10	41 CrAlMo 7
1.8900	S380N	StE 380
1.8901	S460N	StE 460

7 EN-DIN-Werkstoffbezeichnungen

Auflistung nach steigenden Werkstoff-Nummern

EN DIN steel names

Listed according to material numbers in numerical order

Werkstoff-Nr. Material number	EN-Werkstoff-Kurzname (neu) EN steel name (new)	Werkstoff-Kurzname (alt) Steel name (old)
1.8902	S420N	StE420
1.8905	P460N	StE 460
1.8907	–	StE 500
1.8909	S500QL	TStE 500 V
1.8910	S380NL	TStE 380
1.8912	S420NL	TStE 420
1.8913	–	EStE 420
1.8915	P460NL1	TStE 460
1.8917	S500NL	WStE 500
1.8918	P460NL2	EStE 460
1.8926	S550QL	TStE 550 V
1.8927	S620QL	TStE 620 V
1.8928	S690QL	TStE 690 V
1.8930	–	WStE 380
1.8935	P460NH	WStE 460
1.8945	S355J0WP	–
1.8946	S355J2WP	–
1.8958	S235J0W	–
1.8959	S355J0W	–
1.8961	S235J2W	WTSt 37-3
1.8962	–	9 CrNiCuP 3 2 4
1.8963	S355J2G1W	WTSt 52-3
1.8965	S355J2W	S355J2G2W
1.8967	S355K2W	S355K2G2W

8 CN-Sortenbezeichnungen

Auflistung nach steigenden EN-Werkstoff-Nummern ähnlicher EN (DIN)-Werkstoffe

CN steel grades

Listed according to EN material numbers of similar EN (DIN) materials

Werkstoff-Nr. Material no.	CN-Norm CN standard	Stahlsorte Steel grade
1.0010	GB/T 701	Q195-C
1.0028	GB/T 700	Q215A
	GB/T 700	Q215B
	GB/T 700	Q235A
	GB/T 700	Q235B
	GB/T 701	Q215A
	GB/T 701	Q215A-F
	GB/T 701	Q215B
	GB/T 701	Q215B-F
	GB/T 701	Q235A
	GB/T 701	Q235A-F
	GB/T 701	Q235B
	GB/T 701	Q235B-F
	GB/T 3091	Q215A
	GB/T 3091	Q215B
	GB/T 3091	Q235B
	GB/T 3094	Q215B
	GB/T 3094	Q235B
	GB/T 3524	Q215A
	GB/T 3524	Q215B
	GB/T 3524	Q235B
	GB/T 8164	Q215A
	GB/T 8164	Q235B
	GB/T 13013	Q235
	GB/T 13788	Q215
	GB/T 13788	Q235
	YB/T 3301	Q235B
1.0034	GB/T 700	Q215A
	GB/T 700	Q215B
	GB/T 701	Q215A
	GB/T 701	Q215A-Z
	GB/T 701	Q215B
	GB/T 701	Q215B-Z
	GB/T 3091	Q215A
	GB/T 3091	Q215B

8 CN-Sortenbezeichnungen

Auflistung nach steigenden EN-Werkstoff-Nummern ähnlicher EN (DIN)-Werkstoffe

CN steel grades

Listed according to EN material numbers of similar EN (DIN) materials

Werkstoff-Nr. Material no.	CN-Norm CN standard	Stahlsorte Steel grade
1.0034	GB/T 3094	Q215B
	GB/T 3524	Q215A
	GB/T 3524	Q215B
	GB/T 8164	Q215B
	GB/T 13788	Q215
1.0035	GB/T 700	Q195
	GB/T 701	Q195
	GB/T 701	Q195-b
	GB/T 701	Q195-F
	GB/T 701	Q195-Z
	GB/T 3091	Q195
	GB/T 3524	Q195
	GB/T 8164	Q195
1.0036	GB/T 700	Q235A
	GB/T 700	Q235B
	GB/T 701	Q235A
	GB/T 701	Q235A-F
	GB/T 701	Q235B
	GB/T 701	Q235B-F
	GB/T 3091	Q235A
	GB/T 3091	Q235B
	GB/T 3094	Q235B
	GB/T 3524	Q235A
	GB/T 3524	Q235B
	GB/T 8164	Q235A
	GB/T 13013	Q235
	GB/T 13788	Q235
	YB/T 3301	Q235A
	YB/T 3301	Q235B
1.0037	GB/T 700	Q235A
	GB/T 701	Q235A
	GB/T 3091	Q235A
	GB/T 3524	Q235A
	GB/T 8164	Q235A
	GB/T 13013	Q235

8 CN-Sortenbezeichnungen

Auflistung nach steigenden EN-Werkstoff-Nummern ähnlicher EN (DIN)-Werkstoffe

CN steel grades

Listed according to EN material numbers of similar EN (DIN) materials

Werkstoff-Nr. Material no.	CN-Norm CN standard	Stahlsorte Steel grade
1.0037	GB/T 13788	Q235
	YB/T 3301	Q235A
1.0038	GB/T 700	Q235A
	GB/T 700	Q235B
	GB/T 701	Q235A-b
	GB/T 701	Q235B-b
	GB/T 3091	Q235A
	GB/T 3091	Q235B
	GB/T 3094	Q235B
	GB/T 3524	Q235A
	GB/T 3524	Q235B
	GB/T 8164	Q235B
	YB/T 3301	Q235A
	YB/T 3301	Q235B
1.0044	GB/T 700	Q255A
	GB/T 700	Q275B
	GB/T 3524	Q255A
1.0045	GB/T 13014	20MnSi
	GB/T 13788	20MnSi
1.0050	GB/T 700	Q275
	GB/T 700	Q275A
	GB/T 700	Q275B
	GB/T 3524	Q275
1.0060	GB/T 699	45
	GB/T 1499	HRB 335
1.0113	GB/T 701	Q235C
	GB/T 714	Q235q-C
	YB/T 3301	Q235C
1.0114	GB/T 700	Q235C
1.0116	GB/T 700	Q235A
	GB/T 700	Q235B
	GB/T 701	Q235A
	GB/T 701	Q235A-Z
	GB/T 701	Q235B

8 CN-Sortenbezeichnungen

Auflistung nach steigenden EN-Werkstoff-Nummern ähnlicher EN (DIN)-Werkstoffe

CN steel grades

Listed according to EN material numbers of similar EN (DIN) materials

Werkstoff-Nr. Material no.	CN-Norm CN standard	Stahlsorte Steel grade
1.0116	GB/T 701	Q235B-Z
	GB/T 13788	Q235
1.0117	GB/T 700	Q235D
1.0143	GB/T 700	Q275C
1.0144	GB/T 700	Q275B
	GB/T 700	Q275D
1.0145	GB/T 700	Q275D
1.0213	GB/T 6478	ML08Al
1.0214	GB/T 6478	ML10Al
1.0244	GB/T 699	15F
	GB/T 710	15F
	GB/T 3078	15F
	GB/T 3275	15F
	GB/T 13237	15F
1.0255	GB/T 5312	410
1.0288	GB/T 15675	DX3
1.0300	YB/T 170.2	C4D
1.0301	GB/T 699	10
	GB/T 710	10
	GB/T 3078	10
	GB/T 3094	10
	GB/T 3275	10
	GB/T 3639	10
	GB 6479	10
	GB/T 8162	10
	GB/T 8164	10
	GB/T 9948	10
	GB/T 13237	10
	GB/T 13795	10
	GB/T 13796	10
	GB/T 15675	DX1
	YB 4102	10
	YB/T 5059	10
1.0303	GB/T 6478	ML04Al
1.0304	YB/T 170.2	C9D

8 CN-Sortenbezeichnungen

Auflistung nach steigenden EN-Werkstoff-Nummern ähnlicher EN (DIN)-Werkstoffe

CN steel grades

Listed according to EN material numbers of similar EN (DIN) materials

Werkstoff-Nr. Material no.	CN-Norm CN standard	Stahlsorte Steel grade
1.0310	YB/T 170.2	C10D
1.0311	YB/T 170.2	C12D
1.0313	YB/T 170.2	C7D
1.0314	YB/T 5059	05F
1.0336	GB/T 699	08F
	GB/T 710	08F
	GB/T 3275	08F
	GB/T 13237	08F
	YB/T 5059	08F
1.0339	GB/T 699	08
	GB/T 699	10F
	GB/T 710	08
	GB/T 710	10F
	GB/T 3078	10F
	GB/T 3275	08
	GB/T 3275	10F
	GB/T 8164	08
	GB/T 8749	08
	GB/T 13237	08
	GB/T 13237	10F
	GB/T 13796	08
	YB/T 5059	08
1.0345	GB/T 713	20g
	GB/T 713	Q245R
	GB 6654	20R
1.0401	GB/T 699	15
	GB/T 710	15
	GB/T 3078	15
	GB/T 3275	15
	GB/T 3522	15
	GB/T 5953	ML15
	GB/T 8164	15
	GB/T 13237	15
	GB/T 13795	15
	GB/T 13796	15

8 CN-Sortenbezeichnungen

Auflistung nach steigenden EN-Werkstoff-Nummern ähnlicher EN (DIN)-Werkstoffe

CN steel grades

Listed according to EN material numbers of similar EN (DIN) materials

Werkstoff-Nr. Material no.	CN-Norm CN standard	Stahlsorte Steel grade
1.0402	GB/T 699	20
	GB/T 710	20
	GB/T 3275	20
	GB/T 3522	20
	GB/T 8162	20
	GB/T 13237	20
	GB/T 13795	20
	GB/T 17396	20
	YB 4102	20
1.0406	GB/T 699	25
	GB/T 710	25
	GB/T 3078	25
	GB/T 3275	25
	GB/T 3522	25
	GB/T 5953	ML25
	GB/T 6478	ML25
	GB/T 13237	25
	GB/T 17107	25
1.0413	YB/T 170.2	C15D
1.0414	YB/T 170.2	C20D
1.0415	YB/T 170.2	C26D
1.0416	YB/T 170.2	C18D
1.0420	GB/T 5676	ZG200-400
	GB/T 11352	ZG200-400
1.0425	GB/T 713	22Mng
1.0428	GB/T 1499	HRB 400
1.0438	GB/T 1499	HRB 500
1.0439	GB/T 1499	HRB 500
1.0440	GB/T 712	A
	GB/T 9945	A
1.0442	GB/T 712	B
	GB/T 9945	B
1.0446	GB/T 7659	ZG230-450H
	GB/T 11352	ZG230-450
	JB/T 5100	RZG 230-450

8 CN-Sortenbezeichnungen

Auflistung nach steigenden EN-Werkstoff-Nummern
ähnlicher EN (DIN)-Werkstoffe

CN steel grades

Listed according to EN material numbers
of similar EN (DIN) materials

Werkstoff-Nr. Material no.	CN-Norm CN standard	Stahlsorte Steel grade
1.0467	GB/T 699	15Mn
	GB/T 3078	15Mn
	GB/T 6478	ML15Mn
	GB/T 6478	ML18Mn
1.0469	GB/T 699	20Mn
	GB/T 3078	20Mn
	GB/T 5954	ML20MnA
	GB/T 6478	ML22Mn
1.0473	GB/T 713	Q345R
1.0474	GB/T 712	D
	GB/T 9945	D
1.0476	GB/T 712	E
	GB/T 9945	E
1.0479	GB/T 8164	12Mn
1.0501	GB/T 699	35
	GB/T 710	35
	GB/T 3078	35
	GB/T 3275	35
	GB/T 3522	35
	GB/T 8162	35
	GB/T 13237	35
	GB/T 17107	35
	GB/T 17396	35
1.0503	GB/T 699	45
	GB/T 710	45
	GB/T 3078	45
	GB/T 3275	45
	GB/T 5216	45H
	GB/T 8162	45
	GB/T 13237	45
	GB/T 13795	45
	GB/T 17107	45
1.0506	GB/T 8164	14MnNb
1.0511	GB/T 699	40
	GB/T 710	40

8 CN-Sortenbezeichnungen

Auflistung nach steigenden EN-Werkstoff-Nummern
ähnlicher EN (DIN)-Werkstoffe

CN steel grades

Listed according to EN material numbers
of similar EN (DIN) materials

Werkstoff-Nr. Material no.	CN-Norm CN standard	Stahlsorte Steel grade
1.0511	GB/T 3078	40
	GB/T 3275	40
	GB/T 3522	40
	GB/T 5953	ML40
	GB/T 6478	ML40
	GB/T 13237	40
	GB/T 17107	40
1.0513	GB/T 712	A32
	GB/T 712	AH32
	GB/T 9945	A32
1.0514	GB/T 712	D32
	GB/T 712	DH32
	GB/T 9945	D32
1.0515	GB/T 712	E32
	GB/T 712	EH32
	GB/T 9945	E32
1.0516	YB/T 170.2	C38D
1.0517	YB/T 170.2	C48D
1.0518	YB/T 170.2	C56D
1.0524	GB/T 699	50Mn
	GB/T 3078	50Mn
	YB/T 5052	50Mn
1.0528	GB/T 699	30
	GB/T 710	30
	GB/T 3078	30
	GB/T 3275	30
	GB/T 3522	30
	GB/T 5953	ML30
	GB/T 6478	ML30
	GB/T 13237	30
	GB/T 17107	30
1.0530	YB/T 170.2	C32D
1.0532	GB/T 712	A40
	GB/T 1591	Q345D
	GB/T 3524	Q345D

8 CN-Sortenbezeichnungen

Auflistung nach steigenden EN-Werkstoff-Nummern ähnlicher EN (DIN)-Werkstoffe

CN steel grades

Listed according to EN material numbers of similar EN (DIN) materials

Werkstoff-Nr. Material no.	CN-Norm CN standard	Stahlsorte Steel grade
1.0532	GB/T 9945	A40
	YB/T 3301	Q345D
1.0534	GB/T 712	D40
	GB/T 9945	D40
1.0535	GB/T 699	55
	GB/T 3078	55
	GB/T 3522	55
	GB/T 4360	55
	GB/T 17107	55
	YB/T 5103	55
1.0540	GB/T 699	50
	GB/T 710	50
	GB/T 3078	50
	GB/T 3275	50
	GB/T 3522	50
	GB/T 13237	50
	GB/T 17107	50
1.0541	YB/T 170.2	C42D
1.0546	GB/T 714	Q345q-D
1.0552	GB/T 7659	ZG275-485H
	GB/T 11352	ZG270-500
	GB/T 14408	ZGD290-510
	JB/T 5100	RZG270-500
1.0555	GB/T 712	F32
1.0558	GB/T 11352	ZG310-570
	GB/T 14408	ZGD410-620
	JB/T 5100	RZG310-570
1.0560	GB/T 712	E40
	GB/T 9945	E40
1.0561	GB/T 699	35Mn
	GB/T 3078	35Mn
	GB/T 6478	ML35Mn
	GB/T 18248	37Mn
1.0566	GB/T 714	Q420q-D

8 CN-Sortenbezeichnungen

Auflistung nach steigenden EN-Werkstoff-Nummern
ähnlicher EN (DIN)-Werkstoffe

CN steel grades

Listed according to EN material numbers
of similar EN (DIN) materials

Werkstoff-Nr. Material no.	CN-Norm CN standard	Stahlsorte Steel grade
1.0570	GB/T 713	16Mng
	GB 3531	16MnDR
	GB 6479	16Mn
	GB 6654	16MnR
	GB/T 8162	16Mn
	GB/T 8163	16Mn
	GB/T 8164	16Mn
1.0571	GB/T 714	Q345q-E
1.0578	GB/T 712	F36
	GB/T 712	F40
1.0583	GB/T 712	A36
	GB/T 712	AH36
	GB/T 9945	A36
1.0584	GB/T 712	D36
	GB/T 712	DH36
	GB/T 9945	D36
1.0585	GB/T 714	Q345q-C
	GB/T 1591	Q345C
	GB/T 3524	Q345C
	GB/T 8162	Q345
	YB/T 3301	Q345C
1.0586	YB/T 170.2	C50D
1.0588	YB/T 170.2	C52D
1.0589	GB/T 712	E36
	GB/T 712	EH36
	GB/T 9945	E36
1.0590	GB/T 1591	Q295B
	GB/T 3091	Q295B
	GB/T 3094	Q295B
	GB/T 3524	Q295B
	YB/T 3301	Q295B
1.0601	GB/T 699	60
	GB/T 3078	60
	GB/T 3522	60

8 CN-Sortenbezeichnungen

Auflistung nach steigenden EN-Werkstoff-Nummern
ähnlicher EN (DIN)-Werkstoffe

CN steel grades

Listed according to EN material numbers
of similar EN (DIN) materials

Werkstoff-Nr. Material no.	CN-Norm CN standard	Stahlsorte Steel grade
1.0601	YB/T 5101	60
	YB/T 5103	60
1.0603	GB/T 699	70
	GB/T 1222	70
	GB/T 3522	70
1.0609	YB/T 170.2	C58D
1.0610	YB/T 170.2	C60D
1.0611	YB/T 170.2	C62D
1.0612	YB/T 170.2	C66D
1.0613	YB/T 170.2	C68D
1.0614	YB/T 170.2	C76D
1.0615	YB/T 170.2	C70D
1.0616	YB/T 170.2	C86D
1.0617	YB/T 170.2	C72D
1.0618	YB/T 170.2	C92D
1.0619	GB/T 16253	ZG240-450B
1.0620	YB/T 170.2	C78D
1.0622	GB/T 699	80
	YB/T 170.2	C80D
1.0626	YB/T 170.2	C82D
1.0628	YB/T 170.2	C88D
1.0642	GB/T 699	60Mn
	GB/T 3078	60Mn
	GB/T 4360	60Mn
	YB/T 5101	60Mn
	YB/T 5103	60Mn
1.0711	GB/T 8731	Y12
1.0718	GB/T 8731	Y15Pb
1.0721	GB/T 8731	Y12
1.0722	GB/T 8731	Y12Pb
1.0723	GB/T 8731	Y15
1.0724	GB/T 8731	Y20
1.0726	GB/T 8731	Y35
1.0727	GB/T 8731	Y45
1.0753	GB/T 8731	Y15Pb

8 CN-Sortenbezeichnungen

Auflistung nach steigenden EN-Werkstoff-Nummern ähnlicher EN (DIN)-Werkstoffe

CN steel grades

Listed according to EN material numbers of similar EN (DIN) materials

Werkstoff-Nr. Material no.	CN-Norm CN standard	Stahlsorte Steel grade
1.0760	GB/T 8731	Y40Mn
1.0904	GB/T 1222	55Si2Mn
1.0908	GB/T 699	60Mn
	GB/T 3078	60Mn
1.0909	GB/T 1222	60Si2Mn
1.0912	GB/T 3077	45Mn2
	GB/T 3078	45Mn2
	GB/T 8162	45Mn2
	GB/T 11251	45Mn2
	YB/T 5132	45Mn2A
1.0913	GB/T 3077	50Mn2
	GB/T 3078	50Mn2
	GB/T 3078	50Mn2
1.0961	GB/T 1222	60Si2CrA
	GB/T 19530	60Si2CrA
	GB/T 19530	60Si2CrVA
1.0987	GB/T 13788	24MnTi
1.1008	GB/T 710	08Al
	GB/T 3275	08Al
	GB/T 8749	08Al
	GB/T 13237	08Al
	YB/T 5059	08Al
1.1102	GB/T 6478	ML15Al
1.1106	GB 6654	16MnR
1.1120	GB/T 699	10
	GB/T 710	10
	GB/T 3078	10
	GB/T 3094	10
	GB/T 3275	10
	GB/T 3639	10
	GB/T 5953	ML10
	GB 6479	10
	GB/T 8162	10
	GB/T 8163	10
	GB/T 8164	10

8 CN-Sortenbezeichnungen

Auflistung nach steigenden EN-Werkstoff-Nummern ähnlicher EN (DIN)-Werkstoffe

CN steel grades

Listed according to EN material numbers of similar EN (DIN) materials

Werkstoff-Nr. Material no.	CN-Norm CN standard	Stahlsorte Steel grade
1.1120	GB/T 8749	10
	GB/T 9948	10
	GB/T 13237	10
	GB/T 13795	10
	GB/T 13796	10
	GB/T 16253	ZG280-520
	JB/T 6402	ZG20Mn
	YB 4102	10
	YB/T 5059	10
1.1121	GB/T 699	10
	GB/T 710	10
	GB/T 3078	10
	GB/T 3094	10
	GB/T 3275	10
	GB/T 3639	10
	GB 6479	10
	GB/T 8162	10
	GB/T 8163	10
	GB/T 8164	10
	GB/T 8749	10
	GB/T 9948	10
	GB/T 13237	10
	GB/T 13795	10
	GB/T 13796	10
	YB/T 5059	10
1.1122	GB/T 5953	ML10
1.1127	GB/T 3077	40Mn2
	GB/T 3078	40Mn2
	GB/T 8162	40Mn2
	YB/T 5052	40Mn2
1.1132	GB/T 5953	ML15
	GB/T 5953	ML18
	GB/T 6478	ML15
1.1133	GB/T 713	19Mng
	GB 5310	20MnG

8 CN-Sortenbezeichnungen

Auflistung nach steigenden EN-Werkstoff-Nummern ähnlicher EN (DIN)-Werkstoffe

CN steel grades

Listed according to EN material numbers of similar EN (DIN) materials

Werkstoff-Nr. Material no.	CN-Norm CN standard	Stahlsorte Steel grade
1.1136	GB 5310	25MnG
1.1138	GB/T 16253	ZG240-450B
1.1140	GB/T 699	15
	GB/T 710	15
	GB/T 3078	15
	GB/T 3275	15
	GB/T 3522	15
	GB/T 8164	15
	GB/T 13237	15
	GB/T 13795	15
	GB/T 13796	15
1.1141	GB/T 699	15
	GB/T 710	15
	GB/T 3078	15
	GB/T 3275	15
	GB/T 3522	15
	GB/T 5676	ZG200-400
	GB/T 8164	15
	GB/T 8749	15
	GB/T 13237	15
	GB/T 13795	15
	GB/T 13796	15
1.1142	GB/T 7659	ZG200-400H
	GB/T 11352	ZG200-400
	JB/T 5100	RZG200-400
1.1146	GB/T 699	30Mn
	GB/T 3078	30Mn
	GB/T 6478	ML30Mn
1.1148	GB/T 3275	15Al
1.1151	GB/T 699	20
	GB/T 710	20
	GB/T 3078	20
	GB/T 3094	20
	GB/T 3275	20
	GB/T 3522	20

8 CN-Sortenbezeichnungen

Auflistung nach steigenden EN-Werkstoff-Nummern ähnlicher EN (DIN)-Werkstoffe

CN steel grades

Listed according to EN material numbers of similar EN (DIN) materials

Werkstoff-Nr. Material no.	CN-Norm CN standard	Stahlsorte Steel grade
1.1151	GB/T 3639	20
	GB 5310	20G
	GB 6479	20
	GB 6654	20R
	GB/T 8162	20
	GB/T 8163	20
	GB/T 8164	20
	GB/T 8749	20
	GB/T 9948	20
	GB/T 13237	20
	GB/T 13795	20
	GB/T 17396	20
	YB 4102	20
	YB/T 5209	20Z
1.1152	GB/T 700	Q255B
	GB/T 713	20g
	GB/T 5953	ML20
	GB/T 6478	ML20
1.1155	GB/T 5676	ZG230-450
	GB/T 11352	ZG230-450
1.1157	GB/T 699	40Mn
	GB/T 3078	40Mn
	GB/T 6478	ML40Mn
	GB/T 13795	40Mn
1.1158	GB/T 699	25
	GB/T 710	25
	GB/T 3078	25
	GB/T 3275	25
	GB/T 3522	25
	GB/T 5953	ML25
	GB/T 6478	ML25
	GB/T 8749	25
	GB/T 13237	25
	GB/T 17107	25
	YB/T 5209	25Z

8 CN-Sortenbezeichnungen

Auflistung nach steigenden EN-Werkstoff-Nummern ähnlicher EN (DIN)-Werkstoffe

CN steel grades

Listed according to EN material numbers of similar EN (DIN) materials

Werkstoff-Nr. Material no.	CN-Norm CN standard	Stahlsorte Steel grade
1.1160	GB/T 3077	20Mn2
	GB/T 3078	20Mn2
1.1164	YB/T 107	SM48
1.1165	GB/T 3077	30Mn2
	JB/T 6402	ZG30Mn
1.1167	GB/T 3077	35Mn2
	GB/T 3078	35Mn2
1.1168	JB/T 6402	ZG40Mn
	JB/T 6402	ZG40Mn2
1.1169	GB/T 3077	20Mn2
	GB/T 3078	20Mn2
1.1170	GB/T 3077	30Mn2
1.1171	YB/T 094	SM50
	YB/T 107	SM50
1.1172	GB/T 5953	ML35
	GB/T 6478	ML35
1.1177	GB/T 6478	ML25Mn
1.1178	GB/T 699	30
	GB/T 710	30
	GB/T 3078	30
	GB/T 3275	30
	GB/T 3522	30
	GB/T 5953	ML30
	GB/T 6478	ML30
	GB/T 8749	30
	GB/T 13237	30
1.1180	GB/T 699	35
	GB/T 710	35
	GB/T 3078	35
	GB/T 3094	35
	GB/T 3275	35
	GB/T 3522	35
	GB/T 3639	35
	GB/T 8162	35

8 CN-Sortenbezeichnungen

Auflistung nach steigenden EN-Werkstoff-Nummern ähnlicher EN (DIN)-Werkstoffe

CN steel grades

Listed according to EN material numbers of similar EN (DIN) materials

Werkstoff-Nr. Material no.	CN-Norm CN standard	Stahlsorte Steel grade
1.1180	GB/T 13237	35
	GB/T 17396	35
1.1181	GB/T 699	35
	GB/T 710	35
	GB/T 3078	35
	GB/T 3094	35
	GB/T 3275	35
	GB/T 3522	35
	GB/T 3639	35
	GB/T 5676	ZG270-500
	GB/T 8162	35
	GB/T 8749	35
	GB/T 13237	35
	GB/T 17107	35
	GB/T 17396	35
1.1186	GB/T 699	40
	GB/T 710	40
	GB/T 3078	40
	GB/T 3275	40
	GB/T 3522	40
	GB/T 5953	ML40
	GB/T 6478	ML40
	GB/T 8749	40
	GB/T 13237	40
1.1191	GB/T 699	45
	GB/T 710	45
	GB/T 3078	45
	GB/T 3094	45
	GB/T 3275	45
	GB/T 3522	45
	GB/T 3639	45
	GB/T 5216	45AH
	GB/T 5216	45H
	GB/T 5676	ZG310-570
	GB/T 8162	45

8 CN-Sortenbezeichnungen

Auflistung nach steigenden EN-Werkstoff-Nummern ähnlicher EN (DIN)-Werkstoffe

CN steel grades

Listed according to EN material numbers of similar EN (DIN) materials

Werkstoff-Nr. Material no.	CN-Norm CN standard	Stahlsorte Steel grade
1.1191	GB/T 8749	45
	GB/T 11352	ZG310-570
	GB/T 13237	45
	GB/T 13795	45
	GB/T 14408	ZGD345-570
	GB/T 17396	45
	YB/T 094	SM45
	YB/T 107	SM45
1.1192	GB/T 5953	ML45
	GB/T 6478	ML45
1.1201	GB/T 699	45
	GB/T 710	45
	GB/T 3078	45
	GB/T 3094	45
	GB/T 3275	45
	GB/T 3522	45
	GB/T 3639	45
	GB/T 5216	45AH
	GB/T 5216	45H
1.1202	YB/T 107	SM53
1.1203	GB/T 699	55
	GB/T 3078	55
	GB/T 3522	55
	GB/T 4360	55
	GB/T 5676	ZG340-640
	GB/T 11352	ZG340-640
	JB/T 5100	RZG340-640
	YB/T 094	SM55
	YB/T 107	SM55
	YB/T 5103	55
1.1206	GB/T 699	50
	GB/T 710	50
	GB/T 3078	50
	GB/T 3275	50
	GB/T 3522	50

8 CN-Sortenbezeichnungen

Auflistung nach steigenden EN-Werkstoff-Nummern
ähnlicher EN (DIN)-Werkstoffe

CN steel grades

Listed according to EN material numbers
of similar EN (DIN) materials

Werkstoff-Nr. Material no.	**CN-Norm CN standard**	**Stahlsorte Steel grade**
1.1206	GB/T 13237	50
	YB/T 094	SM 50
	YB/T 107	SM 50
1.1221	GB/T 699	60
	GB/T 3078	60
	GB/T 3522	60
	GB/T 4360	60
	GB/T 13788	60
	YB/T 5101	60
	YB/T 5103	60
1.1226	GB/T 3077	50Mn2
	GB/T 3078	50Mn2
	GB/T 8162	45Mn2
	YB/T 5132	45Mn2A
1.1230	GB/T 699	65
	GB/T 1222	65
	GB/T 3078	65
	GB/T 3522	65
	YB/T 5101	65
	YB/T 5103	65
1.1231	GB/T 699	65
	GB/T 1222	65
	GB/T 3078	65
	GB/T 3522	65
	GB/T 4360	65
	YB/T 5101	65
	YB/T 5103	65
1.1233	GB/T 699	65Mn
	GB/T 1222	65Mn
	GB/T 3078	65Mn
	GB/T 4358	65Mn
	GB/T 4360	65Mn
	GB/T 19530	65Mn
	JB/T 6402	ZG65Mn
	YB/T 5058	65Mn

8 CN-Sortenbezeichnungen

Auflistung nach steigenden EN-Werkstoff-Nummern ähnlicher EN (DIN)-Werkstoffe

CN steel grades

Listed according to EN material numbers of similar EN (DIN) materials

Werkstoff-Nr. Material no.	CN-Norm CN standard	Stahlsorte Steel grade
1.1233	YB 5063	65Mn
	YB/T 5101	65Mn
	YB/T 5103	65Mn
1.1234	GB/T 699	70
	GB/T 1222	70
	GB/T 3522	70
	GB/T 4358	70
	GB/T 4360	70
	GB/T 5223	70
	GB/T 13788	70
	YB/T 5101	70
	YB/T 5103	70
1.1248	GB/T 699	75
	GB/T 4360	75
	GB/T 5223	75
	YB/T 5101	75
	YB/T 5103	75
1.1255	GB/T 699	80
	YB/T 5101	80
1.1260	GB/T 699	65Mn
	GB/T 1222	65Mn
	GB/T 3078	65Mn
	GB/T 4358	65Mn
	GB/T 4360	65Mn
	GB/T 19530	65Mn
	JB/T 6402	ZG65Mn
	YB/T 5058	65Mn
	YB 5063	65Mn
	YB/T 5101	65Mn
	YB/T 5103	65Mn
1.1262	YB/T 5101	80
1.1269	GB/T 699	85
	GB/T 1222	85
	YB/T 5058	85

8 CN-Sortenbezeichnungen

Auflistung nach steigenden EN-Werkstoff-Nummern ähnlicher EN (DIN)-Werkstoffe

CN steel grades

Listed according to EN material numbers of similar EN (DIN) materials

Werkstoff-Nr. Material no.	CN-Norm CN standard	Stahlsorte Steel grade
1.1272	GB/T 699	85
	GB/T 1222	85
	YB/T 5058	85
1.1274	YB 5063	T10A
1.1520	GB/T 1298	T7A
	YB/T 5058	T7A
	YB 5063	T7A
1.1525	GB/T 1298	T8A
	YB/T 5058	T8A
	YB 5063	T8A
1.1535	YB/T 5058	T9
	YB/T 5058	T9A
	YB 5063	T9A
1.1545	GB/T 1298	T10A
	YB/T 5058	T10A
	YB 5063	T10A
1.1555	GB/T 1298	T12
	YB/T 5058	T12
	YB/T 5058	T12A
1.1563	GB/T 1298	T12
	GB/T 1298	T13
	GB/T 1298	T13A
	YB/T 5058	T12
	YB/T 5058	T12A
	YB/T 5058	T13
	YB/T 5058	T13A
1.1620	GB/T 1298	T7
	YB/T 5058	T7
1.1625	GB/T 1298	T8
	GB/T 1301	ZKT8
	YB/T 5058	T8
1.1645	GB/T 1298	T10
	YB/T 5058	T10
1.1750	GB/T 1299	8MnSi

8 CN-Sortenbezeichnungen

Auflistung nach steigenden EN-Werkstoff-Nummern ähnlicher EN (DIN)-Werkstoffe

CN steel grades

Listed according to EN material numbers of similar EN (DIN) materials

Werkstoff-Nr. Material no.	CN-Norm CN standard	Stahlsorte Steel grade
1.1830	GB/T 1298	T8Mn
	GB/T 4358	T8MnA
	YB/T 5058	T8Mn
	YB/T 5058	T8MnA
1.2008	GB/T 1299	Cr06
	YB/T 5058	Cr06
1.2056	GB/T 1299	9Cr2
1.2067	GB/T 1299	Cr2
1.2080	GB/T 1299	Cr12
1.2108	GB/T 1299	9SiCr
	YB/T 095	9SiCr
1.2302	GB/T 1299	3Cr2Mo
	YB/T 094	SM3Cr2Mo
	YB/T 107	SM3Cr2Mo
1.2303	GB/T 1301	ZK95CrMo
1.2309	GB/T 1299	5CrMnMo
1.2319	GB/T 3086	G65Cr14Mo
1.2328	YB/T 094	SM3Cr2Mo
	YB/T 107	SM3Cr2Mo
1.2330	GB/T 3077	35CrMo
	GB/T 3078	35CrMo
	GB/T 6478	ML35CrMo
	GB/T 8162	35CrMo
	YB/T 5132	35CrMo
1.2343	GB/T 1299	4Cr5MoSiV
	YB/T 094	SM4Cr5MoSiV
	YB/T 095	4Cr5MoSiV
1.2344	GB/T 1299	4Cr5MoSiV1
	YB/T 094	SM4Cr5MoSiV1
1.2363	GB/T 1299	Cr5Mo1V
1.2365	GB/T 1299	4Cr3Mo3SiV
1.2379	GB/T 1299	Cr12Mo1V1
	YB/T 094	SMCr12Mo1V1
	YB/T 095	Cr12MoV
1.2414	GB/T 1299	W

8 CN-Sortenbezeichnungen

Auflistung nach steigenden EN-Werkstoff-Nummern
ähnlicher EN (DIN)-Werkstoffe

CN steel grades

Listed according to EN material numbers
of similar EN (DIN) materials

Werkstoff-Nr. Material no.	CN-Norm CN standard	Stahlsorte Steel grade
1.2419	GB/T 1299	CrWMn
	YB/T 095	CrWMn
	YB/T 096	CrWMn
1.2510	GB/T 1299	9CrWMn
	YB/T 095	9CrWMn
1.2542	GB/T 1299	5CrW2Si
1.2550	GB/T 1299	6CrW2Si
1.2567	GB/T 1222	30W4Cr2VA
1.2581	GB/T 1299	3Cr2W8V
	GB/T 1299	Cr12MoV
	YB/T 095	3Cr2W8V
	YB/T 095	Cr12MoV
1.2601	GB/T 1299	Cr12MoV
1.2713	GB/T 1299	5CrNiMo
1.2768	GB/T 1301	ZK23CrNi3Mo
1.2842	GB/T 1299	9Mn2V
1.2880	YB/T 094	SMCr12Mo1V1
1.3202	GB/T 9943	W12Cr4V5Co5
1.3207	GB/T 9943	W10Mo4Cr4V3Co10
1.3243	GB/T 9943	W6Mo5Cr4V2Co5
1.3244	GB/T 9943	W6Mo5Cr4V3Co8
1.3246	GB/T 9943	W7Mo4Cr4V2Co5
1.3247	GB/T 9943	W2Mo9Cr4VCo8
1.3255	GB/T 9943	W18Cr4VCo5
1.3265	GB/T 9943	W18Cr4V2Co8
1.3327	GB/T 9943	W2Mo8Cr4V
1.3333	GB/T 9943	W3Mo3Cr4V2
1.3339	GB/T 3080	W6Mo5Cr4V2
	GB/T 9943	W6Mo5Cr4V2
	YB/T 084	W6Mo5Cr4V2
1.3343	GB/T 3080	W6Mo5Cr4V2
	GB/T 9943	W6Mo5Cr4V2
	YB/T 084	W6Mo5Cr4V2
1.3344	GB/T 9943	W6Mo5Cr4V3
1.3348	GB/T 9943	W2Mo9Cr4V2

8 CN-Sortenbezeichnungen

Auflistung nach steigenden EN-Werkstoff-Nummern ähnlicher EN (DIN)-Werkstoffe

CN steel grades

Listed according to EN material numbers of similar EN (DIN) materials

Werkstoff-Nr. Material no.	CN-Norm CN standard	Stahlsorte Steel grade
1.3350	GB/T 9943	W6Mo6Cr4V2
1.3351	GB/T 9943	W6Mo5Cr4V4
1.3355	GB/T 3080	W18Cr4V
	GB/T 9943	W18Cr4V
	YB/T 084	W18Cr4V
1.3401	GB/T 5680	ZGMn13-1
	GB/T 5680	ZGMn13-2
	GB/T 5680	ZGMn13-3
	GB/T 5680	ZGMn13-4
	JB/T 6404	ZGMn13-1
	JB/T 6404	ZGMn13-2
	JB/T 6404	ZGMn13-3
	YB/T 036.4	ZGMn13-1
	YB/T 036.4	ZGMn13-2
	YB/T 036.4	ZGMN13-3
1.3402	JB/T 6404	ZGMn13-4
1.3410	GB/T 5680	ZGMn13-4
1.3416	GB/T 5680	ZGMn13-5
1.3501	GB/T 3203	GCr6
	GB/T 18254	GCr4
1.3503	GB/T 3203	GCr9
1.3505	GB/T 3203	GCr15
	GB/T 18254	GCr15
1.3518	GB/T 3203	GCr9SiMn
1.3520	GB/T 3203	GCr15SiMn
	GB/T 3203	GCr9SiMn
	GB/T 18254	GCr15SiMn
1.3533	GB/T 3203	G20Cr2Ni4
1.3537	GB/T 18254	GCr18Mo
1.3544	GB/T 3086	G102Cr18Mo
1.3558	GB/T 3080	W18Cr4V
	GB/T 9943	W18Cr4V
	YB/T 084	W18Cr4V
1.3576	GB/T 3203	G20CrNi2Mo

8 CN-Sortenbezeichnungen

Auflistung nach steigenden EN-Werkstoff-Nummern ähnlicher EN (DIN)-Werkstoffe

CN steel grades

Listed according to EN material numbers of similar EN (DIN) materials

Werkstoff-Nr. Material no.	**CN-Norm CN standard**	**Stahlsorte Steel grade**
1.3802	GB/T 5680	ZGMn13-1
	GB/T 5680	ZGMn13-2
	GB/T 5680	ZGMn13-3
	GB/T 5680	ZGMn13-4
	JB/T 6404	ZGMn13-1
	JB/T 6404	ZGMn13-2
	JB/T 6404	ZGMn13-3
	JB/T 6404	ZGMn13-4
1.4000	GB/T 1220	06Cr13
	GB/T 1220	0Cr13
	GB/T 3280	06Cr13
	GB/T 3280	0Cr13
	GB/T 4237	06Cr13
	GB/T 4237	0Cr13
	GB/T 4239	0Cr13
	GB/T 12770	0Cr13
	GB/T 12771	0Cr13
	GB/T 14975	0Cr13
	GB/T 14976	0Cr13
	GB/T 20878	06Cr13
1.4002	GB/T 1220	06Cr13Al
	GB/T 1220	0Cr13Al
	GB/T 1221	06Cr13Al
	GB/T 1221	0Cr13Al
	GB/T 3280	06Cr13Al
	GB/T 3280	0Cr13Al
	GB/T 4237	06Cr13Al
	GB/T 4237	0Cr13Al
	GB/T 4238	06Cr13Al
	GB/T 4238	0Cr13Al
	GB/T 4239	0Cr13Al
	GB/T 12771	0Cr13Al
	GB/T 20878	06Cr13Al
1.4003	GB/T 1220	00Cr12
	GB/T 1220	022Cr12

8 CN-Sortenbezeichnungen

Auflistung nach steigenden EN-Werkstoff-Nummern
ähnlicher EN (DIN)-Werkstoffe

CN steel grades

Listed according to EN material numbers
of similar EN (DIN) materials

Werkstoff-Nr. Material no.	CN-Norm CN standard	Stahlsorte Steel grade
1.4003	GB/T 1221	00Cr12
	GB/T 1221	022Cr12
	GB/T 3280	00Cr12
	GB/T 3280	022Cr12
	GB/T 3280	022Cr12Ni
	GB/T 4237	00Cr12
	GB/T 4237	022Cr12
	GB/T 4237	022Cr12Ni
	GB/T 4238	00Cr12
	GB/T 4239	00Cr12
	GB/T 20878	022Cr12
	GB/T 20878	022Cr12Ni
1.4005	GB/T 1220	Y12Cr13
	GB/T 1220	Y1Cr13
	GB/T 4240	Y1Cr13(-Q)
	GB/T 20878	Y12Cr13
1.4006	GB/T 1220	12Cr12
	GB/T 1220	1Cr12
	GB/T 1220	1Cr13
	GB/T 1221	1Cr13
	GB/T 3280	12Cr12
	GB/T 3280	1Cr12
	GB/T 4237	12Cr12
	GB/T 4237	1Cr12
	GB/T 4238	12Cr12
	GB/T 4238	1Cr12
	GB/T 4239	1Cr12
	GB/T 20878	12Cr12
	JB/T 6405	ZG15Cr13
1.4008	GB/T 2100	ZG10Cr12NiMo
1.4016	GB/T 1220	10Cr17
	GB/T 1220	1Cr17
	GB/T 1221	10Cr17
	GB/T 1221	1Cr17
	GB/T 3280	10Cr17

8 CN-Sortenbezeichnungen

Auflistung nach steigenden EN-Werkstoff-Nummern ähnlicher EN (DIN)-Werkstoffe

CN steel grades

Listed according to EN material numbers of similar EN (DIN) materials

Werkstoff-Nr. Material no.	CN-Norm CN standard	Stahlsorte Steel grade
1.4016	GB/T 3280	1Cr17
	GB/T 4232	ML1Cr17
	GB/T 4237	10Cr17
	GB/T 4237	1Cr17
	GB/T 4238	10Cr17
	GB/T 4238	1Cr17
	GB/T 4239	1Cr17
	GB/T 4240	1Cr17(-Q)
	GB/T 12770	1Cr17
	GB/T 13296	1Cr17
	GB/T 14975	1Cr17
	GB/T 14976	1Cr17
	GB/T 20878	10Cr17
1.4021	GB/T 1220	20Cr13
	GB/T 1220	2Cr13
	GB/T 1221	20Cr13
	GB/T 1221	2Cr13
	GB/T 3280	20Cr13
	GB/T 3280	2Cr13
	GB/T 4237	20Cr13
	GB/T 4237	2Cr13
	GB/T 4239	2Cr13
	GB/T 4240	2Cr13(-Q)
	GB/T 8732	2Cr13
	GB/T 14975	2Cr13
	GB/T 20878	20Cr13
	YB/T 094	SM2Cr13
1.4024	GB/T 1220	12Cr13
	GB/T 1220	1Cr13
	GB/T 1221	12Cr13
	GB/T 1221	1Cr13
	GB/T 3280	12Cr13
	GB/T 3280	1Cr13
	GB/T 4232	1Cr13
	GB/T 4232	ML1Cr13

8 CN-Sortenbezeichnungen

Auflistung nach steigenden EN-Werkstoff-Nummern ähnlicher EN (DIN)-Werkstoffe

CN steel grades

Listed according to EN material numbers of similar EN (DIN) materials

Werkstoff-Nr. Material no.	CN-Norm CN standard	Stahlsorte Steel grade
1.4024	GB/T 4237	12Cr13
	GB/T 4237	1Cr13
	GB/T 4238	12Cr13
	GB/T 4238	1Cr13
	GB/T 4239	1Cr13
	GB/T 4240	1Cr13(-Q)
	GB/T 8732	1Cr13
	GB/T 12770	1Cr13
	GB/T 14975	1Cr13
	GB/T 20878	12Cr13
1.4027	GB/T 2100	ZG20Cr13
	GB/T 6967	ZG20Cr13
	JB/T 6405	ZG20Cr13
1.4028	GB/T 1220	30Cr13
	GB/T 1220	3Cr13
	GB/T 1220	Y30Cr13
	GB/T 3280	30Cr13
	GB/T 3280	3Cr13
	GB/T 4231	3Cr13
	GB/T 4237	30Cr13
	GB/T 4237	3Cr13
	GB/T 4239	3Cr13
	GB/T 4240	3Cr13(-Q)
	GB/T 20878	30Cr13
1.4029	GB/T 1220	Y30Cr13
	GB/T 1220	Y3Cr13
1.4031	GB/T 1220	40Cr13
	GB/T 1220	4Cr13
	GB/T 3280	40Cr13
	GB/T 3280	4Cr13
	GB/T 4237	40Cr13
	GB/T 4237	4Cr13
	GB/T 4240	4Cr13(-R)
	GB/T 20878	40Cr13
	YB/T 094	SM 4Cr13

8 CN-Sortenbezeichnungen

Auflistung nach steigenden EN-Werkstoff-Nummern ähnlicher EN (DIN)-Werkstoffe

CN steel grades

Listed according to EN material numbers of similar EN (DIN) materials

Werkstoff-Nr. Material no.	CN-Norm CN standard	Stahlsorte Steel grade
1.4057	GB/T 1220	14Cr17Ni2
	GB/T 1220	17Cr16Ni2
	GB/T 1220	1Cr17Ni2
	GB/T 1221	14Cr17Ni2
	GB/T 1221	17Cr16Ni2
	GB/T 1221	1Cr17Ni2
	GB/T 3280	17Cr16Ni2
	GB/T 3280	1Cr17Ni2
	GB/T 4231	1Cr17Ni7
	GB/T 4232	ML1Cr17Ni2
	GB/T 4237	17Cr16Ni2
	GB/T 4240	1Cr17Ni2(-R)
	GB/T 20878	14Cr17Ni2
	GB/T 20878	17Cr16Ni2
1.4104	GB/T 1220	Y10Cr17
	GB/T 1220	Y1Cr17
	GB/T 4240	Y1Cr17(-Q)
	GB/T 20878	Y10Cr17
1.4109	GB/T 1220	68Cr17
	GB/T 1220	7Cr17
	GB/T 3280	68Cr17
	GB/T 3280	7Cr17
	GB/T 4237	68Cr17
	GB/T 4237	7Cr17
	GB/T 4239	7Cr17
	YB/T 096	7Cr17
1.4112	GB/T 1220	90Cr18MoV
	GB/T 1220	9Cr18MoV
	GB/T 20878	90Cr18MoV
1.4113	GB/T 1220	10Cr17Mo
	GB/T 1220	1Cr17Mo
	GB/T 3280	10Cr17Mo
	GB/T 3280	1Cr17Mo
	GB/T 4237	10Cr17Mo
	GB/T 4237	1Cr17Mo

8 CN-Sortenbezeichnungen

Auflistung nach steigenden EN-Werkstoff-Nummern
ähnlicher EN (DIN)-Werkstoffe

CN steel grades

Listed according to EN material numbers
of similar EN (DIN) materials

Werkstoff-Nr. Material no.	CN-Norm CN standard	Stahlsorte Steel grade
1.4113	GB/T 4239	1Cr17Mo
	GB/T 20878	10Cr17Mo
1.4120	GB/T 8732	2Cr12MoV
1.4125	GB/T 1220	108Cr17
	GB/T 1220	11Cr17
	GB/T 1220	9Cr18Mo
	GB/T 4240	9Cr18(-R)
	GB/T 20878	108Cr17
	GB/T 20878	108Cr17
	YB/T 096	9Cr18
	YB/T 096	9Cr18Mo
1.4131	GB/T 1220	008Cr27Mo
	GB/T 1220	00Cr27Mo
	GB/T 3280	008Cr27Mo
	GB/T 3280	00Cr27Mo
	GB/T 4237	008Cr27Mo
	GB/T 4237	00Cr27Mo
	GB/T 4239	00Cr27Mo
	GB/T 13296	00Cr27Mo
	GB/T 20878	008Cr27Mo
1.4300	GB/T 1220	1Cr18Ni9
	GB/T 3280	1Cr18Ni9
	GB/T 4237	1Cr18Ni9
	GB/T 4239	1Cr18Ni9
	GB/T 4240	1Cr18Ni9
	GB 5310	1Cr18Ni9
	GB/T 12770	1Cr18Ni9
	GB/T 12771	1Cr18Ni9
	GB/T 13296	1Cr18Ni9
1.4301	GB/T 1220	06Cr19Ni10
	GB/T 1220	0Cr18Ni9
	GB/T 1221	06Cr19Ni10
	GB/T 1221	0Cr18Ni9
	GB/T 3089	06Cr19Ni10
	GB/T 3090	0Cr18Ni9

8 CN-Sortenbezeichnungen

Auflistung nach steigenden EN-Werkstoff-Nummern ähnlicher EN (DIN)-Werkstoffe

CN steel grades

Listed according to EN material numbers of similar EN (DIN) materials

Werkstoff-Nr. Material no.	CN-Norm CN standard	Stahlsorte Steel grade
1.4301	GB/T 3280	06Cr19Ni10
	GB/T 3280	0Cr18Ni9
	GB/T 4232	ML0Cr18Ni9
	GB/T 4237	06Cr19Ni10
	GB/T 4237	0Cr18Ni9
	GB/T 4238	06Cr19Ni10
	GB/T 4238	0Cr18Ni9
	GB/T 4239	0Cr18Ni9
	GB/T 4239	0Cr19Ni9N
	GB/T 4240	0Cr18Ni9(-L)
	GB/T 4240	0Cr18Ni9(-Q)
	GB/T 4240	0Cr18Ni9(-R)
	GB/T 12770	0Cr18Ni9
	GB/T 12771	0Cr18Ni9
	GB/T 13296	0Cr18Ni9
	GB/T 13296	0Cr18Ni9
	GB/T 13296	1Cr19Ni9
	GB/T 14975	0Cr18Ni9
	GB/T 14976	0Cr18Ni9
	GB/T 18705	0Cr18Ni9
	GB/T 20878	06Cr19Ni10
	GB/T 21074	06Cr19Ni9
	YB/T 085	0Cr18Ni9
	YB/T 110	0Cr19Ni9
1.4303	GB/T 1220	10Cr18Ni12
	GB/T 1220	1Cr18Ni12
	GB/T 3280	10Cr18Ni12
	GB/T 3280	1Cr18Ni12
	GB 4232	ML1Cr18Ni12
	GB/T 4237	10Cr18Ni12
	GB/T 4237	1Cr18Ni12
	GB/T 4239	1Cr18Ni12
	GB/T 4240	1Cr18Ni12(-Q)
	GB/T 4240	1Cr18Ni12(-R)
	GB/T 20878	06Cr18Ni12

8 CN-Sortenbezeichnungen

Auflistung nach steigenden EN-Werkstoff-Nummern ähnlicher EN (DIN)-Werkstoffe

CN steel grades

Listed according to EN material numbers of similar EN (DIN) materials

Werkstoff-Nr. Material no.	CN-Norm CN standard	Stahlsorte Steel grade
1.4305	GB/T 1220	Y12Cr18Ni9
	GB/T 1220	Y1Cr18Ni9
	GB/T 4240	Y1Cr18Ni9(-Q)
	GB/T 4240	Y1Cr18Ni9(-R)
	GB/T 20878	Y12Cr18Ni9
1.4306	GB/T 1220	00Cr19Ni10
	GB/T 1220	022Cr19Ni10
	GB/T 2100	ZG00Cr18Ni10
	GB/T 2100	ZG03Cr18Ni10
	GB/T 3089	022Cr19Ni10
	GB/T 3090	00Cr19Ni10
	GB/T 3280	00Cr19Ni10
	GB/T 3280	022Cr19Ni10
	GB/T 4237	00Cr19Ni10
	GB/T 4237	022Cr19Ni10
	GB/T 4239	00Cr19Ni10
	GB/T 4240	00Cr19Ni11(-R)
	GB/T 12770	00Cr19Ni10
	GB/T 12771	00Cr19Ni10
	GB/T 13296	00Cr19Ni10
	GB/T 14975	00Cr19Ni10
	GB/T 14976	00Cr19Ni10
	GB/T 20878	022Cr19Ni10
	GB/T 21074	022Cr19Ni10
1.4308	GB/T 2100	ZG07Cr19Ni9
	GB/T 2100	ZG0Cr18Ni9
	GB/T 13296	00Cr19Ni10
	GB/T 16253	ZG07Cr20Ni10
	JB/T 6405	ZG08Cr19Ni9
1.4309	GB/T 2100	ZG03Cr18Ni10N
1.4310	GB/T 1220	12Cr17Ni7
	GB/T 1220	1Cr17Ni7
	GB/T 3280	12Cr17Ni7
	GB/T 3280	1Cr17Ni7
	GB/T 4231	1Cr17Ni7

8 CN-Sortenbezeichnungen

Auflistung nach steigenden EN-Werkstoff-Nummern ähnlicher EN (DIN)-Werkstoffe

CN steel grades

Listed according to EN material numbers of similar EN (DIN) materials

Werkstoff-Nr. Material no.	CN-Norm CN standard	Stahlsorte Steel grade
1.4310	GB/T 4237	12Cr17Ni7
	GB/T 4239	1Cr17Ni7
	GB/T 4239	1Cr17Ni8
	GB/T 20878	12Cr17Ni7
	YB/T 110	1Cr17Ni7
1.4311	GB/T 1220	00Cr18Ni10N
	GB/T 1220	022Cr19Ni10N
	GB/T 3280	00Cr18Ni10N
	GB/T 3280	022Cr19Ni10N
	GB/T 4237	00Cr18Ni10N
	GB/T 4237	022Cr19Ni10N
	GB/T 4239	00Cr18Ni10N
	GB/T 13296	00Cr18Ni10N
	GB/T 14975	00Cr18Ni10N
	GB/T 14976	00Cr18Ni10N
	GB/T 20878	022Cr19Ni10N
1.4312	GB/T 2100	ZG1Cr18Ni9
	JB/T 6405	ZG12Cr18Ni9Ti
1.4313	GB/T 6967	ZG06Cr13Ni4Mo
1.4315	GB/T 1220	06Cr19Ni10N
	GB/T 1220	0Cr19Ni9N
	GB/T 3280	06Cr19Ni10N
	GB/T 3280	0Cr19Ni9N
	GB/T 4237	06Cr19Ni10N
	GB/T 4237	0Cr19Ni9N
	GB/T 4239	0Cr19Ni9N
	GB/T 4240	0Cr19Ni9N(-L)
	GB/T 4240	0Cr19Ni9N(-Q)
	GB/T 4240	0Cr19Ni9N(-R)
1.4317	GB/T 2100	ZG06Cr12Ni4
1.4318	GB/T 3280	022Cr17Ni7
	GB/T 3280	022Cr17Ni7N
	GB/T 4237	022Cr17Ni7
	GB/T 4237	022Cr17Ni7N

8 CN-Sortenbezeichnungen

Auflistung nach steigenden EN-Werkstoff-Nummern
ähnlicher EN (DIN)-Werkstoffe

CN steel grades

Listed according to EN material numbers
of similar EN (DIN) materials

Werkstoff-Nr. Material no.	CN-Norm CN standard	Stahlsorte Steel grade
1.4318	GB/T 20878	022Cr17Ni7
	GB/T 20878	022Cr17Ni7N
1.4320	GB/T 3280	04Cr13Ni5Mo
	GB/T 4237	04Cr13Ni5Mo
	GB/T 20878	04Cr13Ni5Mo
1.4335	GB/T 1220	06Cr25Ni20
	GB/T 1221	06Cr25Ni20
	GB/T 3280	06Cr25Ni20
	GB/T 4237	06Cr25Ni20
	GB/T 4238	06Cr25Ni20
	GB/T 4239	0Cr25Ni20
	GB/T 4240	0Cr25Ni20(-R)
	GB/T 12770	0Cr25Ni20
	GB/T 12771	0Cr25Ni20
	GB/T 13296	0Cr25Ni20
1.4361	GB/T 1220	06Cr18Ni13Si4
	GB/T 1220	0Cr18Ni13Si4
	GB/T 1221	06Cr18Ni13Si4
	GB/T 1221	0Cr18Ni13Si4
	GB/T 3280	0Cr18Ni13Si4
	GB/T 4237	0Cr18Ni13Si4
	GB/T 4238	0Cr18Ni13Si4
	GB/T 4239	0Cr18Ni13Si4
	GB/T 13296	0Cr18Ni13Si4
	GB/T 20878	06Cr18Ni13Si4
1.4362	GB/T 3280	022Cr23Ni4MoCuN
	GB/T 4237	022Cr23Ni4MoCuN
	GB/T 20878	022Cr23Ni4MoCuN
	GB/T 21832	022Cr23Ni4MoCuN
	GB/T 21833	022Cr23Ni4MoCuN
1.4371	GB/T 1220	12Cr18Mn9Ni5N
	GB/T 1220	1Cr18Mn8Ni5N
	GB/T 3280	1Cr18Mn8Ni5N
	GB/T 4237	1Cr18Mn8Ni5N

8 CN-Sortenbezeichnungen

Auflistung nach steigenden EN-Werkstoff-Nummern ähnlicher EN (DIN)-Werkstoffe

CN steel grades

Listed according to EN material numbers of similar EN (DIN) materials

Werkstoff-Nr. Material no.	CN-Norm CN standard	Stahlsorte Steel grade
1.4371	GB/T 4239	1Cr18Mn8Ni5N
	GB/T 20878	12Cr18Mn9Ni5N
1.4372	GB/T 1220	12Cr17Mn6Ni5N
	GB/T 1220	1Cr17Mn6Ni5N
	GB/T 3280	1Cr17Mn6Ni5N
	GB/T 4237	1Cr17Mn6Ni5N
	GB/T 4239	1Cr17Mn6Ni5N
1.4373	GB/T 1220	1Cr18Mn8Ni5N
	GB/T 3280	1Cr18Mn8Ni5N
	GB/T 4237	1Cr18Mn8Ni5N
	GB/T 4239	1Cr18Mn8Ni5N
1.4401	GB/T 1220	06Cr17Ni12Mo2
	GB/T 1220	0Cr17Ni12Mo2
	GB/T 1221	06Cr17Ni12Mo2
	GB/T 1221	0Cr17Ni12Mo2
	GB/T 3090	0Cr17Ni12Mo2
	GB/T 3280	06Cr17Ni12Mo2
	GB/T 3280	0Cr17Ni12Mo2
	GB/T 4237	06Cr17Ni12Mo2
	GB/T 4237	0Cr17Ni12Mo2
	GB/T 4238	06Cr17Ni12Mo2
	GB/T 4238	0Cr17Ni12Mo2
	GB/T 4239	0Cr17Ni12Mo2
	GB/T 4240	0Cr17Ni12Mo2(-L)
	GB/T 4240	0Cr17Ni12Mo2(-Q)
	GB/T 4240	0Cr17Ni12Mo2(-R)
	GB/T 12770	0Cr17Ni12Mo2
	GB/T 12771	0Cr17Ni12Mo2
	GB/T 13296	0Cr17Ni12Mo2
	GB/T 13296	1Cr17Ni12Mo2
	GB/T 14975	0Cr17Ni12Mo2
	GB/T 14976	0Cr17Ni12Mo2
	GB/T 20878	06Cr17Ni12Mo2
	GB/T 21074	06Cr17Ni12Mo2

8 CN-Sortenbezeichnungen

Auflistung nach steigenden EN-Werkstoff-Nummern ähnlicher EN (DIN)-Werkstoffe

CN steel grades

Listed according to EN material numbers of similar EN (DIN) materials

Werkstoff-Nr. **Material no.**	**CN-Norm** **CN standard**	**Stahlsorte** **Steel grade**
1.4404	GB/T 1220	00Cr17Ni14Mo2
	GB/T 1220	022Cr17Ni12Mo2
	GB/T 3089	022Cr17Ni12Mo2
	GB/T 3090	00Cr17Ni14Mo2
	GB/T 3280	00Cr17Ni14Mo2
	GB/T 3280	022Cr17Ni12Mo2
	GB/T 4237	00Cr17Ni14Mo2
	GB/T 4237	022Cr17Ni12Mo2
	GB/T 4239	00Cr17Ni14Mo2
	GB/T 4240	00Cr17Ni14Mo2(-Q)
	GB/T 4240	00Cr17Ni14Mo2(-R)
	GB/T 12770	00Cr17Ni14Mo2
	GB/T 12771	00Cr17Ni14Mo2
	GB/T 13296	00Cr17Ni14Mo2
	GB/T 14975	00Cr17Ni14Mo2
	GB/T 14976	00Cr17Ni14Mo2
	GB/T 20878	022Cr17Ni12Mo2
	GB/T 21074	022Cr17Ni12Mo2
1.4405	GB/T 2100	ZG06Cr16Ni5Mo
	GB/T 6967	ZG06Cr16Ni5Mo
1.4406	GB/T 1220	00Cr17Ni13Mo2N
	GB/T 1220	022Cr17Ni12Mo2N
	GB/T 3280	00Cr17Ni13Mo2N
	GB/T 3280	022Cr17Ni12Mo2N
	GB/T 4237	00Cr17Ni13Mo2N
	GB/T 4237	022Cr17Ni12Mo2N
	GB/T 4239	00Cr17Ni13Mo2N
	GB/T 6967	ZG10Cr13
	GB/T 13296	00Cr17Ni13Mo2N
	GB/T 14975	00Cr17Ni13Mo2N
	GB/T 14976	00Cr17Ni13Mo2N
	GB/T 20878	022Cr17Ni12Mo2N
1.4407	GB/T 6967	ZG06Cr13Ni6Mo
1.4408	GB/T 2100	ZG07Cr19Ni11Mo2
	GB/T 16253	ZG07Cr19Ni11Mo3

8 CN-Sortenbezeichnungen

Auflistung nach steigenden EN-Werkstoff-Nummern ähnlicher EN (DIN)-Werkstoffe

CN steel grades

Listed according to EN material numbers of similar EN (DIN) materials

Werkstoff-Nr. Material no.	**CN-Norm CN standard**	**Stahlsorte Steel grade**
1.4409	GB/T 2100	ZG03Cr19Ni11Mo2N
1.4414	GB/T 6967	ZG06Cr13Ni4Mo
	JB/T 6405	ZG06Cr13Ni4Mo
1.4425	GB/T 20878	022Cr18Ni14Mo3
1.4429	GB/T 1220	00Cr17Ni13Mo2N
	GB/T 1220	022Cr17Ni12Mo2N
	GB/T 3280	00Cr17Ni13Mo2N
	GB/T 3280	022Cr17Ni12Mo2N
	GB/T 4237	00Cr17Ni13Mo2N
	GB/T 4237	022Cr17Ni12Mo2N
	GB/T 4239	00Cr17Ni13Mo2N
	GB/T 13296	00Cr17Ni13Mo2N
	GB/T 14975	00Cr17Ni13Mo2N
	GB/T 14976	00Cr17Ni13Mo2N
	GB/T 20878	022Cr17Ni12Mo2N
1.4434	GB/T 3280	022Cr19Ni13Mo4N
	GB/T 4237	022Cr19Ni13Mo4N
	GB/T 20878	022Cr19Ni13Mo4N
1.4435	GB/T 1220	00Cr17Ni14Mo2
	GB/T 1220	022Cr17Ni12Mo2
	GB/T 3089	022Cr17Ni12Mo2
	GB/T 3090	00Cr17Ni14Mo2
	GB/T 3280	00Cr17Ni14Mo2
	GB/T 3280	022Cr17Ni12Mo2
	GB/T 4237	00Cr17Ni14Mo2
	GB/T 4237	022Cr17Ni12Mo2
	GB/T 4239	00Cr17Ni14Mo2
	GB/T 4240	00Cr17Ni14Mo2(-Q)
	GB/T 4240	00Cr17Ni14Mo2(-R)
	GB/T 12770	00Cr17Ni14Mo2
	GB/T 12771	00Cr17Ni14Mo2
	GB/T 13296	00Cr17Ni14Mo2
	GB/T 14975	00Cr17Ni14Mo2
	GB/T 14976	00Cr17Ni14Mo2

8 CN-Sortenbezeichnungen

Auflistung nach steigenden EN-Werkstoff-Nummern ähnlicher EN (DIN)-Werkstoffe

CN steel grades

Listed according to EN material numbers of similar EN (DIN) materials

Werkstoff-Nr. Material no.	CN-Norm CN standard	Stahlsorte Steel grade
1.4435	GB/T 20878	022Cr17Ni12Mo2
	GB/T 21074	022Cr17Ni12Mo2
1.4436	GB/T 1220	06Cr17Ni12Mo2
	GB/T 1220	0Cr17Ni12Mo2
	GB/T 1221	06Cr17Ni12Mo2
	GB/T 1221	0Cr17Ni12Mo2
	GB/T 3090	0Cr17Ni12Mo2
	GB/T 3280	06Cr17Ni12Mo2
	GB/T 3280	0Cr17Ni12Mo2
	GB/T 4237	06Cr17Ni12Mo2
	GB/T 4237	0Cr17Ni12Mo2
	GB/T 4238	06Cr17Ni12Mo2
	GB/T 4238	0Cr17Ni12Mo2
	GB/T 4239	0Cr17Ni12Mo2
	GB/T 4240	0Cr17Ni12Mo2(-L)
	GB/T 4240	0Cr17Ni12Mo2(-Q)
	GB/T 4240	0Cr17Ni12Mo2(-R)
	GB/T 12770	0Cr17Ni12Mo2
	GB/T 12771	0Cr17Ni12Mo2
	GB/T 13296	0Cr17Ni12Mo2
	GB/T 13296	1Cr17Ni12Mo2
	GB/T 14975	0Cr17Ni12Mo2
	GB/T 14976	0Cr17Ni12Mo2
	GB/T 20878	06Cr17Ni12Mo2
	GB/T 21074	06Cr17Ni12Mo2
1.4437	JB/T 6403	ZG08Cr18Ni12Mo2Ti
1.4438	GB/T 1220	00Cr19Ni13Mo3
	GB/T 1220	022Cr19Ni13Mo3
	GB/T 1220	03Cr18Ni16Mo5
	GB/T 1220	0Cr18Ni16Mo5
	GB/T 3280	00Cr19Ni13Mo3
	GB/T 3280	022Cr19Ni13Mo3
	GB/T 3280	0Cr18Ni16Mo5
	GB/T 4237	00Cr19Ni13Mo3
	GB/T 4237	022Cr19Ni13Mo3

8 CN-Sortenbezeichnungen

Auflistung nach steigenden EN-Werkstoff-Nummern ähnlicher EN (DIN)-Werkstoffe

CN steel grades

Listed according to EN material numbers of similar EN (DIN) materials

Werkstoff-Nr. Material no.	CN-Norm CN standard	Stahlsorte Steel grade
1.4438	GB/T 4237	0Cr18Ni16Mo5
	GB/T 4239	00Cr19Ni13Mo3
	GB/T 4239	0Cr18Ni16Mo5
	GB/T 13296	00Cr19Ni13Mo3
	GB/T 14975	00Cr19Ni13Mo3
	GB/T 14976	00Cr19Ni13Mo3
	GB/T 20878	022Cr19Ni13Mo3
	GB/T 20878	03Cr18Ni16Mo5
	GB/T 21074	022Cr19Ni13Mo3
1.4439	GB/T 3280	022Cr19Ni16Mo5N
	GB/T 4237	022Cr19Ni16Mo5N
	GB/T 20878	022Cr19Ni16Mo5N
1.4442	GB/T 20878	022Cr18Ni15Mo3N
1.4449	GB/T 1220	06Cr19Ni13Mo3
	GB/T 1220	0Cr19Ni13Mo3
	GB/T 1221	06Cr19Ni13Mo3
	GB/T 1221	0Cr19Ni13Mo3
	GB/T 3280	06Cr19Ni13Mo3
	GB/T 3280	0Cr19Ni13Mo3
	GB/T 4237	06Cr19Ni13Mo3
	GB/T 4237	0Cr19Ni13Mo3
	GB/T 4238	06Cr19Ni13Mo3
	GB/T 4238	0Cr19Ni13Mo3
	GB/T 4239	0Cr19Ni13Mo3
	GB/T 13296	0Cr19Ni13Mo3
	GB/T 14975	0Cr19Ni13Mo3
	GB/T 14976	0Cr19Ni13Mo3
	GB/T 20878	06Cr19Ni13Mo3
	GB/T 21074	06Cr19Ni13Mo3
1.4460	GB/T 1220	0Cr26Ni5Mo2
	GB/T 3280	0Cr26Ni5Mo2
	GB/T 4237	0Cr26Ni5Mo2
	GB/T 4239	0Cr26Ni5Mo2
	GB/T 14976	0Cr26Ni5Mo2
	GB/T 21833	06Cr26Ni4Mo2

8 CN-Sortenbezeichnungen

Auflistung nach steigenden EN-Werkstoff-Nummern
ähnlicher EN (DIN)-Werkstoffe

CN steel grades

Listed according to EN material numbers
of similar EN (DIN) materials

Werkstoff-Nr. Material no.	CN-Norm CN standard	Stahlsorte Steel grade
1.4462	GB/T 1220	022Cr22Ni5Mo3N
	GB/T 3280	022Cr22Ni5Mo3N
	GB/T 4237	022Cr22Ni5Mo3N
	GB/T 20878	022Cr22Ni5Mo3N
	GB/T 21832	022Cr22Ni5Mo3N
	GB/T 21833	022Cr22Ni5Mo3N
1.4466	GB/T 1221	0Cr17Ni12Mo2
	GB/T 3280	022Cr25Ni22Mo2N
	GB/T 4237	022Cr25Ni22Mo2N
	GB/T 20878	022Cr25Ni22Mo2N
1.4468	GB/T 2100	ZG03Cr26Ni5Mo3N
1.4492	GB/T 3280	09Cr17Ni5Mo3N
	GB/T 4237	09Cr17Ni5Mo3N
	GB/T 20878	09Cr17Ni5Mo3N
1.4501	GB/T 3280	022Cr25Ni7Mo4WCuN
	GB/T 4237	022Cr25Ni7Mo4WCuN
	GB/T 20878	022Cr25Ni7Mo3WCuN
	GB/T 20878	022Cr25Ni7Mo4WCuN
	GB/T 21832	022Cr25Ni7Mo3WCuN
	GB/T 21832	022Cr25Ni7Mo4WCuN
	GB/T 21833	022Cr25Ni7Mo3WCuN
	GB/T 21833	022Cr25Ni7Mo4WCuN
1.4507	GB/T 1220	03Cr25Ni6Mo3Cu2N
	GB/T 3280	03Cr25Ni6Mo3Cu2N
	GB/T 4237	03Cr25Ni6Mo3Cu2N
	GB/T 20878	03Cr25Ni6Mo3Cu2N
	GB/T 21832	03Cr25Ni6Mo3Cu2N
	GB/T 21833	022Cr24Ni7Mo4CuN
	GB/T 21833	03Cr25Ni6Mo3Cu2N
1.4509	GB/T 3280	022Cr18NbTi
	GB/T 4237	022Cr18NbTi
	GB/T 20878	022Cr18NbTi
1.4510	GB/T 3280	00Cr17
	GB/T 4239	00Cr17
	GB/T 12771	00Cr17

8 CN-Sortenbezeichnungen

Auflistung nach steigenden EN-Werkstoff-Nummern ähnlicher EN (DIN)-Werkstoffe

CN steel grades

Listed according to EN material numbers of similar EN (DIN) materials

Werkstoff-Nr. Material no.	CN-Norm CN standard	Stahlsorte Steel grade
1.4512	GB/T 3280	022Cr11NbTi
	GB/T 4237	022Cr11NbTi
	GB/T 4238	022Cr11NbTi
	GB/T 4238	0Cr11Ti
	GB/T 20878	022Cr11NbTi
1.4513	GB/T 2100	ZG03Cr26Ni5Cu3Mo3N
	GB/T 3280	019Cr18MoTi
	GB/T 4237	019Cr18MoTi
	GB/T 20878	019Cr18MoTi
1.4517	GB/T 2100	ZG03Cr26Ni5Cu3Mo3N
1.4520	GB/T 3280	022Cr17Ti
	GB/T 4237	022Cr17Ti
	GB/T 20878	022Cr18Ti
1.4521	GB/T 3280	019Cr19Mo2NbTi
	GB/T 4237	019Cr19Mo2NbTi
	GB/T 20878	019Cr19Mo2NbTi
1.4522	GB/T 3280	019Cr19Mo2NbTi
	GB/T 4237	019Cr19Mo2NbTi
	GB/T 20878	019Cr19Mo2NbTi
1.4532	GB/T 1220	07Cr15Ni7Mo2Al
	GB/T 1220	0Cr15Ni7Mo2Al
	GB/T 3280	07Cr15Ni7Mo2Al
	GB/T 4237	07Cr15Ni7Mo2Al
	GB/T 20878	07Cr15Ni7Mo2Al
1.4534	GB/T 3280	04Cr13Ni8Mo2Al
	GB/T 4237	04Cr13Ni8Mo2Al
	GB/T 20878	04Cr13Ni8Mo2Al
1.4539	GB/T 3280	015Cr21Ni26Mo5Cu2
	GB/T 4237	015CrCr21Ni26Mo5Cu2
	GB/T 20878	015Cr21Ni26Mo5Cu2
1.4541	GB/T 1220	05Cr17Ni4Cu4Nb
	GB/T 1220	06Cr18Ni11Ti
	GB/T 1220	0Cr17Ni4Cu4Nb
	GB/T 1220	0Cr18Ni10Ti
	GB/T 1221	05Cr17Ni4Cu4Nb

8 CN-Sortenbezeichnungen

Auflistung nach steigenden EN-Werkstoff-Nummern ähnlicher EN (DIN)-Werkstoffe

CN steel grades

Listed according to EN material numbers of similar EN (DIN) materials

Werkstoff-Nr. Material no.	CN-Norm CN standard	Stahlsorte Steel grade
1.4541	GB/T 1221	06Cr18Ni11Ti
	GB/T 1221	0Cr17Ni4Cu4Nb
	GB/T 1221	0Cr18Ni10Ti
	GB/T 3089	06Cr18Ni11Ti
	GB/T 3090	0Cr18Ni10Ti
	GB/T 3280	06Cr18Ni11Ti
	GB/T 3280	0Cr18Ni10Ti
	GB/T 4237	06Cr18Ni11Ti
	GB/T 4237	0Cr18Ni10Ti
	GB/T 4238	05Cr17Ni4Cu4Nb
	GB/T 4238	06Cr18Ni11Ti
	GB/T 4238	0Cr18Ni10Ti
	GB/T 4239	0Cr18Ni10Ti
	GB/T 4240	0Cr18Ni11Ti(-Q)
	GB/T 4240	0Cr18Ni11Ti(-R)
	GB/T 8732	0Cr17Ni4Cu4Nb
	GB/T 12770	0Cr18Ni10Ti
	GB/T 12771	0Cr18Ni10Ti
	GB/T 13296	0Cr18Ni10Ti
	GB/T 13296	1Cr18Ni11Ti
	GB/T 14975	0Cr18Ni10Ti
	GB/T 14976	0Cr18Ni10Ti
	GB/T 20878	05Cr17Ni4Cu4Nb
	GB/T 20878	06Cr18Ni11Ti
	GB/T 21074	06Cr18Ni11Ti
1.4542	GB/T 1220	0Cr17Ni4Cu4Nb
	GB/T 1221	05Cr17Ni4Cu4Nb
	GB/T 1221	0Cr17Ni4Cu4Nb
	GB/T 4238	05Cr17Ni4Cu4Nb
	GB/T 20878	05Cr17Ni4Cu4Nb
1.4543	GB/T 3280	022Cr12Ni9Cu2NbTi
	GB/T 4237	022Cr12Ni9Cu2NbTi
	GB/T 4238	022Cr12Ni9Cu2NbTi
	GB/T 20878	022Cr12Ni9Cu2NbTi
1.4547	GB/T 20878	015Cr20Ni18Mo6CuN

8 CN-Sortenbezeichnungen

Auflistung nach steigenden EN-Werkstoff-Nummern ähnlicher EN (DIN)-Werkstoffe

CN steel grades

Listed according to EN material numbers of similar EN (DIN) materials

Werkstoff-Nr. Material no.	CN-Norm CN standard	Stahlsorte Steel grade
1.4548	GB/T 1220	05Cr17Ni4Cu4Nb
	GB/T 1220	0Cr17Ni4Cu4Nb
	GB/T 1221	05Cr17Ni4Cu4Nb
	GB/T 1221	0Cr17Ni4Cu4Nb
	GB/T 8732	0Cr17Ni4Cu4Nb
1.4550	GB/T 1220	06Cr18Ni11Nb
	GB/T 1220	0Cr18Ni11Nb
	GB/T 1221	06Cr18Ni11Nb
	GB/T 1221	0Cr18Ni11Nb
	GB/T 3280	06Cr18Ni11Nb
	GB/T 3280	0Cr18Ni11Nb
	GB/T 4237	06Cr18Ni11Nb
	GB/T 4237	0Cr18Ni11Nb
	GB/T 4238	06Cr18Ni11Nb
	GB/T 4238	0Cr18Ni11Nb
	GB/T 4239	0Cr18Ni11Nb
	GB/T 4240	0Cr18Ni11Nb(-Q)
	GB/T 4240	0Cr18Ni11Nb(-R)
	GB 5310	1Cr19Ni11Nb
	GB/T 9948	1Cr19Ni11Nb
	GB/T 12770	0Cr18Ni11Nb
	GB/T 12771	0Cr18Ni11Nb
	GB/T 13296	0Cr18Ni11Nb
	GB/T 13296	1Cr19Ni11Nb
	GB/T 14975	0Cr18Ni11Nb
	GB/T 14976	0Cr18Ni11Nb
	GB/T 20878	06Cr18Ni11Nb
	GB/T 21074	06Cr18Ni11Nb
1.4552	GB/T 2100	ZG0Cr18Ni9Ti
1.4560	GB/T 20878	06Cr18Ni9Cu2
1.4564	GB/T 1220	07Cr17Ni7Al
	GB/T 1220	0Cr17Ni7Al
	GB/T 1221	07Cr17Ni7Al
	GB/T 1221	0Cr17Ni7Al
	GB/T 3280	06Cr17Ni7AlTi

8 CN-Sortenbezeichnungen

Auflistung nach steigenden EN-Werkstoff-Nummern ähnlicher EN (DIN)-Werkstoffe

CN steel grades

Listed according to EN material numbers of similar EN (DIN) materials

Werkstoff-Nr. Material no.	CN-Norm CN standard	Stahlsorte Steel grade
1.4564	GB/T 3280	07Cr17Ni7Al
	GB/T 3280	0Cr17Ni7Al
	GB/T 4231	0Cr17Ni7Al
	GB/T 4237	06Cr17Ni7AlTi
	GB/T 4237	07Cr17Ni7Al
	GB/T 4237	0Cr17Ni7Al
	GB/T 4238	06Cr17Ni7AlTi
	GB/T 4238	07Cr17Ni7Al
	GB/T 4238	0Cr17Ni7Al
	GB/T 4238	1Cr17Ni7Al
	GB/T 4239	0Cr17Ni7Al
	GB/T 20878	06Cr17Ni7AlTi
	GB/T 20878	07Cr17Ni7Al
1.4565	GB/T 3280	022Cr24Ni17Mo5Mn6NbN
	GB/T 3280	0Cr17Ni7Al
	GB/T 4237	022Cr24Ni17Mo5Mn6NbN
	GB/T 4238	07Cr15Ni7Mo2Al
	GB/T 20878	022Cr24Ni17Mo5Mn6NbN
1.4567	GB/T 1220	06Cr18Ni9Cu3
	GB/T 1220	0Cr18Ni9Cu3
	GB/T 4232	ML0Cr18Ni9Cu3
	GB/T 20878	06Cr18Ni9Cu3
1.4568	GB/T 1220	07Cr17Ni7Al
	GB/T 1220	0Cr17Ni7Al
	GB/T 1221	07Cr17Ni7Al
	GB/T 1221	0Cr17Ni7Al
	GB/T 3280	06Cr17Ni7AlTi
	GB/T 3280	07Cr17Ni7Al
	GB/T 3280	0Cr17Ni7Al
	GB/T 4231	0Cr17Ni7Al
	GB/T 4237	06Cr17Ni7AlTi
	GB/T 4237	07Cr17Ni7Al
	GB/T 4237	0Cr17Ni7Al
	GB/T 4238	06Cr17Ni7AlTi
	GB/T 4238	07Cr15Ni7Mo2Al

8 CN-Sortenbezeichnungen

Auflistung nach steigenden EN-Werkstoff-Nummern ähnlicher EN (DIN)-Werkstoffe

CN steel grades

Listed according to EN material numbers of similar EN (DIN) materials

Werkstoff-Nr. Material no.	CN-Norm CN standard	Stahlsorte Steel grade
1.4568	GB/T 4238	07Cr17Ni7Al
	GB/T 4238	0Cr17Ni7Al
	GB/T 4238	1Cr17Ni7Al
	GB/T 4239	0Cr17Ni7Al
	GB/T 20878	06Cr17Ni7AlTi
1.4571	GB/T 1220	06Cr17Ni12Mo2Ti
	GB/T 1220	0Cr18Ni12Mo2Ti
	GB/T 1220	1Cr18Ni12Mo2Ti
	GB/T 3089	06Cr17Ni12Mo2Ti
	GB/T 3280	06Cr17Ni12Mo2Ti
	GB/T 3280	0Cr18Ni12Mo2Cu2
	GB/T 3280	0Cr18Ni12Mo2Ti
	GB/T 3280	1Cr18Ni12Mo2Ti
	GB/T 4237	06Cr17Ni12Mo2Ti
	GB/T 4237	0Cr18Ni12Mo2Ti
	GB/T 4237	1Cr18Ni12Mo2Ti
	GB/T 13296	0Cr18Ni12Mo2Ti
	GB/T 13296	1Cr18Ni12Mo2Ti
	GB/T 14975	0Cr18Ni12Mo2Ti
	GB/T 14975	1Cr18Ni12Mo2Ti
	GB/T 14976	0Cr18Ni12Mo2Ti
	GB/T 14976	1Cr18Ni12Mo2Ti
	GB/T 20878	06Cr17Ni12Mo2Ti
1.4573	GB/T 1220	1Cr18Ni12Mo2Ti
	GB/T 3280	1Cr18Ni12Mo2Ti
	GB/T 4237	1Cr18Ni12Mo2Ti
	GB/T 13296	1Cr18Ni12Mo2Ti
	GB/T 14975	1Cr18Ni12Mo2Ti
	GB/T 14976	1Cr18Ni12Mo2Ti
1.4574	GB/T 1220	07Cr15Ni7Mo2Al
	GB/T 1220	0Cr15Ni7Mo2Al
1.4579	GB/T 1220	06Cr17Ni12Mo2Ti
	GB/T 1220	0Cr18Ni12Mo2Ti
	GB/T 3089	06Cr17Ni12Mo2Ti
	GB/T 3280	06Cr17Ni12Mo2Ti

8 CN-Sortenbezeichnungen

Auflistung nach steigenden EN-Werkstoff-Nummern
ähnlicher EN (DIN)-Werkstoffe

CN steel grades

Listed according to EN material numbers
of similar EN (DIN) materials

Werkstoff-Nr. Material no.	CN-Norm CN standard	Stahlsorte Steel grade
1.4579	GB/T 4237	06Cr17Ni12Mo2Ti
	GB/T 13296	0Cr18Ni12Mo2Ti
	GB/T 14975	0Cr18Ni12Mo2Ti
	GB/T 14976	0Cr18Ni12Mo2Ti
	GB/T 20878	06Cr17Ni12Mo2Ti
1.4581	GB/T 2100	ZG08Cr19Ni11Mo2Nb
	GB/T 16253	ZG08Cr19Ni11Mo2Nb
1.4586	GB/T 20878	07Cr17Ni7Al
1.4652	GB/T 3280	015Cr24Ni22Mo8Mn3CuN
	GB/T 4237	015Cr24Ni22Mo8Mn3CuN
	GB/T 20878	015Cr24Ni22Mo8Mn3CuN
1.4710	GB/T 8492	ZG30Cr7Si2
1.4718	GB/T 1221	42Cr9Si2
	GB/T 1221	45Cr9Si3
	GB/T 1221	4Cr9Si2
	GB/T 8492	ZG40Cr9Si2
	GB/T 12773	4Cr9Si2
	GB/T 20878	42Cr9Si2
	GB/T 20878	45Cr9Si3
	JB/T 6403	ZG40Cr9Si2
1.4720	GB/T 4238	0Cr11Ti
1.4729	GB/T 8492	ZG40Cr13Si2
1.4731	GB/T 1221	40Cr10Si2Mo
	GB/T 1221	4Cr10Si2Mo
	GB/T 12773	4Cr10Si2Mo
	GB/T 20878	40Cr10Si2Mo
1.4740	GB/T 8492	ZG40Cr17Si2
	JB/T 6403	ZG30Cr18Mn12Si2N
1.4742	GB/T 4238	1Cr19Al3
1.4745	GB/T 8492	ZG40Cr24Si2
1.4747	GB/T 1221	80Cr20Si2Ni
	GB/T 1221	8Cr20Si2Ni
	GB/T 12773	8Cr20Si2Ni
	GB/T 20878	80Cr20Si2Ni

8 CN-Sortenbezeichnungen

Auflistung nach steigenden EN-Werkstoff-Nummern ähnlicher EN (DIN)-Werkstoffe

CN steel grades

Listed according to EN material numbers of similar EN (DIN) materials

Werkstoff-Nr. Material no.	CN-Norm CN standard	Stahlsorte Steel grade
1.4749	GB/T 1221	16Cr25N
	GB/T 1221	2Cr25N
	GB/T 4238	16Cr25N
	GB/T 4238	2Cr25N
1.4776	GB/T 8492	ZG40Cr28Si2
1.4777	GB/T 8492	ZGCr29Si2
1.4806	GB/T 8492	ZG40Ni35Cr17Si2
1.4823	GB/T 8492	ZG40Cr27Ni4Si2
	JB/T 6403	ZG40Cr22Ni4N
1.4825	GB/T 8492	ZG25Cr18Ni9Si2
1.4826	GB/T 8492	ZG40Cr22Ni10Si2
	JB/T 6403	ZG30Cr20Ni10
1.4828	GB/T 1221	16Cr20Ni14Si2
	GB/T 1221	1Cr20Ni14Si2
	GB/T 4238	16Cr23Ni13
	GB/T 4238	1Cr20Ni14Si2
	GB/T 13296	2Cr23Ni13
	GB/T 20878	16Cr20Ni14Si2
1.4832	GB/T 8492	ZG25Cr20Ni14Si2
1.4833	GB/T 1220	06Cr23Ni13
	GB/T 1220	0Cr23Ni13
	GB/T 1221	06Cr23Ni13
	GB/T 1221	0Cr23Ni13
	GB/T 3280	06Cr23Ni13
	GB/T 3280	0Cr23Ni13
	GB/T 4237	06Cr23Ni13
	GB/T 4237	0Cr23Ni13
	GB/T 4238	06Cr23Ni13
	GB/T 4238	0Cr23Ni13
	GB/T 4239	0Cr23Ni13
	GB/T 4240	0Cr23Ni13(-R)
	GB/T 13296	0Cr23Ni13
	GB/T 14976	0Cr23Ni13
	GB/T 20878	06Cr23Ni13

8 CN-Sortenbezeichnungen

Auflistung nach steigenden EN-Werkstoff-Nummern ähnlicher EN (DIN)-Werkstoffe

CN steel grades

Listed according to EN material numbers of similar EN (DIN) materials

Werkstoff-Nr. Material no.	CN-Norm CN standard	Stahlsorte Steel grade
1.4837	GB/T 8492	ZG40Cr25Ni12Si2
	JB/T 6403	ZG35Cr26Ni12
1.4841	GB/T 1221	16Cr25Ni20Si2
	GB/T 1221	1Cr25Ni20Si2
	GB/T 4238	16Cr25Ni20Si2
	GB/T 4238	1Cr25Ni20Si2
	GB/T 4238	2Cr25Ni20
	GB/T 13296	2Cr25Ni20
	GB/T 20878	16Cr25Ni20Si2
1.4843	GB/T 1221	20Cr25Ni20
	GB/T 1221	2Cr25Ni20
	GB/T 4238	20Cr25Ni20
	GB/T 4238	2Cr25Ni20
	GB/T 13296	2Cr25Ni20
	GB/T 14976	0Cr25Ni20
	GB/T 20878	20Cr25Ni20
1.4845	GB/T 1220	06Cr25Ni20
	GB/T 1220	0Cr25Ni20
	GB/T 1221	06Cr25Ni20
	GB/T 1221	0Cr25Ni20
	GB/T 3280	06Cr25Ni20
	GB/T 3280	0Cr25Ni20
	GB/T 4237	06Cr25Ni20
	GB/T 4237	0Cr25Ni20
	GB/T 4238	06Cr25Ni20
	GB/T 4238	0Cr25Ni20
	GB/T 4239	0Cr25Ni20
	GB/T 4240	0Cr25Ni20(-R)
	GB/T 12770	0Cr25Ni20
	GB/T 12771	0Cr25Ni20
	GB/T 13296	0Cr25Ni20
	GB/T 14976	0Cr25Ni20
1.4848	GB/T 8492	ZG40Cr25Ni20Si2
	JB/T 6403	ZG40Cr25Ni20
1.4849	GB/T 8492	ZG40Ni38Cr19Si2Nb1

8 CN-Sortenbezeichnungen

Auflistung nach steigenden EN-Werkstoff-Nummern ähnlicher EN (DIN)-Werkstoffe

CN steel grades

Listed according to EN material numbers of similar EN (DIN) materials

Werkstoff-Nr. Material no.	CN-Norm CN standard	Stahlsorte Steel grade
1.4852	GB/T 8492	ZG40Ni35Cr26Si2Nb1
1.4855	GB/T 8492	ZG40Cr24Ni24Si2Nb
1.4857	GB/T 8492	ZG40Ni35Cr26Si2
	JB/T 6403	ZG45Ni35Cr26
1.4859	GB/T 8492	ZG10Ni31Cr20Nb1
1.4864	GB/T 1221	12Cr16Ni35
	GB/T 1221	1Cr16Ni35
	GB/T 4238	12Cr16Ni35
	GB/T 4238	1Cr16Ni35
	GB/T 20878	12Cr16Ni35
1.4865	GB/T 8492	ZG40Ni38Cr19Si2
1.4871	GB/T 1221	53Cr21Mn9Ni4N
	GB/T 1221	5Cr21Mn9Ni4N
	GB/T 12773	5Cr21Mn9Ni4N
	GB/T 20878	53Cr21Mn9Ni4N
1.4874	GB/T 8492	ZG45Cr20Co20Ni20Mo3W
1.4876	GB/T 15007	NS 111
	GB/T 15007	NS 112
	YB/T 5353	NS 111
	YB/T 5353	NS 112
	YB/T 5354	NS 111
	YB/T 5354	NS 112
	YB/T 5355	NS 111
	YB/T 5355	NS 112
1.4878	GB/T 1220	1Cr18Ni9Ti
	GB/T 1221	1Cr18Ni9Ti
	GB/T 3090	1Cr18Ni9Ti
	GB/T 3280	1Cr18Ni9Ti
	GB/T 4232	ML1Cr18Ni9Ti
	GB/T 4237	1Cr18Ni9Ti
	GB/T 4238	1Cr18Ni9Ti
	GB/T 4239	1Cr18Ni9Ti
	GB/T 4240	1Cr18Ni9Ti(-L)
	GB/T 4240	1Cr18Ni9Ti(-Q)
	GB/T 4240	1Cr18Ni9Ti(-R)

8 CN-Sortenbezeichnungen

Auflistung nach steigenden EN-Werkstoff-Nummern ähnlicher EN (DIN)-Werkstoffe

CN steel grades

Listed according to EN material numbers of similar EN (DIN) materials

Werkstoff-Nr. Material no.	CN-Norm CN standard	Stahlsorte Steel grade
1.4878	GB/T 12770	1Cr18Ni9Ti
	GB/T 12771	1Cr18Ni9Ti
	GB/T 13296	1Cr18Ni9Ti
	GB/T 14975	1Cr18Ni9Ti
	GB/T 14976	1Cr18Ni9Ti
1.4891	GB/T 3280	05Cr19Ni10Si2CeN
	GB/T 4237	05Cr19Ni10Si2CeN
	GB/T 20878	05Cr19Ni10Si2CeN
1.4912	GB/T 20878	07Cr18Ni11Nb
1.4913	GB/T 1221	18Cr11NiMoNbVN
	GB/T 1221	18Cr12MoVNbN
	GB/T 1221	2Cr12MoVNbN
	GB/T 20878	18Cr11NiMoNbVN
	GB/T 20878	18Cr12MoVNbN
1.4918	GB/T 20878	07Cr17Ni12Mo2
1.4919	GB/T 13296	1Cr17Ni12Mo2
1.4923	GB/T 20878	21Cr12MoV
1.4935	GB/T 1221	22Cr12NiWMoV
	GB/T 1221	2Cr12NiMoWV
	GB/T 4238	22Cr12NiWMoV
	GB/T 20878	22Cr12NiWMoV
1.4939	GB/T 20878	10Cr12Ni3Mo2VN
1.4940	GB/T 20878	07Cr19Ni11Ti
1.4943	GB/T 1221	06Cr15Ni25Ti2MoAlVB
	GB/T 1221	0Cr15Ni25Ti2MoAlVB
	GB/T 4238	06Cr15Ni25Ti2MoAlVB
	GB/T 4238	0Cr15Ni25Ti2MoAlVB
1.4944	GB/T 1221	06Cr15Ni25Ti2MoAlVB
	GB/T 1221	0Cr15Ni25Ti2MoAlVB
	GB/T 4238	06Cr15Ni25Ti2MoAlVB
	GB/T 4238	0Cr15Ni25Ti2MoAlVB
1.4948	GB/T 3280	07Cr19Ni10
	GB/T 4237	07Cr19Ni10
	GB/T 4238	07Cr19Ni10
	GB/T 12771	0Cr18Ni9

8 CN-Sortenbezeichnungen

Auflistung nach steigenden EN-Werkstoff-Nummern
ähnlicher EN (DIN)-Werkstoffe

CN steel grades

Listed according to EN material numbers
of similar EN (DIN) materials

Werkstoff-Nr. Material no.	CN-Norm CN standard	Stahlsorte Steel grade
1.4948	GB/T 13296	1Cr19Ni9
	GB/T 20878	07Cr19Ni10
1.4980	GB/T 1221	06Cr15Ni25Ti2MoAlVB
	GB/T 1221	0Cr15Ni25Ti2MoAlVB
	GB/T 4238	06Cr15Ni25Ti2MoAlVB
	GB/T 4238	0Cr15Ni25Ti2MoAlVB
	GB/T 20878	06Cr15Ni25Ti2MoAlVB
1.5026	GB/T 1222	55Si2Mn
1.5027	GB/T 1222	60Si2Mn
	GB/T 1222	60Si2MnA
	GB/T 5218	60Si2MnA
	GB/T 19530	60Si2MnA
	YB/T 5058	60Si2Mn
	YB/T 5058	60Si2MnA
	YB 5063	60Si2MnA
1.5069	GB/T 3077	35Mn2
	GB/T 3078	35Mn2
1.5122	GB/T 3077	35SiMn
	GB/T 3078	35SiMn
	JB/T 6402	ZG 35Mn
	JB/T 6402	ZG35Mn
1.5217	GB/T 3077	20 MnV
	GB/T 3077	20MnV
	GB/T 3078	20 MnV
	GB/T 8162	27SiMn
1.5223	GB/T 3077	40Mn2
	GB/T 3078	40Mn2
	GB/T 8162	40Mn2
	YB/T 5052	40Mn2
1.5415	GB 5310	15MoG
1.5419	GB 5310	20MoG
	GB/T 16253	ZG19MoG
1.5429	GB 5310	20MoG
1.5510	GB/T 6478	ML28B

8 CN-Sortenbezeichnungen

Auflistung nach steigenden EN-Werkstoff-Nummern
ähnlicher EN (DIN)-Werkstoffe

CN steel grades

Listed according to EN material numbers
of similar EN (DIN) materials

Werkstoff-Nr. Material no.	CN-Norm CN standard	Stahlsorte Steel grade
1.5511	GB/T 6478	ML35B
	YB/T 5132	35B
1.5513	GB/T 3077	45B
	GB/T 3078	45B
	GB/T 11251	45B
	YB/T 5132	45B
1.5520	GB/T 6478	ML15MnB
1.5525	GB/T 6478	ML20MnB
1.5527	GB/T 3077	40B
	GB/T 3078	40B
	GB/T 11251	40B
	YB/T 5132	40B
1.5528	GB/T 6478	ML20B
	GB/T 6478	ML20MnB
1.5530	GB/T 3077	20Mn2B
1.5532	GB/T 3077	40MnB
	GB/T 3078	40MnB
	GB/T 5216	40MnBAH
	GB/T 5216	40MnBH
	GB/T 8162	40MnB
	GB/T 13795	40MnB
1.5538	GB/T 6478	ML35MnB
1.5711	GB/T 3077	40CrNi
	GB/T 3078	40CrNi
	YB/T 5132	40CrNi
1.5713	GB/T 3077	12CrNi 2
	GB/T 3078	12CrNi2A
	GB/T 8162	12CrNi2
1.5732	GB/T 3077	12CrNi 3
	GB/T 3078	12CrNi3A
	GB/T 3079	12CrNi 3A
	GB/T 8162	12CrNi 3
1.5737	GB/T 3077	30CrNi3
	GB/T 3078	30CrNi3A
	GB/T 3079	30CrNi3A

8 CN-Sortenbezeichnungen

Auflistung nach steigenden EN-Werkstoff-Nummern ähnlicher EN (DIN)-Werkstoffe

CN steel grades

Listed according to EN material numbers of similar EN (DIN) materials

Werkstoff-Nr. Material no.	CN-Norm CN standard	Stahlsorte Steel grade
1.5752	GB/T 3078	12Cr2Ni4A
	GB/T 3079	12Cr2Ni4A
1.5860	GB/T 3077	12Cr2Ni4
	GB/T 8162	12Cr2Ni4
1.6212	GB 03531	09Mn2VDR
1.6217	GB 03531	15MnNiDR
1.6220	GB/T 16253	ZG280-520
	JB/T 6402	ZG20Mn
1.6511	GB/T 3078	40CrNiMoA
1.6522	GB/T 3077	20CrNiMo
	GB/T 3203	G20CrNiMo
	GB/T 5216	20CrNiMoH
1.6523	GB/T 3077	20 CrNiMo
	GB/T 3203	G20CrNiMo
	GB/T 5216	20CrNiMoAH
	GB/T 5216	20CrNiMoH
1.6526	GB/T 3077	20 CrNiMo
	GB/T 3203	G20CrNiMo
	GB/T 5216	20CrNiMoAH
	GB/T 5216	20CrNiMoH
1.6543	GB/T 3077	20 CrNiMo
	GB/T 3203	G20CrNiMo
	GB/T 5216	20CrNiMoAH
	GB/T 5216	20CrNiMoH
1.6562	GB/T 3077	40CrNiMoA
	GB/T 3078	40CrNiMoA
	GB/T 3079	40CrNiMoA
	GB/T 8162	40CrNiMoA
1.6565	GB/T 3077	40CrNiMoA
	GB/T 3078	40CrNiMoA
	GB/T 3079	40CrNiMoA
	GB/T 5954	ML40CrNiMoA
	GB/T 8162	40CrNiMoA
1.6739	GB/T 3079	30CrNi2MoVA
	GB/T 3079	30CrNi2MoVE

8 CN-Sortenbezeichnungen

Auflistung nach steigenden EN-Werkstoff-Nummern ähnlicher EN (DIN)-Werkstoffe

CN steel grades

Listed according to EN material numbers of similar EN (DIN) materials

Werkstoff-Nr. Material no.	CN-Norm CN standard	Stahlsorte Steel grade
1.6900	GB/T 1220	12Cr18Ni9
	GB/T 1220	1Cr18Ni9
	GB/T 3280	12Cr18Ni9
	GB/T 3280	1Cr18Ni9
	GB/T 4237	12Cr18Ni9
	GB/T 4237	1Cr18Ni9
	GB/T 4238	12Cr18Ni9
	GB/T 4239	1Cr18Ni9
	GB/T 4240	1Cr18Ni9(-L)
	GB/T 4240	1Cr18Ni9(-Q)
	GB/T 4240	1Cr18Ni9(-R)
	GB 5310	1Cr18Ni9
	GB/T 9948	1Cr19Ni9
	GB/T 12770	1Cr18Ni9
	GB/T 12771	1Cr18Ni9
	GB/T 13296	1Cr18Ni9
	GB/T 14975	1Cr18Ni9
	GB/T 14976	1Cr18Ni9
	GB/T 18705	1Cr18Ni9
	GB/T 20878	12Cr18Ni9
	YB/T 110	1Cr18Ni9
1.6907	GB/T 1220	0Cr19Ni9N
	GB/T 3280	0Cr19Ni9N
	GB/T 4237	0Cr19Ni9N
	GB/T 4239	0Cr19Ni9N
	GB/T 4240	0Cr19Ni9N(-L)
	GB/T 4240	0Cr19Ni9N(-Q)
	GB/T 4240	0Cr19Ni9N(-R)
1.7007	GB/T 6478	ML37CrB
1.7016	GB/T 3077	15Cr
	GB/T 3078	15CrA
	GB/T 3079	15CrA
	GB/T 5216	15CrH
	GB/T 6478	ML15Cr

8 CN-Sortenbezeichnungen

Auflistung nach steigenden EN-Werkstoff-Nummern
ähnlicher EN (DIN)-Werkstoffe

CN steel grades

Listed according to EN material numbers
of similar EN (DIN) materials

Werkstoff-Nr. Material no.	CN-Norm CN standard	Stahlsorte Steel grade
1.7016	GB/T 11251	15Cr
	YB/T 5132	15Cr
1.7027	GB/T 3077	20Cr
	GB/T 3078	20Cr
	GB/T 5216	20Cr1AH
	GB/T 5216	20Cr1H
	GB/T 5216	20CrAH
	GB/T 5216	20CrH
	GB/T 6478	ML20Cr
	GB/T 8162	20Cr
	GB/T 11251	20Cr
	YB/T 5132	20Cr
1.7030	GB/T 3077	30Cr
	GB/T 3078	30Cr
	GB/T 8162	30Cr
	GB/T 11251	30Cr
	YB/T 5132	30Cr
1.7033	GB/T 3077	35Cr
	GB/T 3078	35Cr
	GB/T 8162	35Cr
	GB/T 11251	35Cr
	YB/T 5132	35Cr
1.7034	GB/T 3077	35Cr
	GB/T 3078	35Cr
	GB/T 5954	ML38CrA
	GB/T 6478	ML37Cr
	GB/T 8162	35Cr
	GB/T 11251	35Cr
	YB/T 5132	35Cr
	YB/T 5132	38CrA
1.7035	GB/T 3077	40Cr
	GB/T 3077	45Cr
	GB/T 3078	40Cr
	GB/T 3078	45Cr
	GB/T 3079	40CrA

8 CN-Sortenbezeichnungen

Auflistung nach steigenden EN-Werkstoff-Nummern
ähnlicher EN (DIN)-Werkstoffe

CN steel grades

Listed according to EN material numbers
of similar EN (DIN) materials

Werkstoff-Nr. Material no.	CN-Norm CN standard	Stahlsorte Steel grade
1.7035	GB/T 5216	40CrAH
	GB/T 5216	40CrH
	GB/T 5216	45CrAH
	GB/T 5216	45CrH
	GB/T 6478	ML40Cr
	GB/T 8162	40Cr
	GB/T 8162	45Cr
	GB/T 11251	40Cr
	YB/T 5132	40Cr
1.7043	GB/T 3079	38CrA
	GB/T 3079	38CrE
1.7045	GB/T 3077	40Cr
	GB/T 3077	45Cr
	GB/T 3078	40Cr
	GB/T 3078	45Cr
	GB/T 3079	40CrA
	GB/T 5216	40CrAH
	GB/T 5216	40CrH
	GB/T 5216	45CrAH
	GB/T 5216	45CrH
	GB/T 6478	ML40Cr
	GB/T 8162	40Cr
	GB/T 8162	45Cr
	GB/T 11251	40Cr
	YB/T 5132	40Cr
1.7104	GB/T 1222	55SiCrA
	GB/T 1222	60Si2CrA
	GB/T 19530	55SiCrA
	GB/T 19530	60Si2CrA
1.7108	GB/T 1222	60Si2CrA
1.7131	GB/T 3077	15CrMn
	GB/T 3077	20CrMn
	GB/T 5216	20CrMnAH
	GB/T 5216	20CrMnH
	GB/T 8162	20CrMn

8 CN-Sortenbezeichnungen

Auflistung nach steigenden EN-Werkstoff-Nummern ähnlicher EN (DIN)-Werkstoffe

CN steel grades

Listed according to EN material numbers of similar EN (DIN) materials

Werkstoff-Nr. Material no.	CN-Norm CN standard	Stahlsorte Steel grade
1.7137	GB/T 1222	60CrMnBA
1.7138	GB/T 1222	60CrMnBA
1.7147	GB/T 3077	20CrMn
	GB/T 5216	20CrMnAH
	GB/T 5216	20CrMnH
	GB/T 8162	20CrMn
1.7176	GB/T 1222	55CrMnA
	GB/T 1222	60CrMnA
1.7216	GB/T 3077	30CrMo
	GB/T 3078	30CrMo
	GB/T 5954	ML30CrMoA
	GB/T 6478	ML30CrMo
	GB/T 18248	30CrMo
	YB/T 5132	30CrMo
1.7218	GB/T 3077	30CrMo
	GB/T 3078	30CrMo
	GB/T 5954	ML30CrMoA
	GB/T 6478	ML30CrMo
	GB/T 18248	30CrMo
	YB/T 5132	30CrMo
1.7220	GB/T 3077	35CrMo
	GB/T 3078	35CrMo
	GB/T 5954	ML35CrMoA
	GB/T 6478	ML35CrMo
	GB/T 8162	35CrMo
	GB/T 18248	35CrMo
	JB/T 6402	ZG35Cr1Mo
	YB/T 5132	35CrMo
1.7223	GB/T 3077	42CrMo
	GB/T 3078	42CrMo
1.7225	GB/T 3077	42CrMo
	GB/T 3078	42CrMo
	GB/T 5216	42CrMoAH
	GB/T 5216	42CrMoH
	GB/T 5954	ML42CrMoA

8 CN-Sortenbezeichnungen

Auflistung nach steigenden EN-Werkstoff-Nummern ähnlicher EN (DIN)-Werkstoffe

CN steel grades

Listed according to EN material numbers of similar EN (DIN) materials

Werkstoff-Nr. Material no.	CN-Norm CN standard	Stahlsorte Steel grade
1.7225	GB/T 6478	ML42CrMo
	GB/T 8162	42CrMo
	JB/T 6402	ZG42Cr1Mo
1.7228	JB/T 6402	ZG50Cr1Mo
1.7230	JB/T 6402	ZG35Cr1Mo
1.7231	JB/T 6402	ZG42Cr1Mo
1.7241	GB/T 1222	60CrMnMoA
1.7242	GB/T 3077	20CrMo
	GB/T 3078	20CrMo
	GB/T 5216	20CrMoAH
	GB/T 5216	20CrMoH
	GB/T 5954	ML20CrMoA
	GB/T 8162	20CrMo
	GB/T 13796	20CrMo
	YB/T 5132	20CrMo
1.7264	GB/T 3077	20CrMnMo
	GB/T 3078	20CrMnMo
	GB/T 5216	20CrMnMoAH
	GB/T 5216	20CrMnMoH
	GB/T 13796	20CrMnMo
1.7321	GB/T 3203	G20CrMo
1.7335	GB/T 3077	12CrMo
	GB 5310	12CrMoG
	GB 6479	12CrMo
	GB/T 8162	12CrMo
	GB/T 9948	12CrMo
	YB/T 5132	12CrMo
1.7337	GB/T 713	15CrMog
	GB/T 713	15CrMoR
	GB/T 3077	15CrMo
	GB/T 3078	15CrMo
	GB/T 5216	15CrMoAH
	GB/T 5216	15CrMoH
	GB 5310	15CrMoG
	GB 6479	15CrMo

8 CN-Sortenbezeichnungen

Auflistung nach steigenden EN-Werkstoff-Nummern
ähnlicher EN (DIN)-Werkstoffe

CN steel grades

Listed according to EN material numbers
of similar EN (DIN) materials

Werkstoff-Nr. Material no.	CN-Norm CN standard	Stahlsorte Steel grade
1.7337	GB 6654	15CrMoB
	GB/T 8162	15CrMo
	GB/T 9948	15CrMo
	YB/T 5132	15CrMo
1.7350	GB/T 5216	22CrMoAH
	GB/T 5216	22CrMoH
1.7354	JB/T 6402	ZG20CrMo
1.7357	GB/T 16253	ZG15Cr1MoG
1.7362	GB/T 1221	12Cr5Mo
	GB/T 1221	1Cr5Mo
	GB 6479	1Cr5Mo
	GB/T 9948	1Cr5Mo
	GB/T 20878	12Cr5Mo
1.7379	GB/T 16253	ZG12Cr2Mo1G
1.7380	GB/T 713	12Cr2Mo1R
	GB 5310	12Cr2MoG
	GB 6479	12Cr2Mo
1.7383	GB 5310	12Cr2MoG
1.7511	GB/T 3077	20CrV
	GB/T 3078	20CrV
1.7733	GB/T 3077	25Cr2MoVA
1.8158	GB/T 3077	50CrVA
	GB/T 3079	50CrVA
1.8159	GB/T 1222	50CrVA
	GB/T 3077	50CrVA
	GB/T 3079	50CrVA
	GB/T 5218	50CrVA
	GB/T 8162	50CrVA
	GB/T 19530	50CrVA
	YB/T 5058	50CrVA
	YB/T 5136	50CrVA
1.8401	GB/T 3077	30CrMnTi
	GB/T 3079	30CrMnMoTiA
	GB/T 3079	30CrMnMoTiE

8 CN-Sortenbezeichnungen

Auflistung nach steigenden EN-Werkstoff-Nummern
ähnlicher EN (DIN)-Werkstoffe

CN steel grades

Listed according to EN material numbers
of similar EN (DIN) materials

Werkstoff-Nr. Material no.	CN-Norm CN standard	Stahlsorte Steel grade
1.8401	GB/T 8162	30CrMnTi
	YB/T 5132	30CrMnTi
1.8509	GB/T 3077	38CrMoAl
	GB/T 3078	38CrMoAl
	GB/T 3078	38CrMoAlA
	GB/T 3079	38CrMoAlA
	GB/T 8162	38CrMoAl
1.8900	GB/T 1591	Q390C
1.8901	GB/T 1591	Q460D
1.8902	GB/T 1591	Q420C
	GB/T 1591	Q420D
	GB/T 16270	Q420C
	YB/T 3301	Q420C
1.8903	GB/T 1591	Q460E
1.8905	GB/T 1591	Q460C
	GB 6654	15MnVNR
	GB 6654	18MnMoNbR
	GB/T 16270	Q460C
1.8907	GB/T 1591	Q500C
	GB/T 1591	Q500D
	GB/T 16270	Q500D
1.8909	GB/T 1591	Q500E
	GB/T 16270	Q500E
1.8910	GB/T 1591	Q390D
1.8912	GB/T 1591	Q420D
	GB/T 1591	Q420E
	GB/T 16270	Q420D
	YB/T 3301	Q420D
1.8913	GB/T 1591	Q420E
	GB/T 16270	Q420E
	YB/T 3301	Q420E
1.8915	GB 6654	15MnVNR
	GB 6654	18MnMoNbR
1.8917	GB/T 1591	Q500D

8 CN-Sortenbezeichnungen

Auflistung nach steigenden EN-Werkstoff-Nummern ähnlicher EN (DIN)-Werkstoffe

CN steel grades

Listed according to EN material numbers of similar EN (DIN) materials

Werkstoff-Nr. Material no.	CN-Norm CN standard	Stahlsorte Steel grade
1.8918	GB/T 1591	Q460E
	GB/T 16270	Q460E
1.8926	GB/T 1591	Q550E
	GB/T 16270	Q550E
1.8927	GB/T 1591	Q620E
	GB/T 16270	Q620E
1.8928	GB/T 1591	Q690E
	GB/T 16270	Q690E
1.8930	GB/T 1591	Q390B
1.8935	GB/T 1591	Q460D
	GB/T 1591	Q460E
	GB/T 16270	Q460D
1.8945	GB/T 4171	Q355GNH
1.8946	GB/T 4171	Q355GNH
1.8958	GB/T 4171	Q235NH
1.8959	GB/T 4171	Q355NH
1.8961	GB/T 4171	Q235NH
1.8962	GB/T 4171	Q345GNHL
	GB/T 18982	Q345GNHLJ
1.8963	GB/T 4172	15MnCuCr
	GB/T 4172	Q355NH
1.8965	GB/T 4171	Q355NH
1.8967	GB/T 4171	Q355NH

Chinesische Stahlsorten

– auch als E-Book erhältlich –

Sehr geehrte Kundin, sehr geehrter Kunde,

wir möchten Sie an dieser Stelle noch auf unser besonderes Kombi-Angebot hinweisen: Sie haben die Möglichkeit, diesen Titel zusätzlich als E-Book (PDF-Download) zum Preis von 20 % der gedruckten Ausgabe zu beziehen.

Ein Vorteil dieser Variante: Die integrierte Volltext-suche.
Damit finden Sie in Sekundenschnelle die für Sie wichtigen Textpassagen.

Um Ihr persönliches E-Book zu erhalten, folgen Sie einfach den Hinweisen auf dieser Internet-Seite:

www.beuth.de/e-book

Ihr persönlicher, nur einmal verwendbarer E-Book-Code lautet:

176349235D4AABF

Vielen Dank für Ihr Interesse!

Ihr Beuth Verlag

Hinweis: Der E-Book-Code wurde individuell für Sie als Erwerber des Buches erzeugt und darf nicht an Dritte weitergegeben werden. Mit Zurückziehung dieses Buches wird auch der damit verbundene E-Book-Code für den Download ungültig.